동력수상 레저기구 조종면허

1·2급

필기+실기

함도웅 저

다락원

88서울올림픽을 치르면서 한강에서 선진국형 수상레저 스포츠가 처음으로 선보이게 되었습니다. 한강을 멋지게 활주하는 수상스키의 향연은 과히 환상적이었고, 주최국인 대한민국이 종합순위 4위를 차지하면서 국가 위상 또한 격상되었습니다. 올림픽은 우리에게 스포츠 강국이 곧 국가경쟁력임을 입증하는 사례가 되었습니다. 세계인의 스포츠축제 올림픽을 성공리에 치루면서 선진국형의 수상레저스포츠가 급성장세를 보였습니다. 서울올림픽 이후 한강 및 북한강 등지의 호수와 하천에서 수상스포츠를 즐기는 동호인이 급속히 늘었고 바다에서 세일링을 즐기는 모습들이 친근해지기 시작하였습니다.

올림픽의 해를 맞이하여 북한강에서 시작된 수상레저 사업은 당시만 해도 무법천지였습니다. 강변에서 바비큐파티를 하며 술에 취해 자신의 몸도 제대로 못 가누는 사람들이 30~40노트 속도로 수상오토바이와 모터보트를 즐겼습니다. 수상레저와 관련한 법규가 없어 가장 유사한 유선사업으로 허가를 받아 수상스키장 사업을 하고 있었던 청평 등지의 많은 유선사업자들은 언제라도 사고가 발생되면 범법자가 된다고 생각하고 사업에 임하였었습니다. 모든 사업장이 승객을 선박에 태워주는 유선사업으로 허가를 받아 수상레저기구를 견인했고, 혹시라도 사고가 발생하면 보험을 들고도 혜택을 받지 못하여 한방에 모든 것을 잃는 일이 허다했습니다. 술에 취한 상태에서도 누구나 동력수상레저기구의 조종이 가능했고, 고가의 레저보트를 구입해도 소유에 대한 권리를 보장받지 못하였으며, 보트를 잃어버려도 찾을 수 없었고, 찾아도 소유권을 주장할 수가 없었습니다.

2000년, 드디어 수상레저안전법이 제정되었습니다. 안전을 위하여 가장 우선시 되어야 할 것이 조종면허입니다. 조종사는 최소한의 수상에 대한 일반적인 상식과 조종기술을 습득하고 조종을 하여야 사고율을 줄일 수 있습니다. 필자는 수상레저안전법 제정 당시 사업주를 대표하는 현장 경험자로서 참여하였습니다. 2001년부터 해양경찰청으로부터 조종면허시험장과 면허시험 면제교육기관을 지정받아 운영하고 있고, 1999년 해양경찰관의 감독관 교육을 필자의 사업장에서 직접 교육하였으며, 국가업무를 위탁받아 동력수상레저기구 조종면허시험장의 책임운영자, 수상안전 강사, 이론시험 문제출제, 시험 종사자교육 등 조종면허취득 전반에 대한 충분한 경험을 해왔습니다. 그리고 현재 한서대학교 해양스포츠학과와 부설 해양교육원에서 해양레저 전문인력을 양성하고 있습니다.

최근 대한민국 국민의 여가 활동은 낚시가 등산을 제치고 1위를 차지하고 있습니다. 지구표면의 70% 이상이 물이며 대한민국 국토 면적의 4.5배가 수역입니다. 선진국의 사례에서 보듯이 많은 사람들이 삶의 터전을 여가활동이 가능한 바닷가 또는 호숫가 주변으로 집중하고 있으며 이에 대한 관련 산업도 성장세를 보이고 있습니다. 정부의 해양수산발전계획에 따른 마리나 항만의 개발, 수상레저사업, 마리나 선박 대여업 등 수상에서 동력수상레저기구를 활용하는 수요가 증가추세에 있으며 은퇴 후 귀어를 희망하는 수요 또한 급증하고 있습니다. 수상에서 5마력 이상의 동력수상레저기구를 조종하려면 해양경찰청에서 발행하는 조종면허를 취득해야 합니다.

수상레저활동은 육상과 달리 기후 여건에 따라 자연의 변화가 심할 뿐만 아니라 방심하면 2차 사고로 이어질 수 있습니다. 수상에 대한 기초상식은 물론 항해술 및 출발 전 점검 사항 등을 무시하면 돌이킬 수 없는 사고로 이어지기도 합니다. 해상에서의 가장 많은 사고는 기초적인 상식을 무시할 때 발생합니다. 계획 없는 항해, 연료고갈, 기관에 대한 기초상식의 부족, 법규 등을 이해 못하는 것이 그 원인일 것입니다. 단지 면허증만을 취득하고 싶다면 필기시험에서 답만 외우는 정답찾기와 실기시험에서 합격요령만을 학습하면 됩니다. 하지만 진정으로 안전하고 즐거운 해양레저를 즐기고자 결정하고 공부를 시작했다면 당신과 당신을 믿고 함께 탑승한 귀중한 가족과 친구들의 안전을 보장하기 위하여 조금 늦더라도 수상레저에 대해 충분히 이해하고 조종기술력, 선체 및 기관에 대한 경정비 능력을 갖추기를 적극 권합니다.

본서는 조종면허를 쉽게 취득하기 위하여 해양경찰청에서 공개하는 700 문제에 대한 답만 외우는 방식보다는 수상에 대한 상식과 항해술, 기관의 유지관리, 관련법규에 대한 이해를 쉽게 하여 실제 항해 시 적응이 가능할 수 있는 내공을 쌓기를 바라는 마음으로 집필하였습니다. 특히, 요약 부분을 우선 정독한 후 문제를 풀고, 한번 더 해설부분을 확인한다면 순간 합격만을 위한 답만 외우는 것이 아니라 응급상황 시 대처할 수 있는 능력과 지식을 습득하게 될 것입니다. 또한 실기시험 방법에서는 전반적인 시험의 흐름을 우선 이해하는 것이 필요하며, 시험관의 지시명령어와 응대요령을 알기 쉽게 이해하도록 기술하였습니다. 모쪼록 본서로 공부하신 모든 분들이 '조종면허 취득을 한방에!' 할 수 있기를 희망하며 안전운항과 함께 인생의 즐거움을 해양에서 찾으시기를 바랍니다.

泳武 함 도 웅

조종면허란?

동력수상레저기구 중 최대출력 5마력 이상(3.75 키로와트 이상)의 수상레저기구를 조종하는 자는 해양경찰청장이 발행하는 조종면허를 취득하여야 한다.

- 동력수상레저기구란, 추진기관이 부착되어 있거나 부착분리가 수시로 가능한 수상레저기구를 말한다(모터보트, 세일링요트, 수상오토바이, 고무보트, 스쿠터, 호버크라프트 등과 같은 비슷한 구조·형태 및 운전방식을 가진 것을 포함한다).

면허 취득 방식

동력수상레저조종면허 취득 방법으로 ①시험방식(필기시험+실기시험+안전교육)과 ②시험면제 교육을 이수하는 방식(일반조종면허 2급 36시간 이수, 요트조종면허 40시간 이수)이 있다.

면허종별		면허기준	합격기준			면제교육 취득	취득
			필기 시험	실기 시험	안전 교육		
일반 조종면허	제1급	수상레저사업장 종사자 시험대행기관의 시험관 동승 시 무면허 조종	70점 이상	80점 이상	3시간 이수	해당 없음	면허 발급
	제2급	요트를 제외한 동력수상레저기구 조종	60점 이상	60점 이상	3시간 이수	36시간 교육이수	
요트조종면허		돛과 추진기관이 부착된 요트 조종	70점 이상	60점 이상	3시간 이수	40시간 교육이수	

면허 취득 유의사항

- 실기시험은 시험일 2일 전까지 접수를 하여야 합니다.
- 실기시험 시작 30분 전까지 신분증 지참 입실하여 실기시험 사전 교육 및 채점표 작성 등을 하여야 합니다.
- 실기시험을 마치면 즉시 합격여부를 발표합니다.
- 합격 및 불합격 여부와 관계없이 수상안전교육을 이수할 수 있습니다.
  (수상안전교육은 면허발급을 위한 필수 항목입니다.)

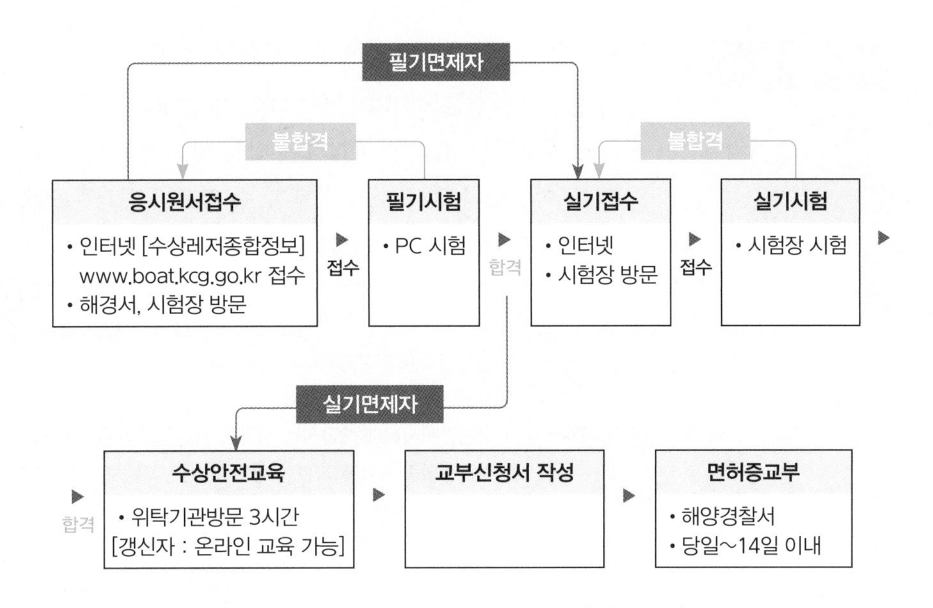

응시자격

응시대상	• 14세 이상인 자(일반조종면허 1급면허 18세 이상)
결격대상	• 14세 미만인 자(다만, 제7조제1항제1호에 해당하는 자([국민체육진흥법] 제2조제10호의 규정에 따른 경기단체에 동력수상레저기구의 선수로 등록된 자)는 그러하지 아니한다. • 정신질환자·정신미약자 또는 알콜중독자 • 마약, 대마 또는 향정신성의약품 중독자 • 조종면허가 취소된 날부터 1년이 경과되지 아니한 자 • 조종면허를 받지 아니하고 동력수상레저기구를 조종한 자로서 그 위반한 날부터 1년(사람을 사상한 후 구호조치 등 필요한 조치를 하지 아니하고 도주한 자는 그 위반한 날부터 4년)이 경과되지 아니한 자 • 조종면허시험 중 부정행위로 적발된 경우 2년간 응시불가

응시원서접수

• 응시일정 : 해양경찰청 조종면허시험 시행계획에 의거 매년 **2월 해양경찰청 수상레저종합정보(https://boat.kcg.go.kr) 공고**

• 전국의 해양경찰서, 면허시험장에 방문 또는 인터넷 접수가 가능하며, 응시일정 중 희망일자 및 장소를 선택할 수 있으나 선착순으로 접수되며 공고된 시험일 기준 2개월 전부터 2일 전까지 가능합니다.

구 분	내 용
구비서류	• 응시원서(해양경찰청 소정양식) 1통 • 사진 1매 (3.5cm×4.5cm) • 시험면제사유에 해당하는 사람은 해당 증빙서류(해경서 방문접수만 가능) • 주민등록증 또는 국가발행 신분증(여권, 자동차 운전면허증 등) – 사진 첨부된 것(미 발급자 학생증)
수수료	• 4,800원
대리접수	• 응시자 신분증, 대리인 신분증 지참 접수가능
기타	• 최초 응시일로부터 1년 이내 필기시험에 합격하여야 하며, 1년 이내 필기시험에 합격하지 못할 경우 신규접수를 해야 합니다. • 원서접수 시 핸드폰 번호 및 이메일 주소를 기입하시면, 면허발급현황을 문자메시지 및 이메일을 통해 받으실 수 있습니다.

필기시험

- 필기시험 신규접수 또는 재접수 하는 경우
- 접수한 날로부터 1년간 재접수 가능
- 해양경찰서 PC시험장 직접 방문하여 접수 및 필기시험이 가능합니다. 자세한 정보는 아래 사이트에 접속하세요.
  [수상레저종합정보 https://boat.kcg.go.kr]

[시험과목 및 배점]

과목명	세부과목	배점/문항수
수상레저안전	1. 수상환경(조석, 해류) 2. 기상학기초(일기도, 각종 주의보·경보) 3. 구급법(생존술, 응급처치, 심폐소생술) 4. 각종 사고시 대처방법 5. 안전장비 및 인명구조	20% (10문항)
운항 및 운용	1. 운항계기 2. 수상레저기구 조종술 3. 신호	20% (10문항)
기관	1. 내연기관 및 추진장치 2. 일상정비 3. 연료유·윤활유	10% (5문항)
법규	1. 수상레저안전법 2. 수상레저기구의 등록법 3. 선박의 입출항법 4. 해사안전기본법 5. 해상교통안전법 6. 해양환경관리법 7. 전파법	50% (25문항)

[특별시험(종이시험)]

구 분	내 용
시험방법	• 4지선다형으로 50문제 출제(50분)
시험내용	• 일반조종면허 : 수상레저안전, 운항 및 운용, 기관, 법규 • 요트조종면허 : 요트활동의 개요, 요트(크루즈급), 항해 및 범주, 법규
준비물	• 응시표, 주민등록증 또는 국가발행 신분증(여권, 자동차 운전면허증 등) – 사진 첨부 된 것(미 발급자 학생증) • 컴퓨터용 수성사인펜
문제지 추첨	• 응시생 중 2명이 2개 유형 문제지 추첨
주의사항	• 응시표에 기재된 시간 30분전 입실완료 • 신분증 소지, 지정좌석 착석, 대리시험 여부 등 확인 • 시험 종료 후 문제지는 시험관에게 제출하고 답안지는 답안지함에 투입하고 퇴실 • 컴퓨터 채점기에 의해 채점 후 결과를 게시판 게시
필기시험 결과발표	• 응시표에 합격 또는 불합격날인 후 본인에게 재교부 • 응시자는 본인 응시표 및 합격, 불합격 날인여부 확인
기타	• 필기시험 합격일로부터 1년 이내에 실기시험에 합격하여야 하며, 1년 이내 불합격시 신규접수 해야 합니다.

[PC시험]

• 시험기간 중 평일 방문 접수
• 09:00~17:00(12:00~13:00 점심시간 응시 불가)
• 준비물 : 증명사진 1매, 신분증, 응시료
• 당일(현장)접수 및 응시, 1일 2회 시험 응시 가능

실기시험

- 필기시험에 합격한 자 또는 필기시험을 면제 받은 자가 실기시험에 응시하거나, 실기시험에 불합격하여 실기시험에 재 응시하기 위해 접수하는 경우입니다.
- 필기시험에 합격한 날로부터 1년간 재 접수가 가능합니다.
- 필기시험 합격 후 시험장에서 바로 접수할 수 있으며, 그렇지 않은 경우에는 인터넷 또는 우편으로 접수가 가능하며, 응시일정 중 희망일자 및 장소를 선택할 수 있으나 선착순으로 접수됩니다.
- 실기시험 접수 시 지정된 응시일자 및 장소에서 실기시험을 실시합니다.

[실기시험 접수]

구 분	내 용	비 고
구비서류	• 응시표 • 시험면제사유에 해당하는 자는 해당 증빙서류 • 주민등록증 또는 국가발행 신분증(여권, 자동차 운전면허증 등) – 사진 첨부된 것 (미 발급자 학생증)	수수료는 시험일 기준 1일 전까지만 반환됨
수수료	• 64,800원	
대리접수	• 응시표, 응시자 신분증 • 대리인 신분증지참 접수 가능	

[실기시험 방법]

Part 3 실기시험안내 참고(본문 303p)

수상안전교육

- 수상안전교육의 대상은 시험방식으로 조종면허를 받고자 하는 자 또는 면허갱신을 하고자 하는 자에게 해당됩니다.
- 신규로 조종면허를 받고자하는 경우 수상안전교육을 받는 시기는 응시원서를 접수한 이후부터 전국의 수상안전교육기관에서 교육신청이 가능하며, 인터넷 접수 또는 당일 현장에서 접수가 가능합니다.

구 분	내 용
수상안전 교육대상	1. 조종면허를 받고자 하는 자 2. 조종면허를 갱신하고자 하는 자
접수시 구비서류	1. 수상안전교육 신청서 2. 응시표(신규 취득자) 또는 조종면허증(면허갱신자) 3. 주민등록증 또는 국가발행 신분증(여권, 자동차 운전면허증 등) – 사진 첨부된 것(미 발급자 학생증) 4. 수수료 14,400원
내용·방법 및 시간	1. 교육내용 • 수상레저안전 관계법령 • 수상레저기구의 사용·관리 • 수상상식 • 수상구조 2. 교육방법 및 시간 : 영상교육을 포함하여 3시간으로 하되 50분 교육 후 10분간 휴식을 취하는 방법으로 실시
수상안전교육 면제	1. 조종면허증 갱신기간 마지막 날부터 소급하여 2년 이내의 기간 동안 시험업무 종사자 교육을 이수한 자 2. 면허시험 응시원서를 접수한 시점이나 조종면허증을 갱신하는 시점부터 과거 1년 이내에 아래의 교육을 이수한 자 • 수상레저안전법 제10조에 따른 수상안전교육 • 선원법 시행령 제43조에 따른 기초안전교육 또는 상급안전교육

※ 교육기관 및 일정은 수상레저종합정보(https://boat.kcg.go.kr)에서 확인 가능합니다.

※ 온라인 갱신교육

- 온라인 수상안전교육 신청 : '수상레저종합정보 홈페이지 방문(https://boat.kcg.go.kr) → 본인인증 → '면허갱신을 위한 수상안전교육' 신청 → 사진 등록(3.5x4.5㎝) (6개월 이내) → 개인정보입력(주소, 연락처 등) → 수상안전교육 접수 및 수수료 결제(14,400원)
- 온라인 수상안전교육 수강 : '수상레저종합정보 홈페이지 방문(https://boat.kcg.go.kr) → 본인인증 → '면허갱신자 수상안전교육 영상 온라인 수강(2시간)

※ 교육수강 기간 : 수상안전교육 시작일 기준 14일 이내

- 면허발급(면허증발급비 4,000원) : 해양경찰서 방문(수상안전교육 수료 후 다음날부터 조종면허증 수령) / 등기우편 수령 : 홈페이지에서 발급신청(구. 조종면허증 해양경찰서 반납)

면허교부 신청 접수

- 조종면허시험에 합격한 후 수상안전교육을 받은 사람은 조종면허증 교부 신청서, 응시표, 수상안전교육 수료증, 사진 1매(3.5cm x 4.5cm) 제출
- 조종면허 갱신자는 수상안전교육을 받은 후 조종면허증 갱신교부신청서, 수상안전교육 수료증, 사진 1매(3.5cm x 4.5cm) 제출
- 재교부 신청자는 조종면허증 재교부신청서, 사진 1매(3.5cm x 4.5cm)를 제출

면허증 교부

- 조종면허시험 합격자는 동력수상레저기구조종면허증을 14일 이내에 교부
- 갱신 신청자 또는 재교부 신청자는 갱신교부신청서 또는 재교부신청서 작성 후 7일 이내 교부하고 있으나 민원인 편의를 위해 당일에서 2일 이내 발급, 문자 메시지로 발급내역을 통보하고 있으며, 해양경찰서 방문수령 및 우편수령(본인이 반송우편 제출한 경우)도 가능합니다.

[면허발급 시 구비서류]

- 사진 1매(3.5cm × 4.5cm) 및 교부신청
- 수수료 5,000원, 갱신 수수료 4,000원 (현금 및 신용카드)
- 수상안전교육필증 (대행기관 양식)
- 시험일정 및 시험 장소는 사정에 따라 변경될 수 있습니다.
- 접수 후 일시변경은 당해년도 공고된 시험일 기준 2개월 전부터 2일 전까지 가능합니다.
- 기타 인터넷 접수 등 자세한 사항은 수상레저종합정보 인터넷 홈페이지(http://boat.kcg.go.kr)를 참고하시기 바랍니다.

※ 주의사항
- 필기시험 수수료 현금 및 신용카드, 계좌이체 납부(수입인지 불가)
- 시험장별 매회 응시인원이 제한되어 있어 희망일시에 접수가 불가능할 수 있습니다.

필기시험 기초 지식

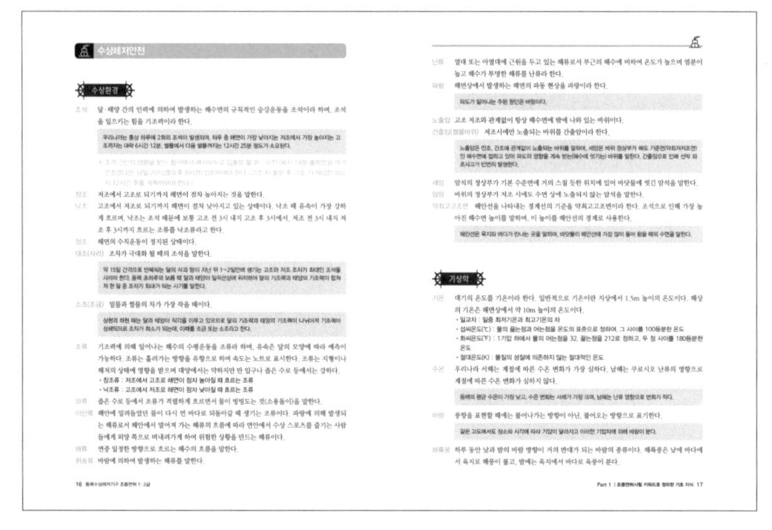

- 문제은행 700제에 대한 핵심포인트를 간략하게 정리했습니다.
- 문제를 풀기 전, 핵심포인트 1회 정독하기를 추천합니다.

필기시험 700제

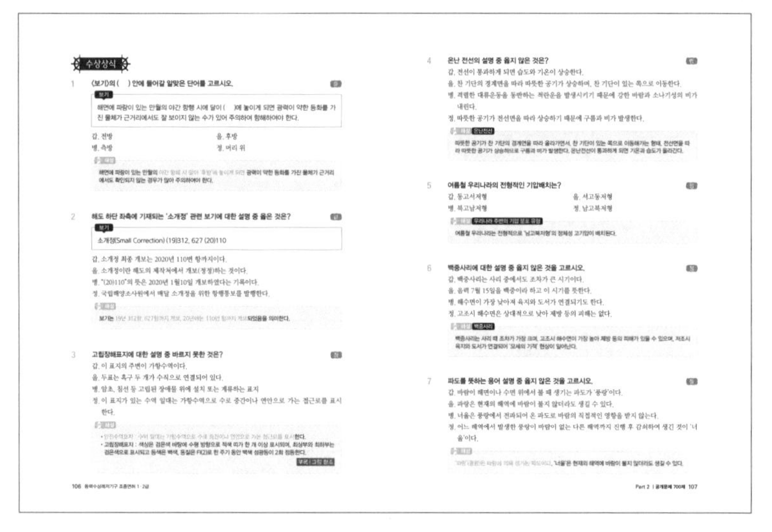

- 시험에 실제 출제되는 문제와 그에 따른 정답과 해설을 수록했습니다.
- 해양경찰청 공개문제에 대한 핵심해설을 수록하여 학습률을 높였습니다.

실기시험

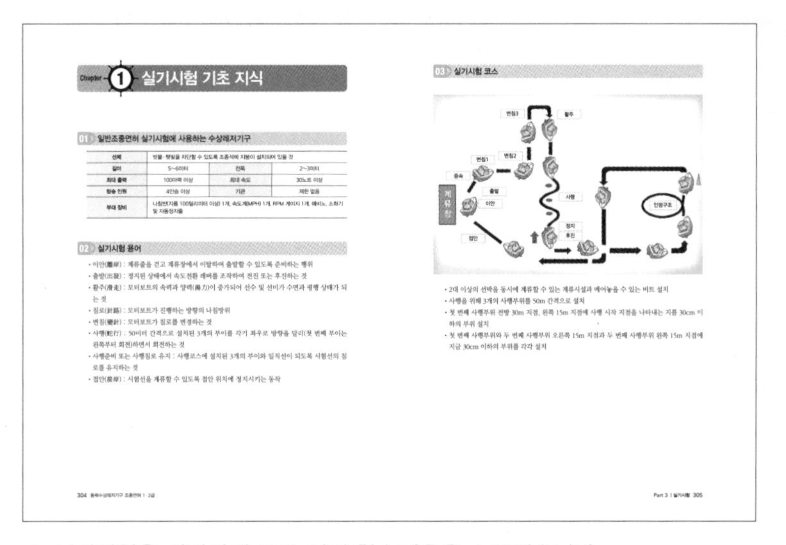

Chapter 1 실기시험 기초 지식

01 일반조종면허 실기시험에 사용하는 수상레저기구

선체	빗물·햇빛을 차단할 수 있도록 조종석에 지붕이 설치되어 있을 것		
길이	5~6미터	전폭	2~3미터
최대 출력	100마력 이상	최대 속도	30노트 이상
탑승 인원	4인승 이상	기관	제한 없음
부대 장비	나침반(지름 100밀리미터 이상) 1개, 속도계(MPH) 1개, RPM 게이지 1개, 예비노, 소화기 및 자동정지줄		

02 실기시험 용어

- 이안(離岸) : 계류줄을 걷고 계류장에서 이탈하여 출발할 수 있도록 준비하는 행위
- 출발(出發) : 정지된 상태에서 속도전환 레버를 조작하여 전진 또는 후진하는 것
- 활주(滑走) : 모터보트의 속력과 양력(揚力)이 증가되어 선수 및 선미가 수면과 평행 상태가 되는 것
- 침로(針路) : 모터보트가 진행하는 방향의 나침방위
- 변침(變針) : 모터보트가 침로를 변경하는 것
- 사행(蛇行) : 50미터 간격으로 설치된 3개의 부이를 각기 좌우로 방향을 달리(첫 번째 부이는 왼쪽부터 회전)하면서 회전하는 것
- 사행준비 또는 사행침로 유지 : 사행코스에 설치된 3개의 부이와 일직선이 되도록 시험선의 침로를 유지하는 것
- 접안(接岸) : 시험선을 계류할 수 있도록 접안 위치에 정지시키는 동작

03 실기시험 코스

- 2대 이상의 선박을 동시에 계류할 수 있는 계류시설과 메어놓을 수 있는 비트 설치
- 사행을 위해 3개의 사행부위를 50m 간격으로 설치
- 첫 번째 사행부위 전방 30m 지점, 왼쪽 15m 지점에 사행 시작 지점을 나타내는 지름 30cm 이하의 부위 설치
- 첫 번째 사행부위와 두 번째 사행부위 오른쪽 15m 지점과 두 번째 사행부위 왼쪽 15m 지점에 지금 30cm 이하의 부위를 각각 설치

304 동력수상레저기구 조종면허 1·2급

Part 3 | 실기시험 305

- 실기시험을 대비하여 조종 실기 학습내용을 수록했습니다.
- 이해하기 쉽도록 정리했으니, 순서대로 학습하면 한번에 합격할 수 있습니다.

저자에게 물어보세요!

저자가 직접 답하는 Q&A 게시판을 활용하여 학습 중 궁금한 점이나 시험에 대한 문의사항을 해결할 수 있습니다.

※ 다락원 원큐패스카페
http://cafe.naver.com/1qpass

차례

동력수상레저기구
조종면허시험

키워드로 정리한 기초 지식

수상레저안전

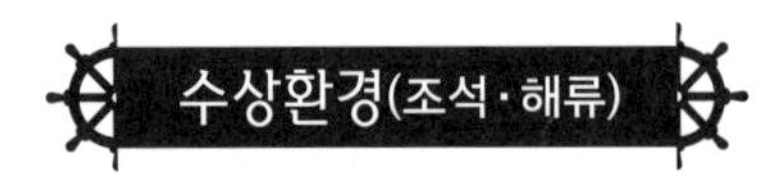

수상환경(조석·해류)

조석 달과 태양의 인력 작용에 의하여 주기적으로 해면이 상승하거나 낮아지는 수직방향의 운동

조석{고고조(HHW)} : 연이어 일어나는 2회의 고조 중 높은 것

조류 : 조석으로 인한 해수의 주기적인 수평운동

해류 : 바다에서 대체로 일정한 방향으로 흘러가는 해수의 흐름

고조(만조) : 조석으로 인하여 해면이 가장 높아진 상태

저조(간조) : 조석으로 인하여 해면이 가장 낮아진 상태

창조 : 저조에서 고조로 되기까지 해면이 점차 높아지는 상태

낙조 : 조석 때문에 해면이 낮아지고 있는 상태로서 고조에서 저조까지의 사이를 말한다. 보통 고조 전 3시 내지 고조 후 3시에서, 저조 전 3시 내지 저조 후 3시까지 흐르는 조류를 '낙조류'라고 한다.

→ 낙조 때 유속이 가장 강하게 되는 방향으로 흐르는 조류를 낙조류라고 한다.

정조(Stand of tide) : 창조 또는 낙조의 전후에 해면의 승강은 극히 느리고 정지하고 있는 것 같아 보이는 상태로 해면의 수직운동이 정지된 상태

조차 : 연이어 일어나는 고조와 저조 때의 해면 높이의 차

- 조차 : 만조와 간조의 수위차이
- 사리 : 조차가 가장 큰 때
- 정조 : 해면의 상승과 하강에 따른 조류의 멈춤 상태
- 조류 : 달과 태양의 기조력에 의한 해수의 주기적인 수평운동

대조(사리) : 조차가 극대가 될 때의 조석

백중사리 : 백중사리는 사리 중에서도 조차가 큰 시기이다. 음력 7월 15일을 백중이라 하고 이 시기를 뜻한다. 해수면이 가장 낮아져 육지와 도서가 연결되기도 한다. 고조시 해수면은 상대적으로 높아 제방 등의 피해가 있을 수 있다.

조금(소조) : 밀물과 썰물의 차가 가장 작을 때

일조부등 : 같은 날의 조석이 그 높이와 간격이 같지 않은 현상

조석표

- 조석표에 월령의 의미는 달의 위상을 뜻한다.
- 조석표의 월령 표기는 ◐, ○, ◑, ● 기호를 사용한다.
- 조위 단위로 표준항은 cm, 그 외 녹동, 순위도는 m를 사용한다.
- 조석표의 사용시각은 KST 한국표준시, 24시간 방식

조석 간만의 영향을 받는 항구의 입항 : 조석 간만의 영향을 받는 항구에서 레저보트로 입출항할 때, 오전 08시 14분 출항했을 때가 만조였다면, 12시간 후인 20시경(오후 8시경) 입항 가능

조류 조석으로 인하여 일어나는 해수의 수평운동

창조류 : 저조에서 고조로 되기까지 해면이 점차 높아지는 상태

낙조류 : 고조에서 저조로 되기까지 해면이 점차 낮아지는 상태

게류 : 조류가 창조류에서 낙조류로, 낙조류에서 창조류로 변할 때 흐름이 잠시 정지하는 현상

와류(Eddy current) : 좁은 수로 등에서 조류가 격렬하게 흐르면서 물이 빙빙도는 것

→ 조류가 빠른 협수로 같은 곳에서 일어나는 조류의 상태(소용돌이의 형태)

급조 : 조류가 암초나 반대 방향의 수류에 부딪혀 생기는 파도

이안류(Rip current) : 연안에서 수상 스포츠를 즐기는 사람들에게 외양 쪽으로 떠내려가게 하여 위험한 상황을 만드는 해류

※ 이안류 특징 : 이안류는 폭이 좁고 매우 빨라 육지에서 바다로 쉽게 헤엄쳐 나갈 수 있으나, 바다에서 육지로 쉽게 헤엄쳐 나올 수 없다. 수영미숙자는 흐름을 벗어나 옆으로 탈출하고, 수영 숙련자는 육지를 향해 45도로 탈출한다.

파도 · 풍랑 바람이 해면이나 수면 위에서 불 때 생기는 파도가 '풍랑'이다.

- 어느 해역에서 발생한 풍랑이 바람이 없는 다른 해역까지 진행 후 감쇠하여 생긴 것이 '너울'이다.
- 너울은 풍랑에서 전파되어 온 파도로 바람의 직접적인 영향을 받지 않는다.

암초 수면 위에 노출되는 바위(암)와 수면 아래에 존재하는 해저 바위(초), 만조 시 넓이가 10km^2 이하의 섬보다 작은 바위

암암 : 저조 시가 되어도 수면 위에 잘 나타나지 않으며 항해에 위험을 준다.

세암 : 저조일 때 수면과 거의 같아서 해수에 봉오리가 씻기는 바위

간출암 : 조석의 간만에 따라 저조 시에 수면 위에 나타났다 수중에 잠겼다하는 바위로 선박의 좌초 사고가 빈번하다.

노출암 : 항상 해수면에 노출되는 바위

해안선을 나타내는 경계선의 기준 약최고고조면(Approximate Highest High Water)은 조석으로 인해 가장 높아진 해수면 높이를 말한다.

기상학 기초(일기도, 각종 주의보 · 경보)

기상요소 기온, 습도, 기압, 바람, 강우, 시정 ※'수온'은 아님

기온 : 대기의 온도를 기온이라 하며, 일반적으로 지상에서 1.5m 높이의 온도이다.

기온의 측정단위

- 섭씨온도(℃) : 물이 끓는점과 어는점을 온도의 표준으로 정하여 그 사이를 100등분한 온도
- 화씨온도(°F) : 1기압 하에서 물이 어는점을 32°, 끓는점을 212°로 정하여 두 점 사이를 180등분한 온도

수온

- 우리나라 서해가 계절에 따른 수온 변화가 가장 심한 편이다.
- 남해는 쿠로시오 난류의 영향으로 계절에 따른 수온 변화가 심하지 않다.
- 우리나라 연안의 평균 수온 중 동해가 가장 낮다.
- 조난 시 체온 유지를 고려한다면 최소 10℃ 이상의 수온이 적합하다.

습도 : 공기 중에 포함된 수증기의 양으로 공기의 건조상태를 표시하는 요소

바람

- 해륙풍은 낮에 바다에서 육지로 해풍이 불고, 밤에는 육지에서 바다로 육풍이 분다.
- 같은 고도에서도 장소와 시각에 따라 기압이 달라지고 이러한 기압차에 의해 바람이 분다.
- 하루 동안 낮과 밤의 바람 방향이 거의 반대가 되는 바람의 종류를 해륙풍이라 한다.
- 북서풍이란 북서쪽에서 남동쪽으로 바람이 부는 것을 뜻한다. (불어오는 방향으로 표기)

※ 맑은 날 일출 후 1~2시간은 거의 무풍상태였다가 태양고도가 높아짐에 따라 '해상'쪽에서 바람이 불기 시작, 오후 1~3시에 가장 강한 '해풍'이 불며 일몰 후 일시적으로 무풍상태가 되었다가 육상에서 해상으로 '육풍'이 분다.

※ 풍압차(Lee way, LW) : 일반적으로 선박에서는 풍압차와 유압차(Tide way, Current way; 해류나 조류에 떠밀리는 경우 항적과 선수미선 사이에 생기는 교각)를 구별하지 않고 이들을 합쳐서 풍압차라고 하는 경우가 많다.

풍향과 풍속

- 풍향이란 바람이 불어오는 방향을 말하며, 보통 북에서 시작하여 시계 방향으로 16방위로 나타내며, 해상에서는 32방위로 나타낼 때도 있다.
- 풍향이 반시계 방향으로 변하는 것을 풍향 반전이라 하고, 시계 방향으로 변하는 것을 풍향 순전이라고 한다.
- 풍속은 정시 관측 시간 전 10분간의 풍속을 평균하여 구한다.
- 항해 중의 선상에서 관측하는 바람은 실제 바람과 배의 운동에 의해 생긴 바람이 합성된 것으로, 시풍이라고 한다.

바람의 종류

무역풍 : 아열대 지방의 바람으로 중위도 고압대에서 적도 저압대로 부는 바람

편서풍 : 아열대 고기압에서 아한대 저압대를 향하여 부는 바람

계절풍

- 반년 주기로 바람의 방향이 바뀐다.
- 계절풍을 의미하는 '몬순'은 아랍어의 계절을 의미한다.
- 겨울에는 해양에 저기압이 생성되어 대륙으로부터 해양 쪽으로 바람이 불게 된다.
- 겨울 계절풍이 여름 계절풍보다 강하다.
- 계절풍은 대륙과 해양의 온도 차에 의해 발생된다.
- 겨울에는 육지에서 대양으로 흐르는 한랭한 기류인 북서풍이 분다.
- 여름에는 바다는 큰 고기압이 발생하고 육지는 높은 온도로 저압부가 되어 남동풍이 불게 된다.

해륙풍

- 해풍은 일반적으로 육풍보다 강한 편이다.
- 해륙풍의 원인은 맑은 날 일사가 강하여 해면보다 육지 쪽이 고온이 되기 때문이다.
- 낮과 밤에 바람의 영향이 거의 반대가 되는 현상은 해륙풍의 영향이다. 밤에는 육지에서 바다로 육풍이 분다.

태풍 [태풍의 가항반원과 위험반원]

- 태풍의 이동축선에서 좌측반원이 가항반원이고 우측반원이 위험반원이다.
- 좌측(가항)반원은 우측에 비해 상대적으로 약한 편인데, 우측(위험)반원은 좌측에 비해 기압경도가 커서 바람이 강하여 풍파가 심하며 폭풍우의 지속시간도 길다.
- 우측(위험)반원 중에서도 전반부에 최강풍대가 있고 선박이 바람에 압류되어 태풍 중심의 진로상으로 휩쓸려 들어갈 가능성이 커서 가장 위험한 반원에 해당한다.
- 태풍 중심에서 50km 이내에는 삼각파가 심하며 특히 우측(위험)반원의 후반부에 삼각파의 범위가 넓고 대파가 있다.

안개

해무(이류무)

- 따뜻하고 습윤한 공기가 따뜻한 표면에서 찬 표면으로 이동 중 접촉으로 냉각되어 발생, 또는 건조하고 찬 공기가 따뜻하고 습한 표면으로 이동하는 동안 표면으로부터 증발에 의한 수증기 포화로 발생, 해상안개의 80%를 차지하며 범위가 넓고 6시간 정도에서 며칠씩 지속될 때도 있다.
- 따뜻한 해면의 공기가 찬 해면으로 이동할 때 해면 부근의 공기가 냉각되어 생기는 것이다.
- 안개의 범위가 넓고 지속시간도 길어서 때로는 며칠씩 계속될 때도 있다.

복사무 : 육상 안개의 대부분으로, 밤에 지표면에 접한 공기가 점차 냉각(복사냉각)되어 노점온도에 이르러 안개가 발생한다.

전선무 : 전선을 경계로 찬 공기와 따뜻한 공기의 온도 차가 클 때 발생하기 쉬우며, 전선을 동반한 따뜻한 비가 한기 속에 떨어지는 동안 수증기 증가 및 포화로 인한 증발로 안개가 발생한다.

활승무 : '산무'라고도 하며, 습윤한 공기가 완만한 산의 경사면을 강제 상승되어 단열 팽창으로 기온하강과 함께 수증기 응결로 인해 발생되는 안개이다.

※ 항해 중 안개가 끼었을 때 행동사항 : 안전한 속력으로 항해하며 가용할 수 있는 방법을 다하여 소리를 발생하고 근처에 항해하는 선박에 알린다.

온난전선 따뜻한 공기가 찬 기단의 경계면을 따라 올라가면서, 찬 기단이 있는 쪽으로 이동해가는 형태, 전선면을 따라 따뜻한 공기가 상승하므로 구름과 비가 발생한다. 온난전선이 통과하게 되면 기온과 습도가 올라간다.

기압 우리나라 주변의 기압 분포의 유형은 다음과 같다.

- 서고동저형 : 겨울철의 대표적인 기압 배치
- 남고북저형 : 여름철의 대표적인 기압 배치

- 북고남저형 : 장마철에 잘 나타남
- 동고서저형 : 봄철에 잘 나타남

※ 편서풍대 내에서 서쪽에서 동쪽으로 이동하는 고기압을 이동성 고기압이라 하고, 이동성 고기압의 동쪽 부분에는 날씨가 비교적 맑고, 서쪽에는 날씨가 비교적 흐린 것이 보통이다.

우리나라 기상청 해양 기상특보

종류	주의보	경보
풍랑	해상 풍속 14m/s 이상이 3시간 이상 지속 또는 유의파고 3m 이상 예상될 때	해상 풍속 21m/s 이상이 3시간 이상 지속 또는 유의파고 5m 이상 예상될 때
폭풍해일	지진 이외의 천문조, 태풍, 폭풍, 저기압 등의 현상으로 해안 해일파고가 지역별 기준값인 평균 만조 해면으로부터 3m 이상	지진 이외의 천문조, 태풍, 폭풍, 저기압 등의 현상으로 해안 해일파고가 지역별 기준값인 평균 만조 해면으로부터 5m 이상
지진해일	지진으로 해안에서 규모 7.0 이상에서 해일파고 0.5m 이상일 때	규모 7.5 이상에서 1m 이상 내습이 예상될 때
태풍	강풍, 풍랑, 호우, 폭풍해일 주의보의 기준이 될 때	강풍경보 또는 풍랑경보 기준이 되거나 총강수량 200mm 이상이 예상될 때 또는 폭풍해일경보 기준이 될 때

기상이 나빠진다는 징조

- 기압이 내려간다.
- 바람 방향이 변한다.
- 소나기가 때때로 닥쳐온다.

※ '뭉게구름(적운)'은 날씨가 좋을 때 생긴다.

응급처치

주의사항

- 머리 다친 환자가 의식을 잃었을 때, 깨우기 위해 환자 머리를 잡고 흔들지 않도록 한다.
- 복부를 강하게 부딪힌 환자는 대부분 검사에서 금식이 필요할 수 있으므로 음식물 섭취는 금하고 진통제는 환자 진찰에서 혼란을 야기할 수 있으므로 금하는 것이 좋다.
- 척추를 다친 환자에게 잘못된 응급처치는 사지마비 등의 심한 후유증을 남길 수 있으므로 조심스럽게 접근해야 한다.
- 흉부 관통상 후 이물질이 제거되어 상처로부터 바람 새는 소리가 나거나 거품 섞인 혈액이 관찰되는 폐손상 시 3면 드레싱을 하여 호흡을 할 수 있도록 도와주어야 한다.

외상환자 응급처치

- 탄력붕대 적용 시 과하게 압박하지 않도록 한다.

- 생명을 위협하는 심한 출혈로(지혈이 안 되는) 지혈대 적용 시 적어도 폭이 5cm가량의 천을 사용하여야 하며 철사 등은 피부나 혈관을 상하게 하므로 사용해서는 안 된다.
- 복부의 노출된 장기는 다시 복강 내로 밀어 넣어서는 안 된다.
- 폐쇄성 연부조직 손상 시 상처 부위를 심장보다 높이 올려준다.

개방성 상처의 응급처치

- 상처 주위에 관통된 이물질이 보이더라도 현장에서 제거하지 않는다.
- 손상 부위를 부목을 이용하여 고정한다.
- 무리하게 손상 부위를 움직여 고정하면 2차 손상 유발이 우려된다.
- 상처 부위에 소독거즈를 대고 압박하여 지혈시킨다.

절단환자 응급처치 : 절단된 부위는 깨끗한 거즈나 천으로 감싸고 비닐 주머니에 밀폐하여 얼음이 닿지 않도록 얼음이 채워진 비닐에 보관한다.

경련 시 응급처치

- 경련하는 환자 주변에 손상을 줄 수 있는 물건이나 부딪힐 수 있는 물건은 치우며 환자를 강제로 잡거나 입을 벌리지 않는다.
- 경련 후 기면상태가 되면 환자의 몸을 한 쪽 방향으로 기울이고 기도가 막히지 않도록 한다.

심정지환자 응급처치

- 인공호흡 하는 방법을 모르거나 인공호흡을 꺼리는 일반인 구조자는 가슴압박 소생술을 하도록 권장한다.
- 인공호흡을 할 수 있는 구조자는 인공호흡이 포함된 심폐소생술을 시행할 수 있는데 방법은 가슴압박 30회 한 후 인공호흡 2회 연속하는 과정이다.
- 인공호흡을 할 시 평상시 호흡량으로 1초에 걸쳐 숨을 불어 넣는다.
- 인공호흡을 불어 넣을 때는 눈으로 환자의 가슴이 부풀어 오르는지 확인한다.
- 불충분한 이완은 흉강 내부 압력을 증가시켜 뇌동맥으로 가는 혈류를 감소시킨다.

전기손상 응급처치

- 전기가 신체에 접촉 시 일반적으로 들어가는 입구의 상처는 작으나 출구는 상처가 심하다.
- 높은 전압의 전류는 몸을 통과하면서 심장의 정상 전기리듬을 파괴하여 부정맥을 유발함으로써 심정지를 일으킨다.
- 강한 전류는 심한 근육수축을 유발하여 골절을 유발하기도 한다.
- 사고 발생 시 안전을 확인 후 환자에게 접근하여야 한다.

하임리히법

- 환자의 뒤에 서서 환자의 허리를 팔로 감싸고 한쪽 다리를 환자의 다리 사이에 지지한다.
- 주먹 쥔 손의 엄지를 배꼽과 명치 중간에 위치한다.
- 다른 한 손으로 주먹 쥔 손을 감싸고, 빠르게 후상방으로 밀쳐 올린다.
- 이물질이 밖으로 나오거나 환자가 의식을 잃을 때까지 계속한다.
- 환자가 의식을 잃은 경우, 심폐소생술을 실시한다.

기도폐쇄 시

- 임신, 비만 등으로 인해 복부를 감싸 안을 수 없는 경우, 가슴 밀어내기를 사용할 수 있다.
- 기도가 부분적으로 막힌 경우에는 기침을 하면 이물질이 배출될 수 있기 때문에 환자가 기침을 하도록 둔다.
- 1세 미만 영아는 복부 밀어내기를 하면 강한 압박으로 복강 내 장기 손상 우려가 있어 복부 압박을 권고하지 않으며, 영아의 머리를 아래로 하여 가슴 누르기와 등 두드리기를 5회씩 반복한다.
- 기도폐쇄 환자가 의식을 잃으면 구조자는 환자를 바닥에 눕히고 즉시 심폐소생술을 시행한다.

현장 응급처치

- 동상 부위는 건조하고, 멸균거즈로 손상 부위를 덮어주고 느슨하게 붕대를 감는다.
- 콘택트렌즈를 착용한 모든 안구손상 환자는 현장에서 렌즈를 제거하지 않는다.
- 화상으로 인한 수포는 터트리지 않는다.
- 의식이 없는 환자에게 물 등을 먹이면 기도로 넘어갈 수 있으므로 피한다.

드레싱

상처 처치 드레싱

- 상처 세척 용액으로 알코올은 세균에 대한 살균력은 좋으나 상처 부위 세척에 사용 시 통증, 자극을 유발하여 적합하지 않다.
- 드레싱은 상처가 오염 방지와 출혈을 방지하기도 한다.
- 드레싱 후에도 출혈이 계속된다면 드레싱 한 거즈를 제거하지 않고 그 위에 다시 거즈를 덮어주면서 압박한다.

상처 드레싱 목적

- 출혈을 방지한다.
- 지혈에 도움을 준다.
- 상처의 오염을 예방한다.
- 상처 부위를 고정하기 전 드레싱이 필요하며, 소독거즈나 붕대로 감는 것도 포함된다.

효과적인 외부 출혈 조절 방법

- 국소 압박법 : 상처가 작거나 출혈 양상이 빠르지 않을 경우, 출혈 부위 압박
- 선택적 동맥점 압박법 : 상처의 근위부에 위치한 동맥을 압박하는 것
- 지혈대 사용법 : 출혈을 멈추기 위하여 지혈대를 사용
- 냉찜질을 통한 지혈법 : 상처 부위의 혈관을 수축시켜 지혈 효과를 보지만 완전한 지혈이 어려움

지혈대 사용

- 다른 지혈 방법을 사용하여도 외부 출혈이 조절 불가능할 때 사용을 고려할 수 있다.
- 지혈대 적용 후 반드시 착용 시간을 기록한다.

- 지혈대를 적용했다면 가능한 한 신속히 병원으로 이송한다.
- 팔이나 다리의 관절 부위는 피해서 사용한다.

근골격계

손상 응급처치

- 부목 고정 시 손상된 골격과 관절은 위쪽과 아래쪽의 관절을 모두 고정한다.
- 고관절 탈구 시 현장에서 정복술을 시행하지 않는다.
- 붕대를 감을 때는 신체의 말단부위에서 중심부위 쪽으로 감아서 심장에 돌아오는 정맥혈의 순환을 돕는다.

골절 시 나타나는 증상과 징후

- 손상 부위를 누르면 심한 통증을 호소한다.
- 손상 부위의 움직임이 제한될 수 있다.
- 골절 부위의 골격끼리 마찰되는 느낌이 있을 수 있다.
- 관절이 아닌 부위에서 골격의 움직임이 발생할 수 있다.

부목 고정 일반원칙

- 상처는 부목을 적용하기 전에 소독된 거즈로 덮어준다.
- 골절 부위를 포함하여 몸쪽 부분과 먼 쪽 부분의 관절을 모두 고정해야 한다.
- 골절이 확실하지 않더라도 손상이 의심될 때는 부목으로 고정한다.
- 붕대로 압박 후 상처보다 말단부위의 통증, 창백함 등 순환·감각·운동상태를 확인한다.

화상

화상의 종류

- 1도 화상 : 피부 표피층만 손상된 상태로 동통이 있으며 피부가 붉게 변하나 수포는 생기지 않는다.
- 2도 화상 : 피부 표피와 진피 일부의 화상으로 수포가 형성되고 통증이 심하며 일반적으로 2주에서 3주 안으로 치유된다.
- 3도 화상 : 화상 부분이 건조되어 피부가 마른 가죽처럼 되면서 색깔이 변한다.

화학화상

- 화학반응을 일으키는 물질이 피부와 접촉할 때 발생한다.
- 연무 형태의 강한 화학물질로 인하여 기도, 눈에 화상이 발생하기도 한다.
- 중화제를 사용하여 제거하는 것은 조직 손상이 악화될 수 있어 사용하지 말아야 한다.

흡입화상

- 흡입화상은 화염이나 화학물질을 흡입하여 발생하며 짧은 시간 내에 호흡기능상실로 진행될 수 있다.
- 초기에 호흡곤란 증상이 없었더라도 시간이 진행됨에 따라 호흡곤란이 발생할 수 있는 심각한 화상이다.

- 흡입화상으로 인두와 후두에 부종이 발생될 수 있으며, 안면 또는 코털 그을림이 관찰될 수 있다.

열로 인한 질환(열사병) 응급처치

- 열경련은 열 손상 중 가장 경미한 유형이다.
- 일사병은 열 손상 중 가장 흔히 발생하며 어지러움, 두통, 경련, 일시적으로 쓰러지는 등의 증상을 나타낸다.
- 열사병은 열 손상 중 가장 위험한 상태로 땀을 분비하는 기전이 억제되어 땀을 흘리지 않는다.
- 시원한 장소로 옮긴 후 의식이 있으면 이온 음료 또는 물을 공급한다.

저체온증

사람의 체온이 35℃ 이하로 떨어지고 정상 체온을 유지하지 못하는 상태

저체온증 응급처치

- 신체를 말단부위부터 가온시키면 오히려 중심체온이 더 저하되는 합병증을 가져올 수 있으므로 복부, 흉부 등의 중심부를 가온하도록 한다.
- 작은 충격에도 심실세동과 같은 부정맥이 쉽게 발생하므로 최소한의 자극으로 환자를 다룬다.
- 체온 보호를 위하여 젖은 옷은 벗기고 마른 담요로 감싸준다.
- 노약자, 영아에게 저체온증이 발생할 가능성이 높다.

저체온증에 빠진 익수자 이송 : 체온 손실을 막기 위하여 젖은 의류를 벗기고 담요를 덮어 보온을 해 준다.

동상

- 동상의 가장 흔한 증상은 손상 부위 감각저하이다.
- 동상 부위를 녹이기 위해 문지르거나 마사지 행동은 얼음 결정이 세포를 파괴할 수 있으며, 열을 가하는 것은 추가적인 조직 손상을 일으킨다.
- 현장에서 수포(물집)는 터트리지 않는다.
- 동상으로 인해 다리가 붓고 물집이 있을시 가능하면 누워서 이송하도록 한다.

뇌졸중 환자

- 입안 및 인후 근육이 마비될 수 있으므로 구강을 통하여 음식물 섭취에 주의한다.
- 의식을 잃었을 시 혀가 기도를 막을 수 있으므로 기도유지에 주의한다.
- 뇌졸중 증상의 환자는 빠른 병원 도착으로 치료 결과가 달라질 수 있어 증상발현 시간은 매우 중요하며, 증상이 발현된 시간을 의료진에게 전달하여야 한다.
- 뇌졸중 대표 조기 증상은 편측마비, 언어장애, 시각장애, 어지럼증, 심한 두통 등이 있다.

협심증

- 흉부 중앙의 불편한 압박감, 가슴이 꽉 찬 느낌 또는 쥐어짜는 느낌이나 흉부의 통증으로 나타날 수 있으며, 심한 흉통이 턱이나 팔 등으로 뻗치기도 한다.
- 통증은 보통 3~8분간, 드물게는 10분 이상 지속되며 호흡곤란, 오심 등을 동반하기도 한다.

- 니트로-글리세린을 혀 밑에 넣으면 관상동맥을 확장시켜 심근으로의 산소공급을 증가시킨다.
- 휴식을 취하면 심장의 산소요구량이 감소되어 통증이 소실될 수 있다.
- 심근으로의 산소공급이 결핍되면 환자는 가슴 통증을 느낀다.

해파리 쏘임 대처요령

- 환자를 물 밖으로 나오게 한다.
- 증상으로는 발진, 통증, 가려움증이 나타나며 심한 경우 혈압 저하, 호흡곤란, 의식불명 등이 나타날 수 있다.
- 남아있는 촉수를 제거해주고 바닷물로 세척 해 준다.
- 해파리에 쏘인 환자에게 알코올 종류와 식초의 세척은 금한다.

인공호흡과 심폐소생술

기본 심폐소생술

- 반응 확인 → 도움 요청 → 호흡 확인 → 심폐소생술
- 쓰러진 사람이 반응이 없으면 즉시 119 신고, 호흡이 없거나 비정상적인 호흡을 보인다면 심정지 상태로 판단하고 심폐소생술 실시

쓰러진 환자의 호흡 확인 방법 : 얼굴과 가슴을 10초 정도 관찰하여 호흡 확인한다.

심폐소생술 절차 : 119 신고 및 자동심장충격기 요청 → 의식 확인 및 호흡 확인 → 심폐소생술 시작(가슴압박 30 : 인공호흡 2) → 자동심장충격기 사용 → 119가 올 때까지 심폐소생술 실시

- 심폐소생술을 실시할 때는 가슴압박의 중단을 최소화하려고 노력하여야 한다.
- 불가피하게 중단할 경우, 10초 이상 중단하지 않도록 한다.
- 가슴압박 속도는 분당 100~120회의 속도로 압박한다.
- 가슴압박은 심장과 뇌로 충분한 혈류를 전달하기 위한 필수적 요소이다.

가슴압박 깊이

- 소아, 영아의 가슴압박 깊이는 적어도 가슴 두께의 1/3 깊이이다.
- 성인과 소아 가슴압박 위치는 가슴뼈의 아래쪽 1/2, 영아는 젖꼭지 연결선 바로 아래 가슴뼈이다.
- 성인의 가슴압박 깊이 약 5cm, 소아의 가슴압박 깊이 4~5cm, 영아는 4cm의 깊이로 압박한다.

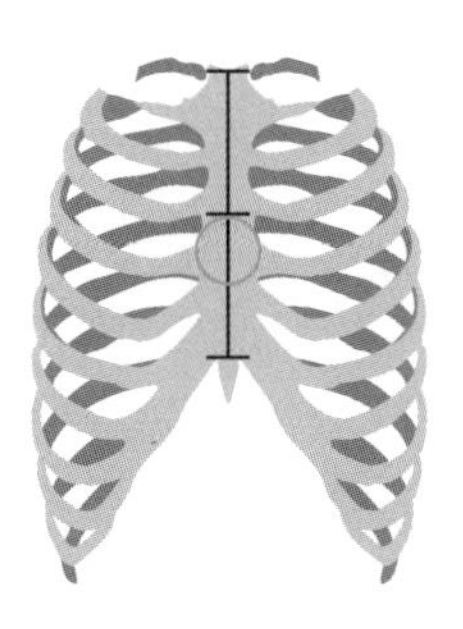

심폐소생술에서 나이의 정의

- 신생아 : 출산된 때로부터 4주까지
- 영아 : 만 1세 미만의 아기
- 소아 : 만 1세부터 만 8세 미만까지
- 성인 : 만 8세부터

※ 만 8세 이상은 성인, 만 8세 미만은 소아에 준하여 심폐소생술 한다.

인공호흡

- 기도를 개방한 상태에서 가슴 상승이 눈으로 확인될 정도의 호흡량으로 불어 넣는다.
- 너무 많은 양의 인공호흡은 위 팽창과 그 결과로 역류, 흡인 같은 합병증을 유발할 수 있어, 호흡량을 많고 강하게 불어 넣는 것은 환자에게 도움이 되지 않는다.

가슴압박과 인공호흡

- 인공호흡 하는 방법을 모르거나 인공호흡을 꺼리는 구조자는 가슴압박 소생술을 하도록 권장한다.
- 가슴압박 소생술이란 인공호흡은 하지 않고 가슴압박만을 시행하는 소생술 방법이다.
- 인공호흡을 할 수 있는 구조자는 인공호흡이 포함된 심폐소생술을 시행할 수 있는데 가슴압박 30회, 인공호흡 2회 연속하는 과정을 반복한다.
- 옆에 다른 구조자가 있는 경우, 2분마다 가슴압박을 교대한다.

자동심장충격기 AED

심정지환자 자동심장충격기 : 심장에 강한 전기를 가하는 방법으로 가슴압박 시 자동심장충격기가 도착하면 즉시 사용한다. 심장 전기충격이 1분 지연될 때마다 심실세동의 치료율이 7~10%씩 감소한다.

사용 절차

- 전원을 켠다.
- 패드 부착 부위에 물기를 제거한 후 패드를 붙인다.
- 심전도를 분석한다.
- 심실세동이 감지되면 쇼크 스위치를 누른다.
- 바로 가슴압박을 실시한다.
- 119가 올 때까지 진행한다.

※ 전기충격 후 바로 이어서 가슴압박 실시

응급장비를 갖추어야 하는 기관

- 응급의료에 관한 법률 제 47조의2(심폐소생술을 위한 응급 장비의 구비 등의 의무) 공공보건의료에 관한 법률에 따른 공공보건의료기관
- 철도산업발전기본법에 따른 철도차량 중 객차
- 선박법에 따른 선박 중 총톤수 20톤 이상인 선박
- 항공안전법에 따른 항공기 중 항공운송사업에 사용되는 여객 항공기 및 공항

각종 사고 시 대처방법

사고 시 대처법

항해 중 익수자를 구조하는 방법

- 직접 입수하여 구조하기보다는 구명부환 등 구조장비를 이용하여 간접구조를 우선한다.
- 익수자 접근 시 레버를 중립에 위치하고, 타력을 이용 미속으로 접근한다.(최대 속력으로 접근은 위험)
- 여분의 노, 구명환 등을 이용하여 구조한다.

항해 중 사람이 물에 빠졌을 때

- 가장 먼저 해야 할 조치사항은 키를 물에 빠진 쪽으로 최대한 전타하여 익수자가 프로펠러에 빨려들지 않도록 한다.
- '익수자'라고 외치고, 선회하여 미속으로 익수자 주변 접근하여 구명튜브 등을 던져주어 구조한다.
- 익수자가 선수에 부딪히지 않도록 하고 발생 현 측 1미터 이내에서 구조할 수 있도록 조종한다.
- 선체 좌우가 불안정할 경우 익수자를 선수 또는 선미에서 끌어올리는 것이 안전하다.

무동력보트 구조술

- 익수자에게 접근해 노를 건네 구조한다.
- 익수자를 끌어올릴 때 전복에 주의한다.
- 보트 위로 끌어 올리지 못할 경우, 뒷면에 매달리게 한 후 이동한다.
- 무동력보트의 선미는 선수보다 낮고, 전복의 위험성이 없으며, 스크루가 없어 위험하지 않아 익수자를 탑승시키기에 효과적이다.

수상레저기구 구조정 활용 인명구조 방법

- 대형 구조선은 조난선의 풍상 쪽 선미 또는 선수로 접근한다.
- 레저기구를 이용한 소형 구조선은 조난선의 풍하 현 측으로 이동하고, 충분한 거리를 유지하며 접근하여 계선줄을 잡고, 요구조자를 옮겨 태운다.
- 조난선에 접근 시 바람에 의해 압류되는 것을 주의한다.

선박 간 충돌 또는 장애물과의 접촉 사고 시 조치

- 충돌을 피하지 못할 상황이라면 타력을 줄인다.
- 파공이 크고 침수가 심하면 격실 밀폐와 수밀문을 닫아서 충돌 또는 접촉된 구획만 침수되도록 한다.
- 침수량이 배수량보다 많더라도 부력 상실 전까지 시간 확보를 위해 배수를 중단하지 않는다.
- 충돌 후 침몰이 예상되는 상황이면 해상으로 탈출을 대비하여야 하며, 수심이 낮은 곳에 임의좌주를 고려한다.

- 침몰할 염려가 있을 때는 임의좌초시키고, 퇴선할 때에는 구명조끼를 반드시 착용하며, 인명구조에 최선을 다한다.
- 기관을 후진시키지 말고, 주기관을 정지시키고, 두 선박을 밀착시킨 상태로 밀리도록 한다.
- 선박을 후진하여 두 선박을 분리시키면 대량의 침수로 침몰위험이 커진다.

좌초 사고 즉시 조치

- 즉시 기관을 정지, 손상부 파악
- 손상부 확대 가능성에 주의하여 후진 기관사용 여부 판단
- 자력 이초 가능 여부 판단
- 이초 결정 시 이초를 위한 방법 선택

선박 침수 시 조치

- 침수 원인 확인 후 응급조치
- 수밀문을 밀폐
- 모든 수단을 이용하여 배수

임의좌주와 이초법

임의좌주(Beaching)

- 해저가 모래나 자갈로 구성된 곳을 선택한다.
- 경사가 완만하고 육지로 둘러싸인 곳을 선택한다.
- 자력 이초를 고려하여 강한 조류가 있는 곳과 갯벌로 된 해안은 피한다.

이초 고려사항

- 손상 부분으로부터 들어오는 침수량과 본선의 배수 능력을 비교하여 물에 뜰 수 있을 것인가
- 해저의 저질, 수심을 측정하고 끌어낼 수 있는 시각과 기관의 후진 능력을 판단
- 조류, 바람, 파도가 어떤 영향을 줄 것인가
- 무게를 줄이기 위해 적재된 물품을 어느 정도 해상에 투하하면 물에 뜰 수 있겠는가

※ 갯벌에 얹혔을 때에는 선체를 좌우로 흔들면서 기관을 사용하면 효과적이다.

선박의 기관실 침수 방지대책

- 방수 기자재 정비
- 해수관 계통의 파공 유의
- 해수 윤활식 선미관에서의 누설량 유의

※ 기관실 선저 밸브는 평소에 사용이 가능하도록 하고, 침수 시에만 폐쇄한다.

좁은 수로 주의사항 일시에 대각도 변침을 피한다. 조류 방향과 직각되는 방향으로 선체가 가로 놓이게 되면 조류 영향을 크게 받는다.

윌리암슨즈 선회법 사람이 물에 빠진 시간 및 위치가 명확하지 못하고 시계가 제한되어 사람을 확인할 수 없을 때, 한쪽으로 전타하여 원침로에서 약 60도 정도 벗어날 때까지 선회한 다음 반대쪽으로 전타하여 원침로로부터 180도 선회하여 전 항로로 돌아가는 방법이다.

화재 시 대처법

화재 발생 시 조치사항

- 화재구역의 통풍을 차단하고 선내 조명 등 전원을 차단한다.
- 발화원과 인화성 물질이 무엇인가 알아내어 소화방법을 강구한다.
- 초기 진화 실패 시 퇴선을 대비하여 필요 장비를 확보한다.
- 소화 작업과 동시에 화재 진화 실패 시의 대책을 강구한다.

※ 소화기나 구명조끼는 유사시 바로 사용이 가능하도록 선실 전체에 고르게 비치하여야 한다.

화재 시 소화 작업을 하기 위한 조종방법

- 소화 작업 중 화재가 확산되지 않도록 상대 풍속이 '0'이 되도록 선박을 조종하는 것이 원칙이다.
- 즉, 선수 화재 시 선미에서, 선미 화재 시 선수에서, 중앙부 화재 시 정횡에서 바람을 받으며 소화 작업을 해야 한다.

화재 발생 시 유의사항

- 엔진룸 화재와 같은 B급 유류화재에는 대부분의 소화기 사용이 가능하다.
- 화재의 확산을 줄이기 위하여 화재 발생원이 풍하측에 있도록 보트를 돌리고 엔진을 정지한다.
- 화재 예방을 위해 기름이나 페인트가 묻은 걸레는 공기가 잘 통하는 곳에 보관한다.
- C급 화재인 전기화재에는 누전 가능성이 있으므로 액체가 없는 분말 또는 이산화탄소(CO_2)소화기를 사용한다.

비상집합장소(MUSTER STATION) 선박 비상 상황 발생 시 탈출을 위해 모이는 장소

안전장비 및 인명구조

인명구조 장비 구명부환은 익수자가 잡기 쉽도록 튜브형식의 외형 측면 4곳에 끈이 달린 구조장비로 비교적 가까이 있는 익수자를 구출하는 데 이상적이며, 드로우 백은 부력을 갖춘 소형 주머니에 20~30m 로프가 들어 있어 비교적 멀리 있는 익수자를 구출하는 데 이상적이다.

구명조끼

구명조끼 사용법

- 자기 몸에 맞는 구명조끼를 선택한다.
- 가슴 조임줄을 풀어 몸에 걸치고 가슴 단추를 채운다.
- 가슴 조임줄을 당겨 몸에 꽉 조이게 착용한다.
- 다리 사이로 다리 끈을 채워 고정한다.

팽창식 구명조끼

- 부피가 작아서 관리, 취급, 운반이 간편하다.
- CO_2 팽창기를 이용하여 부력을 얻는 구명조끼이다.
- 협소한 장소나 더운 곳에서 착용 및 활동이 편리하다.
- CO_2 가스 누설 또는 완전히 팽창되지 않았을 경우, 부력 유지를 위해 입으로 공기를 불어 수시로 빠진 공기를 보충시켜 주어야 한다.

팽창식 구명조끼 작동법

- 물 감지 센서(Bobbin)에 의해 익수 시 10초 이내에 자동으로 팽창한다.
- 자동으로 팽창하지 않았을 경우, 작동 손잡이를 당겨 수동으로 팽창시킨다.
- 직접 공기를 불어 넣은 후 가스 누설을 막기 위해 마우스피스의 마개를 거꾸로 닫게 되면 에어백 내부의 공기가 빠지게 된다.

팽창식 구명조끼의 관리법

- 물에 의해 작동하는 보빈의 오작동 방지를 위해 습도가 높고 밀폐된 환경에서의 보관을 피하고, 우천 및 습기가 높은 날은 사용 중 주의를 요한다.
- 사용 전 보빈과 실린더 상태를 반드시 확인하며, 팽창 후 재사용을 위해서는 반드시 에어백 내부의 공기를 완전히 빼주어야 하며, 실린더와 보빈은 일회성 부품으로 팽창 후 교체하여 사용해야 한다.
- 세탁 시 실린더, 보빈, 해수전지 등은 몸체로부터 반드시 분리해야 하며, 사용 후에는 환기가 잘되고, 햇볕이 잘 드는 곳을 피해 그늘진 곳에 보관해야 한다.

드로우 백 구명환보다 부력은 적으나 가장 멀리 던질 수 있는 구조장비로 부피가 적어 휴대하기 편리하며, 로프를 봉지 안에 넣어두기 때문에 줄 꼬임이 없고 구명환보다 멀리 던질 수 있는 구조장비이다.

구명부기와 구명부환

구명부기 : 부체 주위에 부착된 줄을 붙잡고 구조를 기다리는 장비로서 연안을 운항하는 여객선이나 낚시 어선 등에서 주로 사용한다.

[구명부기]

구명부환 : 물에 빠진 사람에게 던져서 붙잡게 하여 구조하는 튜브형의 부력 용구이다.

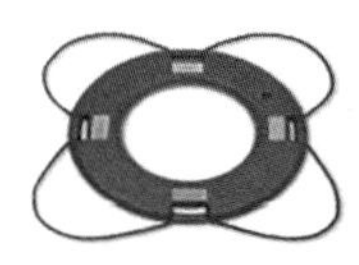

[구명부환]

구명부환의 사양

- 2.5kg 이상의 무게와 고유의 부양성을 가질 것
- 14.5kg 이상의 철편을 담수 중에서 24시간 동안 지지할 수 있을 것
- 외경은 800mm 이하이고 내경은 400mm 이상일 것

구명환과 로프를 이용한 구조방법

- 익수자와의 거리를 목측하고 로프의 길이를 여유롭게 조정한다.
- 한손으로 구명환을 쥐고 반대 손으로 로프를 잡으며 발을 어깨넓이 만큼 앞으로 내밀고 로프 끝을 고정한 후 투척한다.

- 구명환을 던질 때는 풍향, 풍속을 고려하여 바람을 등지고 던지는 것이 용이하다.
- 익수자가 구명환을 손으로 잡고 있을 때에 빨리 끌어낼 욕심으로 너무 강하게 잡아당기면 놓칠 수 있으므로 속도를 잘 조절해야 한다.

레스큐 튜브 직선 형태의 부력을 가진 인명구조 장비로서 먼 곳에 있는 익수자 구조보다는 주로 인명구조원이 근거리 수영 구조에 사용되는 구조장비이다.

구명뗏목 승선 완료 후 즉시 취할 행동에 관한 '행동 지침서'가 보기 쉬운 곳에 게시되어 있다.

행동 지침서 기재사항

- 다른 조난자가 없는지 확인할 것
- 침몰하는 배에서 신속하게 멀리 떨어질 것
- 다른 구명정 및 구명뗏목과 같이 행동할 것
- 의장품 격납고를 열고 생존지침서를 읽을 것

※ 구명뗏목이 바람에 떠내려가지 않도록 바닷속의 저항체 역할과 전복 방지를 위해 해묘가 있다.

※ 자동이탈장치에는 절대로 페인트 등 도장을 하면 안 된다.

팽창식 구명뗏목 수동진수 순서 : 안전핀 제거 → 투하용 손잡이 당김 → 연결줄 당김

팽창식 구명뗏목 자동이탈장치 : 팽창식 구명뗏목 자동진수 시 수심 2~4m 사이에서 수압에 의해 자동으로 구명뗏목을 분리시키는 장비

구명뗏목 탑승법

- 체온 및 체력 감소를 막기 위해 가능한 한 물속으로 들어가지 않고 탑승하는 것이 좋다.
- 사다리 등 보트에 있는 모든 이용 가능한 것을 활용하여 탑승하고, 높이가 4.5미터 이내에서는 구명뗏목 천막 위로 바로 뛰어내릴 수 있다.

소화기 휴대용 CO_2 소화기의 최대 유효거리는 1.5~2m이다.

생존수영

- 구조를 요청할 때는 누워서 고함을 치거나 한 손으로 구조를 요청한다.(두 손으로 구조를 요청하게 되면 에너지 소모가 많고, 부력장비를 놓치기 쉬우며, 몸이 가라앉을 가능성이 있다.)
- 익수자가 여러 명일 경우 이탈되지 않도록 서로 껴안고 하체를 서로 압박하고 잡아준다.
- 부력을 이용할 장비가 있으면 가슴에 밀착시켜 체온을 유지한다.
- 온몸에 힘을 뺀 상태에서 몸을 뒤로 젖혀 하늘을 보는 자세를 취한다.

운항 및 운용

운항계기

정의

해저 저질의 종류 : G(자갈), M(펄), R(암반), S(모래)

해도

- 조류속도, 조류방향, 수심 등이 표시 ※ '풍향'은 표기되지 않음
- 해도에 표기된 조류 : 해도에 표기된 조류의 방향 및 속도는 측정치의 평균방향과 평균속도이다.
- 점장도 : 항정선이 직선으로 표시되며, 침로를 구하기에 편리하다. 자오선과 거등권은 직선으로 나타낸다.
- 등심선 : 해도에서 수심이 같은 장소를 연결한 선

해도 도식

- SD : 의심되는 수심
- PD : 의심되는 위치
- PA : 개략적인 위치
- WK : 침선

조석표 : 대형의 선박(흘수가 큰)이 수심이 얕은 지역을 통과할 때 제일 먼저 고려해야 할 수로 서지는 조석표이다.

축척 : 두 지점 사이의 실제 거리와 해도에서 이에 대응하는 두 지점 사이의 거리 비

중시선

- 선박의 위치 편위를 중시선을 활용하여 손쉽게 알 수 있다.
- 관측자는 2개의 식별 가능한 물표를 하나의 선으로 볼 수 있다.
- 통항 계획의 수립 단계에서 찾아낸 자연적이고 명확하게 식별할 수 있는 물표로도 표시할 수 있다.

해리(N/M = Nautical Mile) : 1해리 = 1,852m

※ 해리란 해상에서 선박이 항해한 거리를 나타낼 때 사용하는 단위

로프의 규격 : '로프의 직경'(지름)을 mm 또는 원주를 인치로 표시

선박의 건현 : 예비부력을 가져 안전 항해를 하기 위하여 필요하다.

전폭 : 선체의 가장 넓은 부분에 있어서 양현 외판의 외면에서 외면까지의 수평거리

선박의 주요 치수 : 선박의 특성을 표시하거나 크기의 비교, 선박의 조종, 선체 정비, 구성 재료의 치수와 배치 등을 결정하는 데 있어서 선박의 길이, 폭, 깊이 등을 사용

소개정(Small Correction) : (19)312, 627 (20)110

→ 소개정 최종 개보는 '2020년 110번 항'까지이다.

순톤수(Net Tonnage) : 여객이나 화물을 운송하기 위하여 쓰이는 용적을 나타내는 톤수

방위

16방위 표기법 : 북 N, 북북동 NNE, 북동 NE, 동북동 ENE, 동 E, 동남동 ESE, 남동 SE, 남남동 SSE, 남 S, 남남서 SSW, 남서 SW, 서남서 WSW, 서 W, 서북서 WNW, 북서 NW, 북북서 NNW

→ 약 155도 방향에서 불어오는 풍향은 남남동(SSE) 풍

북방위 표지 : '북쪽이 안전수역이니까 북쪽으로 항해할 수 있다'는 뜻

나침로 198°, 자차 4°W, 편차 3°E이고 풍향은 SE(남동) 풍압차 3°일 때 진침로 : 200° [198°(나침로)−4°W(자차) + 3°E(편차) + 3°(풍압차) = 200°(진침로)]

항해 중 해도를 이용할 때 주의사항 자세히 표현된 구역은 수심이 복잡하게 기재되었더라도 정밀하게 측량된 것으로 볼 수 있다.

침로 대수적으로 선박이 항주해가는 방향(항적) 또는 선박을 진행시키려는 방향, 즉 선수미선과 선박을 지나는 자오선이 이루는 각을 말한다.

- 진침로와 자침로 사이에는 편차만큼의 차이가 있고, 자침로와 나침로 사이에는 자차만큼의 차이가 있다.
- 북을 000°로 하여 시계 방향으로 360°까지 측정한다.

항해장비

음향측심기 (Echo sounder)	음파를 빔 형태로 해저에 발사, 해저에 반사되어 돌아오는 반사파의 소요시간을 측정하여 수심 측정
자기컴퍼스 (Magnetic compass)	지구자장의 방향을 고려하여 북쪽을 나타내는 항해계기
육분의 (Sextant)	천체를 이용하여 위치를 산출할 때 천체의 고도를 측정하는 항해계기
도플러 로그 (Doppler log)	송신된 신호와 수신된 신호 사이의 주파수 변화량에 의해 속도 측정

자기컴퍼스(Magnetic compass) 항해 중 임의물표의 방위를 측정하여 선박의 위치를 구하고자 할 때, 선위 측정에 필요한 항해장비

자기컴퍼스(Magnetic compass)의 특징

- 구조가 간단하고 관리가 용이하고, 전원이 필요 없으며, 단독으로 작동이 가능하다.
- 오차를 지니고 있으므로 반드시 수정해야 한다.

컴퍼스(나침의)의 자차가 생기는 원인

- 선수 방위가 변할 때
- 선수를 여러 방향으로 장시간 두었을 때
- 선체가 심한 충격을 받았을 때
- 지방 자기의 영향을 받을 때

자이로컴퍼스(Gyro compass)의 특징 및 작동법

- 고속으로 회전하는 회전체를 이용하여 진북을 알게 해주는 장치이다.
- 스페리식 자이로컴퍼스를 사용하고자 할 때에는 4시간 전에 기동하여야 한다.
- 자기컴퍼스에서 나타나는 편차나 자차는 없지만, 위도, 속도, 가속도 오차 등을 가지고 있어 항해 중 오차를 유무를 확인하여야 한다.
- 방위를 간단히 전기신호로 바꿀 수 있어 여러 개의 리피터 컴퍼스를 동작시킬 수 있다.

레이더(Radio Detection and Raging)

레이더의 기능 : 전자파를 발사하여 그 반사파를 측정함으로써 물표를 탐지하고, 물표까지의 거리 및 방향을 파악하는 계기

레이더의 특징

- 날씨에 영향을 받지 않는다.
- 충돌 방지에 큰 도움이 된다.
- 탐지거리에 제한을 받는다.
- 자선 주의의 지형 및 물표가 영상으로 나타난다.

레이더 화면의 영상 판독 방법

- 상대선의 침로와 속력의 변경으로 인해 상대 방위가 변화하고 있다고 하여 충돌의 위험이 없을 것으로 가정해서는 안 된다.
- 다른 선박의 침로와 속력에 대한 정보는 일정한 시간 간격을 두고 계속적인 관측을 해야 한다.
- 해상의 상태나 눈, 비로 인해 영상이 흐려지는 부분이 생길 수 있다는 것도 알고 있어야 한다.
- 방위 변화가 거의 없고 거리가 가까워지고 있으면 상대 선과 충돌의 위험성이 있다는 것이다.

레이더 플로팅을 통해 알 수 있는 타선 정보 : 상대 선박의 진속력, 진침로, 최근접 거리, 최근접 시간 ※ '선박의 형상'은 레이더로 알 수 없음

간섭현상 : 상대선에서 본선과 같은 주파수대의 레이더를 사용하고 있을 때 간섭현상이 나타난다.

레이더에 연결되는 주변장치 : 자이로컴퍼스, GPS, 선속계

※ 'VHF'는 통신기기임. 레이더와 연결 사용 장치가 아님

선박자동식별장치(AIS)

- 레이더로 식별이 어려운 전파 장애물의 뒤쪽에 위치하는 선박도 식별할 수 있으나, 시계가 좋지 않은 경우에도 식별이 가능하다.
- VTS(선박교통관제)에 정보를 제공하여 선박 통항 관제를 원활하게 하는 데에 있다.
- 정적정보에는 선명, 선박길이, 선박 종류 등이 포함된다.
- 선박 상호 간에 선명, 침로, 속력 등을 교환하여 항행 안전을 도모하는 데에 있다.

비상위치지시용 무선표지설비(EPIRB)

- 선박이 침몰할 때 떠올라서 조난신호를 발신한다.
- 위성으로 조난신호를 발신한다.
- 조타실이 아닌 선교(Top bridge)에 설치되어 선박이 침몰했을 때 자동으로 부상하여 위성을 통해 조난신호를 전송한다.
- 자동작동 또는 수동작동 모두 가능하다.

위성항법장치(GPS) 플로터

- GPS 플로터의 모든 해도는 간이 전자해도로서 항해 보조용으로 제작된 것이 많다.
- 안전한 항해를 위해서는 국가기관의 승인을 받은 정규해도를 사용해야 한다. GPS 위성으로부터 정보를 수신하여 자선의 위치, 시간, 속도 등이 표시되며 표시된 데이터로 선박 항해에 필요한 정보를 제공한다.
- 면상에 각 항구의 해도와 경위도선, 항적 등을 표시할 수 있다.

※ 위성항법장치(GPS) : 현재 위치 확인 및 측정에 이용되는 항해장비

무선통신장비

초단파(VHF) 무선통신 방법

- 채널 16은 조난, 긴급, 안전 호출용으로만 사용되어야 한다.
- 조난 호출 및 통신을 청수한 때에는 다른 모든 통신을 중단하고 계속 청수해야 한다.
- 송신을 시작하기 전에 그 채널이 사용 중인지 확인해야 하며, 수신국의 특별한 요청이 없는 한 단어나 구문을 반복하지 말아야 한다.

초단파대 무선설비 : 평수구역을 항해하는 총톤수 2톤 이상의 소형선박에 반드시 설치해야 하는 무선통신설비이다.

모터보트의 조타 설비 운항 방향을 제어하는 설비로서 키를 이용하여 변침하거나 침로를 유지할 때 필요한 장치

수상레저기구 조종술

안전속력 시정이 제한된 상태에서 충돌을 피하기 위하여 적절하고 효과적인 동작을 취하거나 당시의 상황에 알맞은 거리에서 선박을 멈출 수 있는 속력

안전한 속력을 결정할 때에 고려사항 : 시계의 상태, 해상교통량의 밀도, 선박의 흘수와 수심과의 관계, 선박의 정지거리·선회 성능, 그 밖의 조종성능

이안거리(해안으로부터 떨어진 거리)를 결정할 때 고려사항

- 선박의 크기 및 제반 상태
- 항로의 교통량 및 항로 길이
- 해상, 기상 및 시정의 영향
- 선위 측정 방법 및 정확성

선박에서 상대 방위 선수를 기준으로 한 방위

대지속력 대지와 물 위를 움직이는 거리. 목적지의 도착예정시간(ETA)을 구할 때는 대지 위를 움직이는 대지속력(SOG, Speed Over Ground)으로 계산한다.

마찰저항 모터보트가 저속으로 항해할 때 가장 크게 작용하는 선체 저항(선체 표면이 물에 부딪혀 선체 진행을 방해하여 생기는 저항)이다. 선체에 해초류 등이 번식할 때 많은 마찰력을 유발하여 저항이 커진다.

조와저항 선체의 형상이 유선형일수록 선미에서 와류현상이 적게 발생하므로 조와저항이 가장 감소

활주상태 모터보트의 속력과 양력이 증가되어 선수 및 선미가 수면과 평행 상태가 되는 것

복원력 선박이 물 위에 떠 있는 상태에서 외부로부터 힘을 받아 경사하려고 할 때의 저항, 또는 경사한 상태에서 그 외력을 제거하였을 때 원래의 상태로 돌아오려고 하는 힘을 말한다.

복원력이 증가함에 나타나는 영향

- 화물이 이동할 위험이 있다.
- 승무원의 작업능률을 저하시킬 수 있다.
- 선체나 기관 등이 손상될 우려가 있다.
- 횡요 주기가 짧아진다.

복원력을 좋게 하기 위한 방법 : 무거운 화물을 선박의 낮은 부분으로 옮겨 무게중심을 낮춘다.

복원력 감소 원인

- 선박의 무게를 줄이기 위하여 건현의 높이를 낮춤
- 연료유 탱크가 가득 차 있지 않아 유동수가 발생
- 갑판 화물이 빗물이나 해수에 의해 물을 흡수

※ '상갑판의 중량물을 갑판 아래 창고로 이동'하면 복원성이 좋아짐

추적류(반류) 선체가 앞으로 나아가면서 물을 배제한 수면의 빈 공간을 주위의 물이 채우려고 유입하는 수류로 인하여, 주로 뒤쪽 선수미 선상의 물이 앞쪽으로 따라 들어오는데, 이것을 추적류(반류)라고 한다.

피치(Pitch) 스크루 프로펠러가 회전하면서 물을 뒤로 차 밀어내면, 그 반작용으로 선체를 앞으로 미는 추진력이 발생하게 된다. 이와 같이 스크루 프로펠러가 360도 회전하면서 선체가 전진하는 거리를 피치라 한다.

선박의 경사 직진 중인 선박이 전타를 행하면, 초기에 수면 상부의 선체는 내방 경사하며, 선회를 계속하면 선체는 각속도로 정상 선회를 하며 외방 경사하게 된다.

타의 역할 선박에 '보침성'과 '선회성'을 제공하는 장치이다. 선박이 정해진 진로 상을 직진하는 침로를 유지하는 성질을 '보침성', 일정 타각을 주었을 때 선박이 얼마의 각속도로 선회하는가를 '선회성'이라 한다.

닻의 역할

- 선박을 임의의 수면에 정지 또는 정박
- 좁은 수역에서 선회하는 경우에 이용
- 부두에 접안 및 이안 시에 보조 기구로 사용

※ '침로 유지'는 키(Rudder)의 역할이다.

선박의 운동

롤링(rolling) : "선박이 파도를 받으면 동요한다." 선박의 복원력과 가장 밀접한 관계가 있다.

요잉(yawing) : 선수가 좌우 교대로 선회하려는 왕복운동이며, 선박의 보침성과 깊은 관계가 있다.

속력과 거리

대수속력, 대지속력 : 해조류를 선수에서 3노트로 받으며 운항중인 레저기구의 대지속력이 10노트일 때, 대수속력은 13노트이다.

→ 대수속력 ± 해조류 유속 = 대지속력(순류+, 역류−)이므로, X−3 = 10, X = 10+3

∴ X = 13

레저기구 소요시간 : 입항을 위해 이동 중 항·포구까지의 거리가 5해리 남았음을 알았다면, 레저기구의 속력이 10노트로 이동하면 입항까지 소요되는 시간은 30분이다.

→ 속력은 단위시간당 물체의 이동거리 = 걸린 시간(hour) = 이동거리/속력 = 5/10 = 0.5 × 60 = 30분

항주거리 : 선박 'A호'가 20노트(knot)의 속력으로 3시간 30분 동안 항해하였다면, 선박 A호의 항주거리는 70해리이다.

→ 총 항주한 거리는 선박의 속력×시간이므로, 20노트×3.5시간 = 70해리

레저기구의 운항 전 연료유 확보

- 예비 연료도 추가로 확보하고, 일반적으로 1마일(mile)당 연료 소모량은 속력의 제곱에 비례한다.
- 연료 소모량을 알면 필요한 연료량을 구할 수 있고, 기존 운항 기록을 통하여 속력에 따른 연료 소모량을 알 수 있다.
- 예비 연료량은 총 소비량의 25% 정도 확보하는 것이 좋다.

황천 항해

레이싱(racing) : 프로펠러가 수면 위로 노출되어 공회전하는 현상으로, 기관 또는 프로펠러에 손상을 줄 수 있다.

러칭 : 선체가 횡동요 중에 옆에서 돌풍을 받거나 또는 파랑 중에서 대각도 조타를 하여 선체가 갑자기 큰 각도로 경사하게 되는 현상이다.

브로칭(Broaching) : 브로칭 현상이 발생하면 파도가 갑판을 덮치고 대각도의 선체 횡경사가 유발되어 선박이 전복될 위험이 있다.

스커딩(Scudding) : 황천으로 항행이 곤란할 때, 풍랑을 선미 쿼터(quarter)에서 받으며, 파에 쫓기는 자세로 항주하는 방법이며, 이 방법은 선체가 받는 충격 작용이 현저히 감소하고 상당한 속력을 유지할 수 있으나, 보침성이 저하되어 브로칭 현상이 일어날 수도 있다.

※ 풍랑을 선미 좌·우현 25~35도에서 받으며, 파에 쫓기는 자세로 항주하는 것

라이투(Lie to) : 기관을 정지하고 선체를 풍하로 표류하도록 하는 방법(대형선에서만 사용)

히브투(Heave to) : 황천으로 항해가 곤란할 때 바람을 선수 좌·우현 25~35도로 받으며 타효가 있는 최소한의 속력으로 전진하는 것. 선수를 풍랑쪽으로 향하게 하여 조타가 가능한 최소의 속력으로 전진하는 방법이다.

황천 항해 중 선박 조종법 : 라이투(Lie-to), 히브투(Heave-to), 스커딩(Scudding)

※ '브로칭(Broaching)'은 선박이 파도를 선미로부터 받으면서 항주할 때에 선체 중앙이 파도의 파정이나 파저에 위치하면 급격한 선수 동요에 의해 선체는 파도와 평행하게 놓이는 수가 있으며, 파도가 갑판을 덮치고 선체의 대각도 횡경사가 유발되어 전복될 위험이 높다.

※ 횡요 주기와 파의 주기가 일치할 때 모터보트가 전복될 위험이 크다.

폭풍우 시 대처방법

- 파도의 충격과 동요를 최대로 줄이기 위해 속력을 줄이고 풍파를 선수 20°~30° 방향에서 받도록 조종한다.
- 파도를 보트의 횡방향에서 받는 것은 대단히 위험하다.
- 보트의 위치를 항상 파악하도록 노력한다.
- 속력을 줄이고 풍파를 우현 90° 방향에서 받도록 조종하는 것은 위험하다.

시정이 제한된 상태 항해

시정이 제한된 상태 : 안개·연기·눈·비·모래바람 및 그 밖에 이와 비슷한 사유로 시계가 제한되어 있는 상태 ※ '야간 항해'는 제한된 시계로 볼 수 없음

시정이 제한된 상태의 항해

- 해면에 파랑이 있는 만월의 야간 항행 시에 달이 '후방'에 놓이게 되면 광력이 약한 등화를 가진 물체가 근거리에서도 잘 보이지 않는 수가 있어 주의하여 항해하여야 한다.
- 항행 중 비나 안개로 시정이 나빠졌을 때는 낮에도 항해등을 점등하고 무리하게 항해하지 말고 투묘 또는 안전한 곳에서 시계가 좋아질 때를 기다리거나 속력을 줄여 항행할 때는 규정에 따른 기적이나 싸이렌을 작동하는 동시에 다른 선박의 무중신호 청취에 집중한다.
- 굴곡이 없는 협수로는 순조 시 통과하는 것이 적절하고, 굴곡이 심한 곳은 역조 시에 통과하는 것이 적절하다. 일반원칙은 조류가 약한 주간에 통과함이 적절하다.
- 선박이 전진 중 횡방향에서 바람을 받으면 선수는 바람이 불어오는 방향으로 향한다.

좁은 수로 항법

- 인근 선박의 운항상태를 지속 확인
- 닻 사용 준비상태를 계속 유지
- 안전한 속력 유지
- 회두시 소각도로 여러차례 변침하도록 한다.

선박 상호간의 영향으로 추월 및 마주칠 때

- 상호 간섭 작용을 막기 위해 저속으로 한다.
- 소형선은 선체가 작아서 쉽게 끌려들 수 있다.
- 상호 간섭작용을 막기 위해 상대선과의 거리를 크게 한다.
- 추월할 때에는 추월선과 추월당하는 선박은 선수나 선미의 고압 부분끼리 마주치면 서로 반발한다.

상대 선박과 충돌위험이 가장 큰 경우 방위가 변하지 않을 때 점점 거리가 가까워지면 충돌하게 된다.

안전한 항해를 위한 변침 지점과 물표 선정 시 주의사항

- 변침 후 침로와 거의 평행 방향에 있고 거리가 가까운 것을 선정한다.
- 변침하는 현측 정횡 부근의 뚜렷한 물표를 선정한다.
- 곶, 등부표 등은 불가피한 경우가 아니면 이용하지 않는다.
- 물표가 변침 후의 침로 방향에 있는 것이 좋다.

연안 항해에서 선위를 측정

- 한 목표물의 레이더 방위와 거리에 의한 방법
- 레이더 거리와 실측 방위에 의한 방법
- 둘 이상 목표물의 레이더 거리에 의한 방법

※ 둘 이상 목표물의 레이더 방위에 의한 방법은 정확도가 떨어진다.

교차방위법 물표를 선정할 때 주의사항

- 위치가 정확하고 잘 보이는 목표를 선정한다.
- 다수의 물표보다는 두 군데 이상의 물표를 선정하는 것이 좋다.
- 먼 목표보다 가까운 목표를 선정한다.
- 두 물표 선정 시에는 교각이 30° 미만인 것을 피한다.

동력수상레저기구 조종

바람이나 조류 : 바람에 의해서 모터보트가 떠 밀리기도 하지만 주로 선수를 편향시켜 회두를 일으키고, 조류는 모터보트를 이동시킨다.

킥(Kick) 현상

- 전타 선회 시 제일 먼저 생기는 현상으로 원침로에서 횡 방향으로 무게중심이 이동한 거리
- 원침로에서 횡 방향으로 무게중심이 이동한 거리로 선미 킥은 배 길이의 1/4~1/7 정도이며, 장애물을 피할 때나 인명구조 시 유용하게 사용한다.
- 선속이 빠른 선박과 타효가 좋은 선박은 커지며, 전타 초기에 현저하게 나타난다.
- 선회 초기 선체는 원침로 보다 바깥으로 밀리면서 선회한다.

모터보트를 조종할 때 조류의 영향

- 선수 방향의 조류는 타효가 좋으나 속도는 저하된다.
- 선미 방향의 조류는 조종성능이 저하된다.
- 강조류로 인한 보트 압류를 주의해야 한다.

우회전 프로펠러 선박이 우현 계류보다 좌현 계류가 더 유리한 이유 : 전진 시 횡압력이 작용하고, 후진 시 배출류의 측압작용으로 선미가 좌선회하는 것을 이용한다.

추월 다른 동력수상레저기구 또는 선박을 추월하려는 경우에는 추월당하는 기구의 진로를 방해하여서는 안 된다. 이때 두 선박 간의 관계에는 운항 규칙상 2미터 이내로 근접하여 운항하면 안 된다.

- 가까이 항해 시 두 선박 간에 당김, 밀어냄, 회두 현상이 일어난다.
- 선박의 상호 간섭작용이 충돌 사고의 원인이 된다.
- 선박 크기가 다를 경우 작은 선박이 훨씬 큰 영향을 받는다.

흘수 선체가 수면 아래에 잠겨 있는 깊이를 나타내는 흘수는 선체의 선수부와 중앙부 및 선미부의 양쪽 현측에 표시되어 있다.

- 선박의 흘수 : 흘수는 물속에 잠긴 선체의 깊이로서 선박의 항행이 가능한 수심을 알 수 있다.
- 선수미 등흘수 : 얕은 수로를 항해하기에 가장 적당한 선체 트림 상태

트림 선체가 세로 길이 방향으로 경사져 있는 정도를 그 경사각으로써 표현하는 것보다 선수흘수와 선미흘수의 차이로써 나타내는 것이 미소한 경사 상태까지 더욱 정밀하게 표현할 수 있는 방법이다. 이와 같이 길이 방향의 선체 경사를 나타내는 것을 트림이라 한다.

동력수상레저기구를 조종할 때 확인해야 할 계기

- 엔진 회전속도(RPM) 게이지
- 온도(TEMP) 게이지
- 압력(PSI) 게이지

모터보트 승하선 시 주의사항

- 선체가 움직이지 않도록 한 후 승선, 모터보트의 중앙부 부근에서 1명씩 자세를 낮추어 조심스럽게 타고 내려야 한다.
- 모터보트와 부두 사이의 간격이 안전하게 승선할 수 있는지 확인, 승선 위치는 전후좌우의 균형을 유지하도록 가능한 낮은 자세를 취한다.

모터보트를 조종할 때 주의사항

- 좌우를 살피며 안전속력을 유지
- 움직일 수 있는 물건은 고정
- 자동 정지줄은 항상 몸에 부착
- 교통량이 많은 해역은 주위를 세심하게 살피며 안전한 속력을 유지

소형 모터보트의 중고속에서의 직진과 정지

- 키는 사용한 만큼 반드시 되돌려야 하고, 침로 수정은 침로선을 벗어나기 전에 한다.
- 침로 유지를 위한 목표물 설정은 가능한 먼 쪽에 있는 목표물을 설정하고 그 목표물과 선수가 계속 일직선이 되도록 조정한다.
- 키를 너무 큰 각도로 돌려서 사용하는 것보다 필요한 만큼 사용한다.
- 긴급 시를 제외하고는 급격한 감속을 해서는 안 된다.

모터보트의 선회 성능

- 속력이 느릴 때 선회 반경이 작고 빠를 때 크다.
- 선회 시는 선체 저항의 증가로 속력은 떨어진다.
- 타각이 클 때보다 작을 때 선회 반경이 크다.
- 프로펠러가 1개인 경우 좌우의 선회권의 크기는 프로펠러의 회전 방향에 따라 차이를 나타낸다.

모터보트 상호 간의 흡인·배척 작용

- 접근 거리가 가까울수록 흡인력이 크다.
- 추월 시가 마주칠 때보다 크다.
- 고속 항주 시가 크다.
- 수심이 얕은 곳에서 뚜렷이 나타난다.
- 배수량과 속력이 클 때 강하게 나타난다.
- 대소 양 선박 간에는 소형선에 영향이 크며, 흘수가 작은 선박에 영향이 크다.

※ 동력수상레저기구 두 대가 근접하여 나란히 고속으로 운항할 때 : 흡인작용(선박이 서로를 잡아당기는 현상)에 의해 서로 충돌할 위험이 있다.

모터보트 야간항해 시 항법

- 기본적인 항법 규칙을 지킨다.
- 양 선박이 마주치면 우현 변침한다.
- 다른 선박을 피할 때에는 대각도로 변침한다.
- 다른 선박의 등화를 발견하면 확인하고 자선의 조치를 취한다.
- 다소 멀리 돌아가는 일이 있더라도 안전한 침로를 택하는 것이 좋다.
- 해면에 파랑이 있는 만월의 야간 항행 시에 달이 후방에 놓이게 되면 광력이 약한 등화를 가진 물체가 근거리에서도 잘 보이지 않을 수 있어 주의하여 항해하여야 한다.

계류 중인 선박의 인근 통항 시 유의사항

- 통항 중인 레저기구는 가급적 저속으로 통항하고, 계류 중인 레저기구는 계선줄 등을 단단히 고정한다.
- 가능하면 접안선으로부터 멀리 떨어져서 안전하게 항행한다.
- 계류 중인 레저기구는 펜더 등을 보강한다.

수로 둑의 영향

- 수로의 중앙을 항행할 때에는 별 영향을 받지 않는다.
- 둑에서 가까운 선수 부분은 둑으로부터 흡인작용을 받지 않으며, 둑으로부터 반발작용을 받는다.
- 수로의 중앙을 항행할 때에는 좌우의 수압 분포가 동일하다.
- 선박이 우현 쪽으로 둑에 접근할 때 선수는 반발한다.

협수로와 만곡부에서 운용

- 만곡부의 외측에서 유속이 강하고, 내측에서는 약한 특징이 있으며, 통항 시기는 게류시나 조류가 약한 때를 택해야 한다.
- 조류는 역조 때에는 정침이 잘 되나 순조 때에는 정침이 어렵다.

높은 파도를 넘는 방법 파도를 선수 20°~30° 방향에서 받도록 한다.[히브투(Heave to)]

모터보트 접안

모터보트를 현측으로 접안하고자 할 때 : 선수미 방향을 기준으로 진입각도를 약 20~30도 정도가 가장 적당하다.

모터보트를 계류장에 접안할 때 주의사항

- 타선의 닻줄 방향에 유의한다.
- 선측 돌출물을 걷어 들인다.
- 외력의 영향이 작을 때 접안이 쉽다.
- 선수 접안을 먼저 접안한 후 선미를 접안한다.

모터보트 운항 시 속력을 낮추거나 정지해야 할 경우

- 농무에 의한 시정 제한
- 좁은 수로에서 침로 만을 변경하기 어려운 경우
- 진행 침로 방향에 장애물이 있을 때

※ 다른 보트가 추월을 시도할 때에는 가급적 자신의 침로와 속력을 유지한다.

수심이 얕은 해역을 항해할 때 발생하는 현상 조종 성능 저하, 속력 감소, 선체 침하 현상

※ '공기저항 증가'는 상관없다.

계류 시 계선줄의 길이 결정 우선 고려사항 '조수간만의 차'에 따라 계선줄의 길이를 적절히 하여야 한다.

수상오토바이 물분사(water jet) 방식으로 핸들과 조종자의 체중이동으로 방향이 변경되며, 낮은 수심에서 운항이 가능한 장점이 있으나 선체가 작아 안전성이 좋지 않아 전복할 위험이 있다. 후진 장치가 없는 것도 있다.

고무보트 운항 전 확인사항 공기압 점검, 기관(엔진)부착 정도 확인, 연료 점검

※ '흔들림 방지를 위해 중량물을 싣는 것'은 잘못된 사항이다.

선외기 등을 장착한 활주형 선박의 선회 시 선체 경사 내측 경사 후 외측 경사

신호

우리나라의 우현 항로 표지의 색깔 홍색 부록 | 그림 참조

→ 국가별(IALA 해상부표식) A지역과 B지역으로 구분하며, 우리나라는 B지역이다. (좌현표지는 녹색이며, 우현표지는 홍색)

우리나라의 우현 표지 항행하는 수로의 우측 한계를 표시하므로, 표지 좌측으로 항행해야 안전하다.

안전수역 표지

- 두표는 하나의 적색구이다.
- 모든 주위가 가항 수역이다.
- 등화는 백색이다.
- 중앙선이나 수로의 중앙을 나타낸다.

특수표지

- 항행하는 수로의 좌·우측 한계를 표시하기 위해 설치된 표지이다.
- B지역은 좌현 부표의 색깔이 녹색으로 표시된다.
- 좌현 부표는 이 부표의 위치가 항로의 왼쪽 한계에 있음을 의미하며 부표의 오른쪽이 가항 수역임을 의미한다.

방위표지 부록 | 그림 참조

- 북방위표지(BY) : 상부흑색, 하부황색
- 서방위표지(YBY) : 황색바탕, 흑색횡대
- 동방위표지(BYB) : 흑색바탕, 황색횡대
- 남방위표지(YB) : 상부황색, 하부흑색

등질 [Fl(3)WRG.15s 21m 15-11M] 설명

- 21m : 평균해수면상의 등고 21m이다.
- 15s : 3회의 섬광을 15초에 1주기로 비춘다.
- Fl(3) : 빛이 일정한 간격으로 3회의 섬광을 보인다.
- WRG : 지정된 영역안에서 서로 다른 백(White), 홍(Red), 녹(Green)등이 비춘다.

고립장해 표지

- 이 표지의 주변이 가항수역이다.
- 두표는 흑구 두 개가 수직으로 연결되어 있다.
- 암초, 침선 등 고립된 장애물 위에 설치 또는 계류하는 표지이다.

조난(NC) '본선은 조난 중이다. 즉시 지원'을 바란다.

조난신호

- 야간에 손전등을 이용한 모르스 부호(SOS) 신호
- 인근 선박에 좌우로 벌린 팔을 상하로 천천히 흔드는 신호
- 초단파(VHF) 통신 설비가 있을 때 메이데이라는 말의 신호

선박의 조난신호

- 조난을 당하여 구원을 요청하는 경우에 사용하는 신호이다.
- 조난신호는 국제해사기구가 정하는 신호로 행하여야 한다.
- 구원 요청 이외의 목적으로 사용해서는 안 된다.

조난신호 장비

신호 홍염 : 손잡이를 잡고 불을 붙이면 1분 이상 붉은색의 불꽃을 낸다.

발연부 신호 : 불을 붙여 손으로 잡거나 배 위에 올려놓으면 3분 이상 연기를 분출한다.

자기 점화등 : 구명부환(Life ring)에 연결되어 있어 야간에 수면에 투하되면 자동으로 점등된다.

로켓 낙하산 화염 신호(Rocket parachute flare signal) : 수직으로 쏘아 올릴 때 고도 300미터 이상 올라가야 하며 40초 이상의 연소시간을 가져야 한다.

의료소송 식별표시

- 단독 또는 공동으로 사용할 수 있다.
- 선측, 선수, 선미 또는 갑판상에 백색바탕에 적색으로 한다.
- 제네바협정에서 정한 의료수송에 종사함으로 보호받을 수 있는 선박의 식별표시이다.

국제신호서 부록 | 그림 참조

A : 스쿠버 다이빙을 하고 있다. 본선은 잠수부를 내리고 있으니 저속으로 피하라.

D : 피하라, 본선은 조종이 자유롭지 않다.

E : 본선은 우현으로 변침하고 있다.

F : 본선을 조종할 수 없다(조종불능선 의미).

G : 본선은 도선사가 필요하다(어선은, 본선은 어망을 올리고 있다).

H : 본선은 도선사를 태우고 있다.

I : 왼쪽으로 진로 변경 중이다.

J : 본선에 불이 나고, 위험 화물을 적재하고 있다(본선을 충분히 피하라).

K : 귀선과 통신하고자 한다.

L : 귀선은 즉시 정지하라(경비함정 등에서 선박 임검을 실시할 때 멈추라는 의미로 사용).

M : 본선은 정지하고 있다(대수속력은 없다).

O : 바다에 사람이 빠져 수색 중인 선박을 발견하였다.

Q : 검역허가 요청

S : 본선의 기관은 후진 중이다.

T : 본선을 피하라(본선은 2척 1쌍의 트롤 어로 중이다).

V : 본선은 지원을 바란다.

W : 본선은 의료지원을 바란다.

선박의 등화 및 형상물에 관한 규정

- 등화의 점등 시간은 일몰 시부터 일출 시까지이다.
- 낮이라도 시계가 흐린 경우 점등한다.
- 형상물은 주간에 표시한다.

※ 다른 선박이 주위에 없을 때라도 규정된 등화를 켜야 한다.

등대의 광달거리

- 관측 안고와 등고가 높을수록, 광력이 클수록 길어진다.
- 광달거리는 날씨에 따라 다르다.

항해 시 변침 목표물 등대(Lighthouse), 입표(Beacon), 산꼭대기

※ '부표(Buoy)'는 파랑이나 조류로 위치가 이동되기 때문에 항해 목표물로 부적당하다.

음향신호

우현 변침 중 : 단음 1회의 음향신호 또는 1회의 발광신호

좌현 변침 중 : 단음 2회

후진 중 : 단음 3회

음향 표지 또는 무중신호

- 주야간 모두 작동한다.
- 사이렌이 많이 쓰인다.
- 공중음 신호와 수중음 신호가 있다.
- 일반적으로 등대나 다른 항로표지에 부설되어 있다.

도등 좁은 수로나 항만의 입구 등에 2~3개의 등화를 앞뒤로 설치하여 그 중시선에 의해 선박을 인도하도록 하는 것

기관

기관

점화코일 : 불꽃점화기관에서 불꽃(스파크)을 튀기기 위하여 고전압을 발생시킨다.

플라이휠의 목적 : 크랭크축 회전속도 변화 감소(일정한 속도로 회전하려는 관성력으로 회전속도를 유지)

릴리프 밸브(relief valve) : 압력을 일정치로 유지한다.

피스톤(piston)의 주된 역할

- 새로운 공기(소기)를 실린더 내로 흡입 및 압축
- 상사점과 하사점 사이의 직선 왕복운동
- 고온고압의 폭발 가스 압력을 받아 연접봉을 통해 크랭크샤프트에 회전력 발생

※ '회전운동을 통해 외부로 동력을 전달하는 역할'은 '연접봉(컨넥팅로드)'의 역할임

클러치 : 동력전달 방식에 따라 마찰클러치, 유체클러치, 전자클러치

멀티테스터기로 직접 측정 가능 : 직류전압, 직류전류, 교류전압

도체·부도체 : 금속, 해수, 전해액, 백금 등은 전기가 잘 통하는 도체이며, 유리, 고무, 운모 등 3개는 전기가 통하지 않는 부도체이다.

기관실 빌지의 레벨 검출기 : 플로트 스위치(빌지의 유량에 따라 플로트가 작동하여 신호를 보내어 레벨을 검출)

윤활유

윤활유의 기본적인 역할 : 감마, 냉각, 청정, 응력분산, 밀봉, 방식작용

윤활유의 점도

- 윤활유는 온도가 올라가면 점도가 낮아진다.
- 적절한 온도가 유지되어야 하며 온도변화에 따른 점도 변화가 적은 윤활유를 사용하여야 한다.

윤활유의 취급상 주의사항

- 이물질이나 물이 섞이지 않도록 하고, 점도가 적당해야 한다. 여름에는 점도가 높은 것, 겨울에는 점도가 낮은 것을 사용한다.
- 고온부와 저온부에서 함께 쓰는 윤활유는 온도에 따른 점도 변화가 적은 것이 좋다.

실린더 윤활의 목적 : 연소가스의 누설 방지, 과열 방지, 마찰계수 감소

가솔린 기관에서 윤활유 압력 저하가 되는 원인

- 오일팬 내의 오일량 부족
- 오일여과기 오손
- 오일에 물이나 가솔린의 유입

※ '오일 온도가 하강하면 점도가 증가하여 압력은 상승'된다.

윤활유 소비량이 증가되는 원인

- 펌핑작용에 의한 연소실 내에서의 연소
- 열에 의한 증발
- 크랭크케이스 혹은 크랭크축 오일 리테이너의 누설

연료유

연료유 연소성을 향상시키는 방법

- 연료유 미립화
- 연료유 가열
- 연소실 보온

선외기 가솔린 엔진의 연료유에 해수가 유입되었을 때 엔진에 미치는 영향

- 연료유 펌프 고장
- 시동이 잘되지 않음
- 해수유입 초기 진동과 엔진 꺼짐 현상 발생

연료유 중에 수분이 혼입되었을 경우 : 기관의 배기가스가 흰색이 된다.

가솔린 기관의 연료 구비조건

- 옥탄가가 높을 것
- 연소 시에 발열량이 클 것
- 기화성이 좋을 것

• 내부식성이 클 것
• 저장 시 안전성이 있을 것

내연기관

고속 내연기관에서 알루미늄 합금 피스톤을 많이 쓰는 이유 : 중량이 가벼워 연료 소비를 줄일 수 있기 때문에

전기기기의 절연상태가 나빠지는 경우

• 습기가 많을 때
• 먼지가 많이 끼었을 때
• 과전류가 흐를 때

폭발행정 : 4행정 사이클 기관에서 크랭크축을 회전시켜 동력을 발생시키는 행정이며, 나머지 행정은 이때 발생한 동력을 플라이휠에 저장하여 관성으로 움직이게 된다.

내연기관의 열효율을 높이기 위한 조건

• 압축압력이 높을수록
• 용적효율이 좋을수록
• 연료분사 상태가 좋을수록
• 배기로 배출되는 열량이 적을수록

내연기관의 냉각수 온도가 높을 때 나타나는 현상

• 피스톤링 고착
• 실린더의 마모 증가
• 윤활유 사용량이 증가

※ '노킹(knocking)'은 발생되지 않는다.

내연기관을 장기간 저속으로 운전하는 것이 곤란한 이유

• 실린더 내 공기 압축의 불량으로 불완전 연소가 일어난다.
• 연소온도와 압력이 낮아 열효율이 낮아진다.
• 연료분사펌프의 작동이 불량하여 연료분사 상태가 불량해진다.

연료 소모량이 많아지고, 출력이 떨어지는 원인 : 피스톤 및 실린더 마모가 심할 때

데토네이션(Detonation) : 가솔린 기관에서 노크와 같이 연소 화염이 매우 고속으로 전파하는 현상

내연기관의 피스톤링(Piston ring)이 고착되는 원인

• 링과 링 홈의 간격이 부적당할 때
• 링의 장력이 부족할 때
• 불순물이 많은 연료를 사용할 때

과급(supercharging)이 기관의 성능에 미치는 영향

• 평균 유효압력을 높여 기관의 출력을 증대시킨다.
• 연료소비율이 감소한다.

- 단위 출력 당 기관의 무게와 설치 면적이 작아진다.
- 미리 압축된 공기를 공급하므로 압축 초의 압력이 약간 높다.
- 저질 연료를 사용하는 데 유리하다.

가솔린 엔진

조기점화(과조착화) : 혼합기가 점화플러그 이외의 방법에 의해 점화되는 것

※ 조기점화는 연료의 종류로 억제한다.

녹킹 : 혼합기의 자연발화에 의하여 일어난다.

가솔린기관 배기가스 소음을 줄이는 방법 : 배기가스의 팽창과 냉각

가솔린기관(엔진)이 과열되는 원인

- 냉각수 취입구 막힘
- 냉각수 펌프 임펠러의 마모
- 윤활유 부족

※ '점화시기가 너무 빠른 것'은 엔진 과열과는 관계없다.

가솔린기관 진동 발생원인

- 기관이 노킹을 일으킬 때
- 위험 회전수로 운전하고 있을 때
- 베어링 틈새가 너무 클 때

※ '배기가스 온도가 높은 것'은 진동 발생과 거리가 멀다.

디젤엔진

디젤기관에서 연료소비율 : 기관이 1시간당 1마력을 얻기 위해 소비하는 연료량

※ 단위 g/PS.h : 엔진이 얼마나 많은 연료를 사용해야 하는가를 나타내는 수치

디젤기관의 압축압력이 저하하는 원인

- 실린더 라이너의 마모가 클 때
- 피스톤링의 마모, 절손 또는 고착되었을 때
- 배기밸브와 밸브시트의 접촉이 안 좋을 때

디젤엔진 연소실 내에 연료분사가 되지 않는 원인

- 연료유 관내의 프라이밍이 불충분할 때
- 연료 여과기의 오손이 심할 때
- 연료탱크 내에 물이 들어가거나 연료탱크의 밸브가 잠겼을 때

※ '공기탱크 압력'과는 무관하다.

디젤기관의 취급 불량에 의한 크랭크축의 손상원인

- 과부하 운전, 노킹의 발생
- 축 중심의 부정, 유간 극의 부정
- 시동 시의 충격, 장시간 위험 회전수에서 운전

디젤기관에서 짙은 흑색(검정색) 배기색이 나타나는 원인

- 분사 시기와 분사 상태가 불량하여 불안전 연소가 일어날 때

- 과부하 운전을 하고 있을 때
- 연소에 필요한 공기량이 부족할 때

가솔린기관에 비해 디젤기관이 갖는 특성 : 디젤엔진은 압축점화 방식으로 가솔린기관에 비해 행정이 2배 높으며, 압축비가 높다.

디젤기관에서 피스톤링 플러터(Flutter) 현상의 영향 : 피스톤링이 홈 속에서 진동하는 현상으로 기관의 회전수가 높아지면 관성력이 커져 링이 홈 내에서 떨리게 되고, 정상적인 기밀 유지를 못하면서 '블로바이 현상'이 나타난다.

기어(gear) 케이스 오일이 물과 혼합되면 유화되어 오일의 색깔은 회색으로 변한다.

냉각수

엔진의 냉각수 계통에서 자동온도조절기(서모스텟)의 역할

- 과열 및 과냉각을 방지한다.
- 오일의 열화 방지 및 엔진의 수명을 연장한다.
- 냉각수의 소모를 방지한다.

※ '냉각수의 녹 발생 방지'와는 상관없다.

냉각수 펌프로 주로 사용되는 원심펌프에서 호수(프라이밍)를 하는 목적 : 기동 시 흡입 측에 국부진공을 형성시키기 위함

추운 지역에서 냉각수 펌프를 장시간 사용하지 않을 때 조치 : 동파 위험이 있으므로 반드시 물을 빼낸다.

프로펠러

프로펠러

- 프로펠러의 직경은 날개 수가 증가함에 따라 작아진다.
- 프로펠러의 날개는 공동현상에 의하여 손상을 받을 수 있다.
- 가변피치 프로펠러의 경우는 회전수 여유를 주지 않는다.

※ pitch(피치) : 프로펠러가 한번 회전할 때 선박이 나아가는 거리

프로펠러의 공동현상(Cavitation)이 발생되는 원인

- 날개 끝이 두꺼울 때
- 날개 끝 속도가 고속일 때
- 프로펠러가 수면에 가까울 때
- 날개의 단위 면적당 추력이 과다할 때
- 프로펠러와 선체와의 간격이 좁을 때

프로펠러의 축계 진동의 원인

- 날개 피치의 불균일
- 프로펠러 날개의 수면 노출
- 공동현상의 발생

추진기 날개 면이 거칠어졌을 때 성능에 미치는 영향

- 추력이 감소한다.
- 소요 토크가 증가한다.
- 날개 면에 대한 마찰력이 증가한다.
- 캐비테이션을 유발한다.

프로펠러축에 슬리브(Sleeve)를 씌우는 이유 : 프로펠러 축의 부식과 마모를 방지하고, 축의 진동과 해수의 침입을 예방하기 위하여 슬리브를 설치함

프로펠러 효율

- 일정한 전달 마력에 대해서 프로펠러 회전수가 낮을수록 효율이 좋다.
- 후방 경사 날개는 선체와의 간극이 크게 되므로 효율이 좋다.
- 강도가 허용하는 한 날개 두께를 얇게 하면 효율이 좋다.
- 보스비가 적게 되면 일반적으로 효율이 좋다.

※ 보스 boss : 프로펠러의 블레이드가 고정되는 원통형 부분

선외기 프로펠러 손상 요인

- 캐비테이션(공동현상) 발생
- 프로펠러 공회전
- 전기화학적인 부식이 발생
- 프로펠러가 기준보다 깊게 장착되어 있을 때(공회전이나 캐비테이션 발생 가능성 적어)

모터보트 선외기

선외기(Outboard) 기관(엔진)의 시동 전 점검사항

- 엔진오일의 윤활 방식이 자동 혼합장치일 경우 잔량을 확인한다.
- 연료탱크의 환기구가 열려있는가를 확인한다.
- 비상정지스위치가 RUN에 있는지 확인한다.

※ '엔진 내부의 냉각수 확인'은 시동 후 점검사항임

선외기 가솔린기관(엔진)이 시동되지 않을 때 연료계통 점검

- 연료필터(Fuel filter)에 불순물 또는 물이 차 있지 않은지 확인
- 연료계통 내에 누설되는 곳이 있는지 확인
- 연료탱크의 출구밸브 및 공기변(Air vent)이 닫혀있는지 확인

선외기(Outboard) 엔진에서 주로 사용되는 냉각방식 : 담수 또는 해수냉각식

선외기 4행정 기관(엔진) 진동 발생원인

- 점화플러그 작동 불량
- 실린더 압축압력이 균일하지 않을 때
- 연료분사 밸브의 분사량이 균일하지 않을 때

모터보트 점검사항

모터보트의 전기설비 중에 설치되어 있는 퓨즈(Fuse)

- 전원을 과부하로부터 보호하고, 부하를 과전류로부터 보호한다.
- 과전류가 흐를 때 고온에서 녹아 전기회로를 차단한다.
- 퓨즈는 허용 용량 이상의 크기를 사용해서는 안된다.

모터보트 시동 전 점검사항

- 배터리 충전상태
- 연료탱크의 에어벤트
- 엔진오일 및 연료유량 점검

모터보트 기관(엔진) 시동 불량 시 점검사항

- 자동정지 스위치
- 연료 유량 확인
- 점화코일용 퓨즈(Fuse) 확인

기관(엔진) 시동 후 점검사항

- 기관(엔진)의 상태를 점검하기 위해 모든 계기 관찰
- 연료 및 오일 등의 누출 여부 점검
- 클러치 전·후진 및 스로틀레버 작동상태 점검

모터보트 운행 중 갑자기 선체가 심하게 떨림 현상이 나타날 때 즉시 점검사항

- 프로펠러의 축계(Shaft) 굴절여부를 확인
- 프로펠러의 파손상태를 점검
- 프로펠러에 로프가 감겼는지 확인

모터보트 속력이 떨어지는 직접적인 원인

- 수면 하 선체에 조패류가 많이 붙어 있을 때
- 선체가 수분을 흡수하여 무게가 증가했을 때
- 선체 내부 격실에 빌지량이 많을 때

모터보트 선외기에 과부하 운전이 장시간 지속되었을 때 기관(엔진)에 미치는 영향 : 피스톤 및 피스톤링의 마멸이 촉진되고, 흡·배기밸브에 카본이 퇴적되어 소기효율이 떨어지며, 배기가스가 배출량이 많아진다.

※ 연료분사 압력은 과부하 운전과 관련이 없다.

엔진 시동 중 회전수가 급격하게 높아질 때 점검사항

- 거버너 위치 등을 점검
- 한꺼번에 많은 연료가 공급되는지를 확인
- 시동 전 가연성 가스를 배제했는지를 확인

수상오토바이

수상오토바이의 추진방식 : 임펠러 회전에 의한 워터제트 분사방식

수상오토바이 운행 중 갑자기 출력이 떨어질 경우 : 물 흡입구에 이물질 부착을 점검한다.

수상오토바이 출항 전 점검사항

- 선체 드레인 플러그 잠긴 상태
- 오일량 점검
- 엔진룸 누수 확인

※ 예비 배터리 확보는 필요치 않음

수상오토바이 운항 중 기관(엔진)이 정지된 경우, 즉시 점검해야 할 사항

- 몸에 연결한 스톱스위치(비상정지) 확인
- 연료잔량 확인
- 임펠러가 로프나 기타부유물에 걸렸는지 확인

※ '엔진의 노즐 분사량 확인'은 '즉시 점검' 사항이 아님

수상오토바이 배기 냉각시스템의 플러싱(관내 청소) 절차 : 냉각수 호스연결 → 엔진기동 → 냉각수 공급(약 5분) → 냉각수 차단 → 엔진정지

수상오토바이 출력 저하 원인

- Wear ring(웨어링) 과다 마모
- Impeller(임펠러) 손상
- 피스톤링 과다 마모

수상레저안전법

총칙

목적 수상레저활동의 안전과 질서를 확보하고 수상레저사업의 건전한 발전을 도모

용어의 정의

- 수상레저활동 : 수상에서 수상레저기구를 사용하여 취미·오락·체육·교육 등을 목적으로 이루어지는 활동
- 래프팅 : 무동력수상레저기구를 사용하여 계곡이나 하천에서 노를 저으며 급류 또는 물의 흐름 등을 타는 수상레저활동
- 수상레저기구 : 수상레저활동에 사용되는 선박이나 기구
- 동력수상레저기구 : 추진기관이 부착되어 있거나 추진기관을 부착하거나 분리하는 것이 수시로 가능한 수상레저기구로서 수상오토바이, 모터보트, 고무보트, 세일링요트(돛과 기관이 설치된 것을 말한다), 스쿠터, 공기부양정(호버크라프트), 수륙양용기구, 그 밖에 위와 비슷한 구조·형태·추진기관 또는 운전방식을 가진 것 등을 말함(2023. 10. 30. 고시에 따른 동력 조정, 동력 카약, 동력 카누, 동력 수상자전거, 동력 서프보드, 동력 웨이크보드, 수중익형 전동보드 포함).
- 무동력수상레저기구 : 동력수상레저기구 외의 수상레저기구로서 수상스키(케이블 수상스키 포함), 파라세일, 조정, 카약, 카누, 워터슬레이드, 수상자전거, 서프보드, 노보트, 무동력 요트, 윈드서핑, 웨이크보드(케이블 웨이크보드를 포함), 카이트보드, 공기주입형 고정식 튜브, 플라이보드, 패들보드, 그 밖에 위와 비슷한 구조·형태 또는 운전방식을 가진 것 등을 포함(2023. 10. 30. 고시에 따른 리버버그, 무동력 페달형 보트, 무동력 페달형 보드 포함)한다.
- 수상 : 해수면과 내수면을 말한다.
- 해수면 : 바다의 수류나 수면을 말한다.
- 내수면 : 하천, 댐, 호수, 늪, 저수지, 인공으로 조성된 담수나 기수의 수류 또는 수면을 말한다.
- 기수 : 강과 바다가 만나는 기수를 내수면으로 분류한다.

적용 배제 「유선 및 도선사업법」, 「체육시설의 설치·이용에 관한 법률」, 「낚시 관리 및 육성법」에 사업 및 관련 수상에서의 행위를 하는 경우 이 법에서 적용 배제함. (다만, 다른 법률에서 조종면허를 자격요건으로 규정한 경우, 적용함).

※ '관광진흥법' 대상이 아님

조종면허

조종면허 동력수상레저기구 조종면허를 받아야 하는 기구는 추진기관의 최대출력이 5마력 이상(출력 단위가 킬로와트인 경우, 3.75킬로와트 이상)인 동력수상레저기구로 한다. (조종면허를 받으려는 자는 해양경찰청장이 실시하는 면허시험에 합격하거나 면허시험 면제교육을 수료하여 면허를 발급받아야 한다).

조종면허의 종류

- 제1급 조종면허 : 수상레저사업의 종사자, 시험대행기관의 시험관
- 제2급 조종면허 : 동력수상레저기구를 조종하려는 사람
- 요트조종면허 : 세일링요트를 조종하려는 사람

외국인에 대한 조종면허의 특례 외국인이 국내에서 개최되는 국제경기대회에 참가하여 수상레저기구를 조종하는 경우, 국제경기대회(2개국 이상이 참여) 개최일 10일 전부터 국제경기대회 종료 후 10일까지 적용하지 아니한다.

조종면허의 결격사유

- 14세 미만(제1급 조종면허의 경우에는 18세 미만)인 사람.
- 정신질환자로서 「정신건강증진 및 정신질환자 복지서비스 지원에 관한 법률」에 따른 치매, 조현병, 조현정동장애, 양극성 정동장애(조울병), 재발성 우울장애 또는 알코올 중독의 정신질환이 있는 사람, 「마약류 관리에 관한 법률」에 따른 마약·향정신성의약품 또는 대마의 중독자로서 해당 분야 전문의가 정상적으로 동력수상레저기구를 조종할 수 없다고 인정하는 사람.
- 조종면허가 취소된 날부터 1년이 지나지 아니한 사람
- 조종면허를 받지 아니하고 동력수상레저기구를 조종한 사람으로서 그 위반한 날부터 1년이 지나지 아니한 사람.
- 사람을 사상한 후 구호 등 필요한 조치를 하지 아니하고 달아난 사람이 이를 위반한 날부터 4년이 지나지 아니한 사람.
- 면허시험에서 부정행위를 한 사람에 대하여 그 시험을 중지하게 하거나 무효처분 할 수 있고, 그 처분이 있는 날부터 2년간 면허시험에 응시할 수 없다.

※ 개인정보를 가지고 있는 기관 중 「보건복지부장관, 병무청장, 특별시장·광역시장·특별자치시장·도지사 및 특별자치도지사, 시장·군수·구청장, 육군참모총장, 해군참모총장, 공군참모총장, 해병대사령관, 정신의료기관의 장은 조종면허의 결격사유와 관련이 있는 개인정보를 해양경찰청장에게 통보하여야 한다.

면허시험

- 면허시험은 필기시험·실기시험으로 구분되며, 해양경찰청장이 실시하는 수상안전교육을 받아야 한다.
- 조종면허의 효력은 면허증을 본인이나 대리인에게 발급한 때부터 발생한다.

※ 해양경찰청장이 면허증을 발급한 경우는 조종면허시험에 합격한 경우, 조종면허증을 잃어버린 경우, 조종면허증이 헐어 못쓰게 된 경우, 면허증을 갱신하는 경우 가능함.

응시원서 응시원서의 유효기간은 접수일로부터 1년, 필기시험에 합격한 경우, 합격일로부터 1년

※ 시험면제 대상자: 해당함을 증명하는 서류를 제출

면허시험 합격 기준

- 일반 제1급 조종면허: 필기 70점 이상, 실기 80점 이상
- 일반 제2급 조종면허: 필기 60점 이상, 실기 60점 이상
- 요트 조종면허: 필기 70점 이상, 실기 60점 이상

※ 일반조종면허의 경우 제2급 조종면허를 받은 사람이 제1급 조종면허를 받은 때에는 제2급 조종면허의 효력은 상실됨

필기시험

- 일반조종면허 : 수상레저안전(20%), 운항 및 운용(20%), 기관(10%), 법규(50%)
- 요트조종면허 : 요트활동 개요(10%), 요트(20%), 항해 및 범주(20%), 법규(50%).

※ 법규 세부과목: 수상레저안전법, 수상레저기구의 등록 및 검사에 관한 법률, 선박의 입항 및 출항 등에 관한 법률, 해사안전기본법 및 해상교통안전법, 해양환경관리법, 전파법

※ 필기시험에 합격한 사람은 그 합격일부터 1년 이내에 실시하는 면허시험에서만 그 필기시험이 면제됨.

실기시험

일반조종면허 실기시험 운항코스

- 계류장 : 2대 이상 동시 계류가 가능해야 하고, 비트를 설치할 것
- 고정부이 : 3개의 고정부표를 설치할 것
- 사행코스에서의 부이와 부이 사이의 거리를 50미터로 설치할 것

일반조종면허 실기시험의 진행 순서 : 출발 전 점검 및 확인 → 출발 → 변침 → 운항 → 사행 → 급정지 및 후진 → 인명구조 → 접안

출발 전 점검 사항 : 엔진, 배터리, 연료, 구명부환, 예비노, 소화기, 계기판, 핸들, 속도전환레버, 자동정지줄(10가지).

일반조종면허 실기시험 용어

- "이안" 계류줄을 걷고 계류장에서 이탈하여 출발할 수 있도록 준비하는 행위.
- "출발" 정지된 상태에서 속도전환레버를 조작하여 전진 또는 후진하는 것.
- "침로" 모터보트가 진행하는 방향의 나침방위.
- "접안" 시험선을 계류할 수 있도록 접안 위치에 정지시키는 동작을 말한다.
- "활주" 보트의 속력과 약력이 증가되어 선수 및 선미가 수면과 평행 상태가 되는 것.
- "변침" 보트의 침로를 변경하는 것.
- "사행" 50m 간격으로 설치된 3개의 부이를 각기 좌우로 방향을 달리 하면서 회전.
- "사행준비 또는 사행침로 유지" 사행 코스에 설치된 3개의 부이와 일직선이 되도록 시험선의 침로를 유지하는 것

일반조종면허 실기시험 실격사유

- 3회 이상의 출발 지시에도 출발하지 못하거나 응시자가 시험포기의 의사를 밝힌 경우
- 속도전환 레버 및 핸들의 조작 미숙 등 조종능력이 현저히 부족하다고 인정되는 경우

- 부표 등과 충돌하는 등 사고를 일으키거나 사고를 일으킬 위험이 현저한 경우
- 술에 취한 상태이거나 취한 상태는 아니더라도 음주로 인하여 시험을 원활하게 진행하기 어렵다고 인정되는 경우
- 사고 예방과 시험 진행을 위한 시험관의 지시 및 통제에 따르지 않거나 시험관의 지시 없이 2회 이상 임의로 시험을 진행하는 경우
- 이미 감점한 점수의 합계가 합격 기준에 미달됨이 명백한 경우

수상안전교육 조종면허를 받으려는 사람은 면허시험 응시원서를 접수한 후부터, 면허증을 갱신하려는 사람은 면허증 갱신 기간 이내에 각각 해양경찰청장이 실시하는 수상안전교육을 받아야 한다. (다만, 최초 면허시험 합격 전의 안전교육의 유효기간은 6개월)

안전교육의 과목 및 교육시간

- 수상레저안전에 관한 법령, 수상에서의 안전 사항, 수상레저기구의 사용·관리
- 교육시간 3시간(갱신교육의 경우 온라인 2시간 교육 시행)

안전교육의 면제받을 수 있는 사람

- 면허증 갱신 기간의 시작일부터 소급하여 6개월 이내에 수상안전교육을 받은 사람
- 「선원법 시행령」에 따른 기초안전교육 또는 상급안전교육
- 면허시험면제교육기관에서 제2급 조종면허 또는 요트조종면허시험 과목의 전부를 면제받은 사람
- 면허증 갱신 기간의 마지막 날부터 소급하여 6개월 이내에 '면허시험 면제교육기관, 안전교육 위탁기관, 시험대행기관'에서 시험·교육 업무에 종사하는 사람으로 해양경찰청장이 실시하는 종사자 교육을 받은 사람

면허시험의 면제 일반 제2급 조종면허와 요트조종면허 과목의 일부 또는 전부를 면제

- 「국민체육진흥법」에 따른 경기단체에 동력수상레저기구의 선수로 등록된 사람
- 「고등교육법」에 따른 학교에서 동력수상레저기구 관련 학과의 해당 면허와 관련된 과목을 이수하고 졸업한 사람(관련학과: 동력수상레저기구와 관련된 과목을 6학점 이상 필수적으로 취득해야 하는 학과)
- 「선박직원법」에 따른 항해사·기관사·운항사·수면비행선박 조종사 또는 소형선박 조종사의 면허를 가진 사람
- 「한국해양소년단연맹 육성에 관한 법률」에 따른 한국해양소년단연맹 또는 「국민체육진흥법」에 따른 경기단체에서 동력수상레저기구의 사용 등에 관한 교육·훈련업무에 1년 이상 종사한 사람으로서 해당 단체의 장의 추천을 받은 사람
- 해양경찰청장이 지정·고시하는 "면허시험 면제교육기관"에서 실시하는 교육을 이수한 사람
- 제1급 조종면허 필기시험에 합격한 후 제2급 조종면허 실기시험으로 변경하여 응시하려는 사람

면제 대상자	면제되는 면허시험과목	
	조종면허의 종류	면허시험과목
동력수상레저기구의 선수로 등록된 사람	제2급 조종면허 요트조종면허	실기시험 과목의 전부
관련학과 졸업자	제2급 조종면허 요트조종면허	필기시험 과목의 전부
해기사(항해사·기관사·운항사·수면비행선박조종사·소형선박 조종사)	제2급 조종면허	필기시험 과목의 전부
해양소년단연맹, 경기단체 교육 및 훈련업무 1년 이상 종사자로서 단체장의 추천을 받은 사람	제2급 조종면허	실기시험 과목의 전부
면허시험 면제교육기관에서 실시하는 교육을 이수한 사람	제2급 조종면허 요트조종면허	필기 및 실기 과목의 전부

조종면허의 갱신

- 최초의 면허증 갱신 기간은 면허증 발급일부터 기산하여 7년이 되는 날부터 6개월 이내
- 직전의 면허증 갱신 기간이 시작되는 날부터 기산하여 7년이 되는 날부터 6개월 이내
- 면허증을 갱신하지 아니한 경우에는 갱신기간이 만료한 다음 날부터 조종면허의 효력은 정지된다. 다만, 조종면허의 효력이 정지된 후 면허증을 갱신한 경우에는 갱신한 날부터 조종면허의 효력이 다시 발생한다.

면허증 발급

- 면허시험에 합격하여 면허증을 발급하는 경우
- 면허증을 갱신하는 경우
- 면허증을 잃어버렸거나 면허증이 헐어 못쓰게 된 경우
- 조종면허의 효력은 면허증을 본인이나 그 대리인에게 발급한 때부터 발생한다.

면허증 휴대 등 의무

- 동력수상레저기구를 조종하는 사람은 면허증을 지니고 있어야 한다.
- 조종 중에 관계 공무원이 면허증의 제시를 요구하면 면허증을 내보여야 한다.
- 누구든지 면허증을 빌리거나 빌려주거나 이를 알선하는 행위를 하여서는 아니 된다.

조종면허의 취소·정지

취소

- 거짓이나 그 밖의 부정한 방법으로 조종면허를 받은 경우
- 조종면허 효력정지 기간에 조종을 한 경우
- 조종면허를 받을 수 없는 사람에 해당된 경우
- 조종면허를 받을 수 없는 사람이 조종면허를 받은 경우
- 술에 취한 상태 조종, 술에 취한 상태라고 인정할 만한 상당한 이유가 있음에도 측정에 따르지 아니한 경우

※ 술에 취한 상태의 기준: 「해상교통안전법 준용」 혈중알코올 농도 0.03퍼센트 이상

정지

- 조종면허를 받은 사람이 동력수상레저기구를 사용하여 살인 또는 강도, 국가보안법을 위반한 범죄, 형법을 위반하여 살인·사체유기 또는 방화, 강도·강간 또는 강제추행, 약취·유인 또는 감금, 상습절도(절취한 물건 운반에 한함) 등 범죄행위를 한 경우
- 조종 중 고의·과실로 사람을 사상하거나 다른 사람의 재산에 중대한 손해를 입힌 경우
- 면허증을 다른 사람에게 빌려주어 조종하게 한 경우
- 약물의 영향으로 정상적으로 조종하지 못할 염려가 있는 상태에서 조종한 경우
- 그 밖에 수상레저활동의 안전과 질서 유지를 위한 명령을 위반한 경우

※ 조종면허가 취소되거나 그 효력이 정지된 사람은 조종면허가 취소되거나 그 효력이 정지된 날부터 7일 이내에 해양경찰청장에게 면허증을 반납하여야 함.

- 해양경찰서장이 동력수상레저기구 조종면허의 정지처분을 통지하고자 하나 처분 대상자의 소재를 알 수 없어 처분내용을 통지할 수 없을 때에는 그 면허증에 기재된 주소지의 관할 해양경찰관서 게시판에 14일 간 공고함으로써 통지를 갈음할 수 있다.

면허시험 업무의 대행 해양경찰청장은 기준을 갖춘 기관이나 단체를 면허시험의 실시업무(조종면허실기시험·수상안전교육), 면제교육(일반 제2급 조종면허·요트조종면허)기관을 대행 기관으로 지정할 수 있다.

시험 대행기관의 인적 기준

- 수상레저관련업무 5년 이상 종사 경력 책임운영자 1명
- 일반조종면허시험 : 제1급 조종면허와 인명구조원 자격을 갖춘 시험관 4명 이상
- 요트조종면허시험 : 요트조종면허와 인명구조원 자격을 갖춘 시험관 4명 이상

시험 대행기관의 장비 기준

- 일반조종면허시험 : 실기시험용 동력수상레저기구 3대 이상
- 요트조종면허시험 : 실기시험용 세일링요트의 경우에는 2대 이상
- 시속은 20노트 이상이며, 승선정원은 4명 이상의 비상구조선 1대 이상
- 구명조끼 20개 이상, 구명부환 5개 이상, 소화기 3개 이상, 예비용 노 3개 이상, 조난신호장비(자기점화등, 신호홍염) 및 구급용 장비(비상의약품, 들것), 인명구조교육용 상반신형 마네킹 1개 이상

시험 대행기관의 시설 기준

- 안전교육장 : 면적이 60제곱미터 이상이고, 50명 이상의 인원을 수용할 수 있을 것
- 실기시험장 : 실기시험의 운항코스, 계류장, 교육생 대기시설
- 행정실(20제곱미터), 감독실(10제곱미터), 주차장(승용차 10대 이상), 편의시설(응시자 휴게실, 화장실)

면허시험 면제교육기관

- 인적 : 수상레저관련업무 5년 이상 종사 경력 책임운영자 1명, 강사 2명
- 장비 : 일반조종면허시험(실기시험용 동력수상레저기구 1대 이상), 비상구조선(4인승, 20노트 이상 속력) 1대

- 이론교육장 및 실기교육장에는 해당 교육생의 교육 이수 여부 등을 확인할 수 있는 폐쇄회로 텔레비전(CCTV) 등의 장비를 설치

※ 거짓이나 그 밖의 부정한 방법으로 지정을 받은 경우 지정 취소

- 교육 이수 결과를 거짓으로 제출하거나 이수하지 아니한 사람을 면제하게 한 경우
- 교육 내용을 지키지 아니한 경우, 지정 기준에 미치지 못하는 경우는 6개월의 범위에서 업무의 정지
- 면허시험 면제교육기관의 장이 교육을 중지할 수 있는 기간은 3개월을 초과할 수 없다.

시험업무 종사자에 대한 교육 면허시험 면제교육기관, 안전교육 위탁기관, 시험대행기관에서 시험·교육 업무에 종사하는 사람은 해양경찰청장이 실시하는 교육을 받아야 함.

교육대상자

- 면허시험 면제교육기관 강사(강사 업무를 수행하는 책임운영자 포함)
- 안전교육 위탁기관의 강사
- 시험대행기관의 시험관(시험관 업무를 수행하는 책임운영자 포함)

교육의 구분

- 정기교육 : 면허시험 면제교육기관·시험대행기관 종사자는 21시간, 안전교육위탁기관 강사는 8시간 이상
- 수시교육 : 해양경찰청장이 필요하다고 인정하는 경우에는 8시간 이하의 교육

교육이수 : 100점 만점에 60점 이상을 받아야 한다.

안전준수 의무

안전장비의 착용

- 수상레저활동을 하는 사람은 구명조끼를 장비를 착용
- 서프보드 또는 패들보드를 사용하여 수상레저활동을 하는 경우, 보드 리쉬(board leash: 서프보드 또는 패들보드와 발목을 연결하여 주는 장비) 착용
- 워터슬레이드를 사용하여 수상레저활동, 래프팅을 할 때에는 구명조끼와 안전모를 착용

※ 관할 해양경찰서장 또는 시장·군수·구청장은 수상레저활동의 형태, 수상레저기구의 종류 및 날씨 등을 고려하여 수상레저활동을 하는 사람이 착용해야 하는 구명조끼·구명복 또는 안전모 등의 인명안전장비의 종류를 특정하여 착용 등의 지시를 할 수 있다.

운항방법·기구의 속도에 관한 준수사항

운항방법에 관한 사항

- 다른 수상레저기구 또는 선박과의 충돌위험을 충분히 판단할 수 있도록 시각·청각과 그 밖에 당시의 상황에 적합하게 이용할 수 있는 모든 수단을 이용하여 항상 적절한 경계를 해야 한다.

- 다른 수상레저기구 등과 정면으로 충돌할 위험이 있을 때에는 음성신호·수신호 등 적절한 방법으로 상대에게 이를 알리고 우현 쪽으로 진로를 피함
- 다른 수상레저기구 등의 진로를 횡단하는 경우에 충돌의 위험이 있을 때에는 다른 수상레저기구 등을 오른쪽에 두고 있는 수상레저기구가 진로를 피해야 한다.
- 다른 수상레저기구 등과 같은 방향으로 운항하는 경우에는 2미터 이내로 근접하여 운항해서는 안 된다.
- 다른 수상레저기구 등을 앞지르기하려는 경우에는 완전히 앞지르기하거나 그 수상레저기구 등에서 충분히 멀어질 때까지 진로를 방해해서는 안 된다.
- 다른 사람 또는 다른 수상레저기구 등의 안전을 위협하거나 수상레저기구의 소음기를 임의로 제거하거나 굉음을 발생시켜 놀라게 하는 행위를 해서는 안 된다.

수상레저기구의 속도 등에 관한 사항

- 다이빙대·계류장 및 교량으로부터 20미터 이내의 구역이나 해양경찰서장 또는 시장·군수·구청장이 지정하는 위험구역에서는 10노트 이하의 속력으로 운항해야 하며, 해양경찰서장 또는 시장·군수·구청장이 별도로 정한 운항지침을 따라야 한다.
- 계류장·공기주입형 고정식 튜브 등 수상에 띄우는 수상레저기구 및 설비가 설치된 곳으로부터 150미터 이내의 구역에서는 인위적으로 파도를 발생시키는 특수장치가 설치된 동력수상레저기구를 운항해서는 안 된다. 다만, 인위적으로 파도를 발생시키지 않고 5노트 이하의 속력으로 운항하는 경우에는 그렇지 않다.

운항방법 등의 준수

- 등록대상 동력수상레저기구를 이용할 때에는 안전검사증·안전검사필증에 따라 지정된 운항구역만을 운항해야 함.
- 운항구역을 평수구역으로 지정받은 동력수상레저기구를 사용하여 평수구역의 끝단 및 가까운 육지 또는 섬으로부터 10해리 이내의 연해구역 운항이 가능함.
- 수산업법에 따른 관리선으로 지정 또는 승인받은 어선의 기관, 구획어업 허가를 받아 사용하였던 기관을 사용하는 동력수상레저기구의 경우는 5해리 운항함.

기상에 따른 수상레저활동의 제한

- 누구든지 수상레저활동을 하려는 구역이 태풍·풍랑·폭풍해일·호우·대설·강풍과 관련된 주의보 이상의 기상특보가 발효된 경우, 안개 등으로 가시거리가 0.5킬로미터 이내로 제한되는 경우, 수상레저활동을 하여서는 안 된다.
- 다만, 파도 또는 바람만을 이용하는 수상레저기구의 특성을 고려하여 관할 해양경찰서장·특별자치시장·제주특별자치도지사시장·군수·구청장에게 '기상특보활동신고서'를 제출한 경우, 수상레저활동이 가능하다.

원거리 수상레저활동 신고

- 출발항으로부터 10해리 이상 떨어진 곳에서 수상레저활동을 하려는 사람은 해양경찰관서나 경찰관서에 신고해야 함 (다만, 「선박의 입항 및 출항 등에 관한 법률」에 따른 출입 신고를 하거나 「선박안전 조업규칙」 출항·입항 신고를 한 선박 제외)
- 무동력수상레저기구로 수상레저활동을 하려는 사람은 안전관리 선박의 동행(연·근해, 원양구역을 운항하는 동력수상레저기구와 500미터 이내의 거리에서 동행), 선단의 구성(통신기기를 갖춘 수상레저기구 2대 이상으로 선단을 구성하여 500미터〈무동력수상레저기구 간에는 200미터〉) 이내의 거리를 유지하며 수상레저활동을 하는 경우, 수상레저활동이 가능함

사고의 신고

신고해야 하는 경우 : 수상레저활동을 하는 사람은 수상레저기구에 동승한 사람이 사고로 사망·실종 또는 중상을 입은 경우, 충돌, 좌초 또는 안전운항에 영향을 미치거나 미칠 우려가 있는 사고가 발생하였을 경우 해양경찰관서, 경찰관서, 소방관서, 관계 행정기관에 신고해야 한다.

사고의 신고 내용 : 전화·팩스·휴대전화·문자메시지 등의 방법으로 아래 내용을 신고한다.

- 사고 발생 일시 및 장소
- 사고가 발생한 수상레저기구의 종류
- 사고자 및 조종자의 인적사항
- 피해상황 및 조치사항

무면허조종

무면허조종의 금지 : 누구든지 조종면허를 받아야 조종할 수 있는 동력수상레저기구를 조종면허를 받지 아니하고 조종하여서는 아니 된다. (조종면허의 효력이 정지된 경우 포함)

무면허조종이 허용되는 경우

- 제1급 동력수상레저기구 조종면허 또는 요트조종면허를 가진 사람과 함께 탑승하여 조종하는 경우(다만, 면허를 가진 사람이 술에 취한 상태나 약물복용 상태에서 탑승하는 경우 제외)
- 제1급 조종면허를 가진 사람의 감독하에 수상레저활동을 하는 경우로서 동시에 감독하는 수상레저기구가 3대 이하이며, 다른 수상레저기구를 견인하고 있지 않은 경우로서 다음 어느 하나에 해당하는 경우

– 면허시험을 위하여 수상레저기구를 조종하는 경우
– 수상레저사업 사업장 안에서 탑승정원이 4명 이하인 수상레저기구를 조종하는 경우
– 「고등교육법」에 따른 학교 또는 「초·중등교육법」에 따른 학교에서 실시하는 교육·훈련을 위하여 수상레저기구를 조종하는 경우
– 해양경찰청장이 정하여 고시하는 단체가 실시하는 비영리목적의 교육·훈련을 위하여 수상레저기구를 조종하는 경우

야간 수상레저활동의 금지

- 누구든지 해진 후 30분부터 해뜨기 전 30분까지는 수상레저활동을 금지함
- 다만, 야간 운항장비「항해등, 전등, 야간 조난신호장비, 등이 부착된 구명조끼, 통신기기, 구명부환, 소화기, 자기점화등, 나침반, 위성항법장치」을 갖춘 수상레저기구를 사용하는 경우에는 그러하지 아니하다.

※ 수상레저활동을 하려는 구역이 내수면인 경우 관할 시장·군수·구청장이 수면의 넓이, 물의 깊이, 유속 등을 고려하여 야간 운항을 하는 데에 위험성이 없다고 인정할 때에는 운항장비 중 일부를 갖추지 않게 할 수 있다(야간 운항장비의 일부를 갖추지 않게 한 경우, 보기 쉬운 장소에 그 내용을 게시).

- 해양경찰서장이나 시장·군수·구청장은 필요하다고 인정하면 일정한 구역에 대하여 "해가 진 후 30분부터 24시까지의 범위"에서 야간 수상레저활동의 시간을 조정할 수 있다(시간을 조정한 경우, 보기 쉬운 장소에 그 사실을 공고).

주취 중 조종 금지

- 누구든지 술에 취한 상태(「해상교통안전법」에 따른 술에 취한 상태기준 0.03퍼센트 이상)에서 동력수상레저기구를 조종하여서는 아니 된다.
- 관계공무원(경찰공무원, 시·군·구 소속 공무원 중 수상레저안전업무에 종사하는 사람)은 술에 취하였는지를 측정할 수 있다. 이 경우 동력수상레저기구를 조종한 사람은 그 측정에 따라야 한다.
- 관계공무원(근무복을 착용한 경찰공무원은 제외)이 술에 취하였는지 여부를 측정하는 때에는 그 권한을 표시하는 증표를 지니고 이를 제시하여야 한다.
- 술에 취하였는지 여부를 측정한 결과에 불복하는 사람에 대해서는 본인의 동의를 받아 혈액채취 등의 방법으로 다시 측정할 수 있다.

약물복용 등의 상태에서 조종 금지

누구든지「마약류 관리에 관한 법률」에 따른 마약·향정신성의약품·대마의 영향,「화학물질관리법」에 따른 환각물질의 영향, 그 밖의 사유로 인하여 정상적으로 조종하지 못할 우려가 있는 상태에서 동력수상레저기구를 조종하여서는 아니 된다.

정원 초과 금지

누구든지 정원을 초과하여 운항하여서는 아니 된다.

※ 정원을 산출할 때에는 수난구호나 그 밖의 부득이한 사유로 승선한 인원은 정원으로 보지 않는다.

안전관리

수상레저활동 금지구역의 지정

- 해양경찰서장 또는 시장·군수·구청장은 수상레저활동의 안전을 위하여 필요하다고 인정하면 수상레저활동 금지구역(수상레저기구별 수상레저활동 금지구역을 포함)을 지정할 수 있다.

• 누구든지 제1항에 따라 지정된 금지구역에서 수상레저활동을 하여서는 아니 된다.

시정명령 해양경찰서장 또는 시장·군수·구청장은 수상레저활동의 안전을 위하여 수상레저활동을 하는 사람이나 하려는 사람에게 시정명령을 할 수 있다.

• 사고의 발생이 예견되는 경우 : 탑승 인원의 제한 또는 조종자의 교체
• 수상레저활동의 일시 정지
• 수상레저기구의 개선 및 교체

일시정지·확인

• 관계공무원은 수상레저기구를 타고 있는 사람이 이 법 또는 이 법에 따른 명령을 위반하였다고 인정하는 경우에는 수상레저기구를 멈추게 하고 이를 확인하거나 그 수상레저활동을 하는 사람에게 면허증이나 신분증의 제시를 요구할 수 있다.
• 관계공무원은 수상레저기구를 멈추게 하고 면허증 등의 제시를 요구하는 경우에는 그 권한을 표시하는 증표를 지니고 이를 관계인에게 내보여야 한다.

수상레저사업

수상레저사업의 등록

사업의 형태

• 수상레저기구를 빌려주는 사업
• 수상레저활동을 하는 사람을 수상레저기구에 태우는 사업

사업 등록기관

• 해수면인 경우 : 해당 지역을 관할하는 해양경찰서장
• 내수면인 경우 : 해당 지역을 관할하는 시장·군수·구청장
• 영업구역이 둘 이상의 해양경찰서장 또는 시장·군수·구청장의 관할 지역에 걸쳐있는 경우 : 수상레저사업에 사용되는 수상레저기구를 주로 매어두는 장소를 관할하는 해양경찰서장 또는 시장·군수·구청장

사업등록 시 구비서류

• 영업구역에 관한 도면
• 시설기준 명세서
• 수상레저사업자와 종사자의 명단 및 해당 면허증 사본(면허증 사본의 경우 수상레저종합정보시스템으로 확인이 가능한 경우는 제외)
• 수상레저기구 및 인명구조용 장비 명세서
• 인명구조요원 또는 래프팅가이드의 명단과 해당 자격증 사본
• 공유수면 등의 점용 또는 사용 등에 관한 허가서 사본

육상에서 보관하는 서프보드·윈드서핑·카이트보드·패들보드를 빌려주는 수상레저사업구비서류 : 시설기준 명세서, 수상레저기구 명세서

수상레저사업 등록기준

영업구역 : 수상레저사업장의 규모, 수상레저기구의 종류 및 수상레저사업 종사자 인원 등을 고려할 때 수상레저활동의 안전 및 질서를 확보할 수 있다고 인정되는 구역일 것

시설기준 : 수상레저기구의 계류장·탑승장·매표소·화장실 및 수상레저활동을 하는 사람을 위한 대기시설을 갖출 것

인력기준 : 수상레저사업자와 그 종사자 중에서 1명 이상은

- 동력수상레저기구를 사용하여 수상레저사업을 하는 경우 : 1급 조종면허
- 무동력수상레저기구(래프팅 제외)만을 사용하여 수상레저사업을 하는 경우 : 2급 이상의 조종면허
- 세일링요트만을 사용하여 수상레저사업을 하는 경우 : 요트조종면허

※ 수상레저사업장에 종사하는 사람은 해당 수상레저사업장에 종사하는 기간 동안 다른 수상레저사업장 등에 종사해서는 안 된다.

공통기준 : 수상레저기구등록법에 따른 안전검사를 받은 동력수상레저기구이거나 안전점검을 받은 수상레저기구일 것

인명구조용 장비

- 구명조끼 : 수상레저기구 탑승정원의 110퍼센트 이상에 해당하는 수의 구명조끼를 갖추고, 그 탑승정원의 10퍼센트는 소아용으로 갖출 것
- 안전모 : 충격 흡수기능이 있을 것, 충격으로 쉽게 벗어지지 않도록 고정시킬 수 있을 것, 인체에 상처를 주지 않는 구조일 것, 상하좌우로 충분한 시야를 확보할 수 있도록 할 것, 청력에 현저한 장애가 발생하지 않도록 할 것

※ 워터슬레이드 또는 공기주입형 고정식 튜브를 사용하거나 래프팅을 하는 경우에는 탑승정원의 110퍼센트 이상에 해당하는 수의 안전모를 갖추고, 그 탑승정원의 10퍼센트는 소아용으로 갖출 것

- 구명부환 : 탑승정원이 4명 이상인 수상레저기구(수상오토바이·워터슬레이드는 제외)에는 그 탑승정원의 30퍼센트에 해당하는 수(소수점 이하는 반올림) 이상의 구명부환을 갖출 것(무동력수상레저기구: 구명부환을 대체하여 스로 백[throw bag: 구명 구조 로프 가방]을 갖출 수 있다).

※ 스로 백에 딸린 구명줄은 지름 6밀리미터 이상, 길이 20미터 이상일 것

- 구명줄 : 탑승정원이 13명 이상인 수상레저기구에는 지름이 10밀리미터 이상, 길이가 30미터 이상인 구명줄을 1개 이상 갖출 것
- 예비용 노 또는 상앗대 : 노 또는 상앗대가 있는 수상레저기구는 노 또는 상앗대 수의 10퍼센트 이상에 해당하는 수의 예비용 노 또는 상앗대를 갖출 것, 탑승정원이 4명 이상인 동력수상레저기구(수상오토바이 제외)에는 2개 이상의 예비용 노를 갖출 것
- 통신장비 : 영업구역이 2해리 이상인 경우, 사업장 또는 가까운 무선국과 연락할 수 있는 통신장비를 갖출 것

- 소화기 : 탑승 정원이 13명 이상인 동력수상레저기구에는 선실, 조타실, 기관실에 각 1개 이상의 소화기를 갖출 것, 탑승 정원이 4명 이상인 동력수상레저기구(수상오토바이 제외)에는 1개 이상의 소화기를 갖출 것

상구조선

- 수상레저기구(래프팅에 사용되는 수상레저기구와 수상스키, 파라세일, 워터슬레이드 등 견인되는 수상레저기구는 제외)의 수에 따라 비상구조선을 갖출 것(다만, 케이블 수상스키 또는 케이블 웨이크보드 등 케이블을 사용하는 수상레저기구만을 갖춘 수상레저사업장의 경우에는 다른 수상레저기구가 없더라도 반드시 1대 이상의 비상구조선을 갖춰야 한다.)
  - 수상레저기구가 30대 이하인 경우 : 1대 이상
  - 수상레저기구가 31대 이상 50대 이하인 경우 : 2대 이상
  - 수상레저기구가 51대 이상인 경우 : 50대를 초과하는 50대마다 1대씩 더한 수 이상
- 비상구조선은 수상레저사업자가 해당 수상레저사업에 사용되는 수상레저기구 중에서 지정하여 사용하고, 주황색의 가로 50센티미터 및 세로 40센티미터의 삼각 폴리에스테르 방수원단 또는 이와 유사한 재질에 「(구조선)이라는 8센티미터 이상의 흰색 글자」 깃발을 120센티미터 이상의 깃대에 장착하여 비상구조선에 부착할 것.
- 비상구조선의 탑승정원은 3명 이상이고, 속도가 20노트 이상이어야 하며, 구조선에는 망원경 1개 이상, 구명부환 또는 레스큐 튜브 2개 이상, 호루라기 1개 이상, 30미터 이상의 구명줄을 갖출 것
- 비상구조선은 사업장 구역의 순시와 사고 발생 시 인명구조를 위하여 사용해야 하며, 영업 중에는 항상 사용할 수 있도록 할 것.

업등록의 유효기간

- 수상레저사업의 등록 유효기간은 10년으로 하되, 10년 미만으로 영업하려는 경우에는 해당 영업기간을 등록 유효기간으로 한다.
- 등록 유효기간이 지난 후 계속하여 수상레저사업을 하려는 자는 해당 수상레저사업 등록의 유효기간이 끝나는 날의 5일 전까지 수상레저사업 등록갱신 신청서(수상레저사업 등록증, 변경사항이 있을 경우 변경된 서류 첨부)를 관할 해양경찰서장 또는 시장·군수·구청장에게 제출해야 한다.
- 해양경찰서장 또는 시장·군수·구청장은 수상레저사업 등록의 유효기간이 끝나는 날의 1개월 전까지 수상레저사업을 등록한 자에게 수상레저사업 등록의 갱신 절차와 갱신 신청기간을 미리 알려야 한다.

상레저사업 등록의 결격사유

- 미성년자, 피성년후견인, 피한정후견인
- 징역 이상의 실형을 선고받고 그 집행이 끝나거나 집행이 면제된 날부터 2년이 지나지 아니한 사람

- 징역 이상의 형의 집행유예를 선고받고 그 유예기간 중에 있는 사람
- 등록이 취소된 날부터 2년이 지나지 아니한 자

휴업 등의 신고

- 수상레저사업자가 등록된 사업기간 중에 휴업하거나 폐업하려는 경우에는 휴업·폐업 신고서에 수상레저사업 등록증 원본을 첨부하여 휴업 또는 폐업하기 3일 전까지 해양경찰서장 또는 시장·군수·구청장에게 제출해야 한다.
- 수상레저사업자가 사업을 다시 개업하려는 경우에는 수상레저사업 재개업 신고서 개업하기 7일 전까지 관할 해양경찰서장 또는 시장·군수·구청장에게 제출해야 한다.

안전점검

- 해양경찰서장 또는 시장·군수·구청장은 수상레저활동의 안전을 위하여 관계공무원으로 하여금 수상레저기구와 선착장 등 수상레저시설에 대하여 안전점검을 실시하도록 함.
- 안전점검 결과 정비 또는 원상복구를 명할 수 있다. 이 경우 정비 또는 원상복구에 필요한 기간을 정하여 해당 수상레저기구의 사용정지를 함께 명할 수 있다.
- 점검을 하는 공무원은 그 권한을 표시하는 증표를 지니고 이를 관계인에게 내보여야 한다.
- 안전점검의 목적·대상 및 점검 일시 등을 안전점검 대상자에게 미리 통보해야 한다.

안전점검의 대상 및 항목

- 수상레저기구의 안전성
- 사업장에 설치된 시설·장비 등이 등록기준에 적합한지 여부
- 수상레저사업자와 그 종사자의 조치 의무
- 인명구조요원이나 래프팅가이드의 자격 및 배치기준 준수 의무
- 수상레저사업자와 그 종사자의 행위제한 등의 준수 의무

※ 재난·재해의 발생이 예상되는 등 긴급한 경우, 사전에 알리면 증거인멸 등으로 안전점검의 목적을 달성할 수 없다고 인정되는 경우에는 미리 통보하지 않을 수 있다.

사업자의 안전점검 등 조치

수상레저사업자와 그 종사자 안전 조치사항

- 수상레저기구와 시설의 안전점검
- 영업구역의 기상·수상 상태의 확인
- 영업구역에서 사고가 발생하는 경우 구호조치 및 해양경찰관서·경찰관서·소방관서 등 관계 행정기관에 통보
- 이용자에 대한 안전장비 착용조치 및 탑승 전 안전교육
- 사업장 내 인명구조요원이나 래프팅가이드의 배치 또는 탑승
- 비상구조선의 배치

수상레저사업자와 그 종사자 금지사항

- 14세 미만인 사람(보호자를 동반하지 아니한 사람으로 한정), 술에 취한 사람 또는 정신질환자를 수상레저기구에 태우거나 이들에게 수상레저기구를 빌려주는 행위

- 수상레저기구의 정원을 초과하여 태우는 행위
- 수상레저기구 안에서 술을 판매·제공하거나 수상레저기구 이용자가 수상레저기구 안으로 이를 반입하도록 하는 행위
- 영업구역을 벗어나 영업을 하는 행위
- 수상레저활동시간 외에 영업을 하는 행위
- 폭발물·인화물질 등의 위험물을 이용자가 타고 있는 수상레저기구로 반입·운송 행위
- 안전검사를 받지 아니한 동력수상레저기구를 영업에 사용하는 행위
- 비상구조선을 그 목적과 다르게 사용하는 행위

영업의 제한 해양경찰서장 또는 시장·군수·구청장은 수상레저사업자에게 영업구역이나 시간의 제한 또는 영업의 일시정지를 명할 수 있다.

- 기상·수상 상태가 악화된 경우
- 수상사고가 발생한 경우

이용자의 신체가 직접 수면에 닿는 수상레저기구를 이용한 영업행위 해양경찰서장 또는 시장·군수·구청장은 사유가 소멸되거나 완화되었다고 판단되는 경우 영업구역이나 시간의 제한 또는 영업의 일시정지를 해제하여야 한다.

- 유류·화학물질 등의 유출 또는 녹조·적조 등의 발생으로 수질이 오염된 경우
- 부유물질 등 장애물이 발생한 경우
- 사람의 신체나 생명에 피해를 줄 수 있는 유해생물이 발생한 경우

자료 제출 해양경찰서장 또는 시장·군수·구청장은 수상레저활동의 안전을 위하여 필요하다고 인정하면 대통령령으로 정하는 바에 따라 수상레저사업자에게 관련 서류나 자료를 제출하게 할 수 있다.

- 조치를 했음을 증명하는 서류
- 보험이나 공제의 가입과 관련된 서류

수상레저사업의 등록취소 해양경찰서장 또는 시장·군수·구청장은 수상레저사업의 등록을 취소하거나 3개월의 범위에서 영업의 전부 또는 일부의 정지를 명할 수 있다.

사업 취소

- 거짓이나 그 밖의 부정한 방법으로 등록을 한 경우
- 어느 하나에 해당하게 된 경우

– 미성년자, 피성년후견인, 피한정후견인
– 징역 이상의 실형을 선고받고 그 집행이 끝나거나 집행이 면제된 날부터 2년이 지나지 아니한 사람
– 징역 이상의 형의 집행유예를 선고받고 그 유예기간 중에 있는 사람
– 등록이 취소된 날부터 2년이 지나지 아니한 자

- 공유수면의 점용 또는 사용 허가기간 만료 이후에도 사업을 계속하는 경우

영업 정지

- 수상레저사업자 또는 그 종사자의 고의 또는 과실로 사람을 사상한 경우
- 수상레저사업자가 「수상레저기구의 등록 및 검사에 관한 법률」의 규정을 위반한 수상레저기구를 수상레저사업에 이용한 경우
- 변경등록을 하지 아니한 경우
- 규정 또는 명령을 위반한 경우

보험

보험의 가입 등록 대상 동력수상레저기구의 소유자는 동력수상레저기구의 사용으로 다른 사람이 사망하거나 부상한 경우, 피해자에 대한 보상을 위하여 소유한 날로부터 1개월 이내에 보험이나 공제에 가입하여야 한다.

- 가입기간 : 동력수상레저기구의 등록기간 동안 계속하여 가입할 것
- 가입금액 : 「자동차손해배상 보장법 시행령」 제3조제1항에 따른 금액 이상으로 할 것

수상레저사업자는 종사자와 이용자의 피해를 보전을 위한 보험 가입

- 가입기간 : 수상레저사업자의 사업기간 동안 계속하여 가입할 것
- 피보험자 또는 피공제자 : 수상레저사업에 종사하는 사람이나 수상레저기구 이용자를 피보험자나 피공제자로 할 것
- 가입금액 : 「자동차손해배상 보장법 시행령」 제3조제1항에 따른 금액 이상으로 할 것

보험 등의 가입 정보 제공

- 수상레저사업자는 보험 등의 가입에 관한 정보를 종사자 및 이용자에게 알려야 한다.
- 수상레저사업자는 보험 등의 가입기간, 가입한 보험 등의 피보험자 또는 피공제자, 보험 등의 가입금액을 사업장 안의 잘 보이는 장소에 게시해야 한다.

과징금·벌칙·과태료

과징금 해양경찰청장은 면허시험 면제교육기관, 안전교육 위탁기관, 시험대행기관의 업무정지처분을 하여야 하는 경우로서 그 업무정지가 이용하는 자에게 심한 불편을 주거나 그 밖에 공익을 해칠 우려가 있다고 인정되면 업무정지처분에 갈음하여 1천만원 이하의 과징금을 부과할 수 있다.

면허시험 면제교육기관·면허시험대행기관

- 거짓이나 그 밖의 부정한 방법으로 지정을 받은 경우(취소)
- 면허시험 면제교육기관이 해양경찰청장에게 교육 이수 결과를 거짓으로 제출하여 교육을 이수하지 아니한 사람에게 면허시험 과목의 전부를 면제하게 한 경우(정지)

- 교육내용을 지키지 아니한 경우(정지)
- 지정기준에 미치지 못하게 된 경우(정지)

안전교육 위탁기관의 지정을 취소하거나 6개월의 범위에서 업무를 정지

- 거짓이나 그 밖의 부정한 방법으로 지정을 받은 경우(취소)
- 거짓이나 그 밖의 부정한 방법으로 안전교육 수료에 관한 증서를 발급한 경우(정지)
- 지정 기준에 미치지 못하게 된 경우(정지)

업무정지 : 해양경찰청장은 면허시험 면제교육기관, 안전교육 위탁기관, 시험대행기관이 과징금 부과처분을 받고, 그 처분을 받은 날로부터 2년 이내에 다시 과징금 부과처분의 대상이 되는 위반 행위를 한 경우에는 업무정지 처분을 명하여야 한다.

벌칙

1년 이하의 징역 또는 1천만원 이하의 벌금

- 면허증을 빌리거나 빌려주거나 이를 알선한 자
- 조종면허를 받지 아니하고 동력수상레저기구를 조종한 사람
- 술에 취한 상태에서 동력수상레저기구를 조종한 사람
- 술에 취한 상태라고 인정할 만한 상당한 이유가 있는데도 관계공무원의 측정에 따르지 아니한 사람
- 약물복용 등으로 인하여 정상적으로 조종하지 못할 우려가 있는 상태에서 동력수상레저기구를 조종한 사람
- 등록 또는 변경등록을 하지 아니하고 수상레저사업을 한 자
- 수상레저사업 등록취소 후 또는 영업정지기간에 수상레저사업을 한 자

6개월 이하의 징역 또는 5백만원 이하의 벌금

- 정비·원상복구의 명령을 위반한 수상레저사업자
- 안전을 위하여 필요한 조치를 하지 아니하거나 금지된 행위를 한 수상레저사업자와 그 종사자
- 영업구역이나 시간의 제한 또는 영업의 일시정지 명령을 위반한 수상레저사업자

양벌규정

- 법인의 대표자나 법인 또는 개인의 대리인, 사용인, 그 밖의 종업원이 그 법인 또는 개인의 업무에 관하여 벌칙에 해당하는 위반행위를 하면 그 행위자를 벌하는 외에 그 법인 또는 개인에게도 해당 조문의 벌금형을 과한다.
- 다만, 법인 또는 개인이 그 위반행위를 방지하기 위하여 해당 업무에 관하여 상당한 주의와 감독을 게을리하지 아니한 경우에는 그러하지 아니하다.

과태료

100만원 이하의 과태료

- 대행기관 종사자가 위반하여 교육을 받지 아니한 사람
- 수상레저활동 시간 외에 수상레저활동을 한 사람
- 정원을 초과하여 조종한 사람
- 수상레저활동 금지구역에서 수상레저활동을 한 사람
- 휴업, 폐업 또는 재개업의 신고를 하지 아니한 수상레저사업자
- 신고한 이용요금 외의 금품을 받거나 신고사항을 게시하지 아니한 수상레저사업자
- 등록대상이 아닌 수상레저기구 운영 사업자 등의 준수사항을 위반한 수상레저사업자와 그 종사자
- 서류나 자료를 제출하지 아니하거나 거짓의 서류 또는 자료를 제출한 수상레저사업자
- 위반하여 보험 등에 가입하지 아니한 수상레저사업자
- 정당한 사유 없이 보험 등의 가입 여부에 관한 정보를 알리지 아니하거나 거짓의 정보를 알린 수상레저사업자
- 통지를 하지 아니한 보험회사 등

50만원 이하의 과태료

- 면허증을 반납하지 아니한 사람
- 인명안전장비를 착용하지 아니한 사람
- 운항규칙 등을 준수하지 아니한 사람
- 기상에 따른 수상레저활동이 제한되는 구역에서 수상레저활동을 한 사람
- 원거리 수상레저활동 신고를 하지 아니한 사람
- 등록 대상이 아닌 수상레저기구로 출발항으로부터 10해리 이상 떨어진 곳에서 수상레저활동을 한 사람
- 사고의 신고를 하지 아니한 사람
- 시정명령을 이행하지 아니한 사람
- 일시정지나 면허증·신분증의 제시명령을 거부한 사람
- 보험 등에 가입하지 아니한 자

과태료

- 해수면 : 해양경찰청장, 지방해양경찰청장, 해양경찰서장이 부과·징수한다.
- 내수면 : 시장·군수·구청장이 부과·징수한다.

수수료

- 다음에 해당하는 자는 해양경찰청장 또는 시장·군수·구청장에게 수수료를 내야 한다.
  - 면허시험에 응시하려는 사람
  - 안전교육을 받으려는 사람
  - 면허증의 발급, 재발급, 갱신을 신청하려는 사람

- 수상레저사업의 등록·변경등록 및 휴업·폐업 또는 재개업의 신고 등을 신청하려는 자

- 다음에 해당하는 경우에는 안전교육 위탁기관 및 시험대행기관이 정하는 수수료를 해당 대행기관 등에 내야 한다.
  - 안전교육을 위탁하여 실시하는 경우
  - 시험대행기관이 면허시험 업무를 대행하는 경우
- 안전교육 위탁기관 및 시험대행기관이 수수료를 정하거나 변경하려면 해양경찰청장의 승인을 받아야 한다.
- 안전교육 위탁기관 및 시험대행기관이 수수료를 징수한 경우 그 수입은 안전교육 위탁기관, 시험대행기관의 수입으로 한다.
- 면허시험을 응시하거나, 안전교육을 받기 위하여 납부한 수수료의 반환기준 등에 필요한 사항은 해양수산부령으로 정한다.

※ 휴업 및 폐업 수수료는 무료

수상레저기구의 등록 및 검사에 관한 법률(수상레저기구등록법)

목적 수상레저기구의 등록 및 검사에 관한 사항을 정하여 수상레저기구의 성능 및 안전을 확보함으로써 공공의 복리를 증진함을 목적

운항구역 수상레저기구 운항의 안전확보를 위하여 운항할 수 있는 최대구역으로서 기구의 종류, 크기, 구조, 설비 등을 고려하여 대통령령으로 정하는 구역을 말한다.

- 해수면 : 「선박안전법」에 따라 지정되는 항해구역으로서 평수구역, 연해구역, 근해구역 또는 원양구역
- 한정연해구역 : 평수구역으로부터 수상레저기구별 최고 속력으로 2시간 이내에 왕복할 수 있는 구역
- 내수면 : 내수면 전체 구역

적용범위

수상레저활동에 사용하려는 동력수상레저기구

- 수상오토바이
- 모터보트: 총톤수 20톤 미만의 모터보트
- 고무보트: 추진기관 30마력(22킬로와트)이상의 고무보트(공기를 빼면 접어서 운반할 수 있는 고무보트 제외)
- 세일링요트 : 돛과 기관이 설치된 20톤 미만의 세일링요트

적용 배제(총톤수, 출력 등이 고려된 적용이 제외되거나 선박법 적용)

- 모터보트의 총톤수 20톤 이상인 경우
- 고무보트가 공기를 넣으면 부풀고 공기를 빼면 접어서 운반할 수 있는 형태인 경우, 추진기관이 30마력 미만(출력 단위가 킬로와트인 경우, 22킬로와트 미만)인 경우
- 세일링요트(돛과 기관이 설치된 것을 말한다)의 총톤수가 20톤 이상인 경우

등록

- 동력수상레저기구를 취득한 자는 주소지를 관할하는 시장·군수·구청장에게 취득한 날부터 1개월 이내에 등록신청
- 등록되지 아니한 동력수상레저기구를 운항 금지
- 등록절차: 안전검사 → 보험가입 → 등록 → 등록증서 및 번호판 수령 후 부착

등록신청

등록신청서·첨부자료

- 등록의 원인을 증명하는 서류 : 동력수상레저기구 또는 추진기관의 양도증명서, 제조증명서, 수입신고필증, 매매계약서 등
- 공동소유의 경우 : 공동소유자의 대표자 및 공동소유자별 지분비율이 기재된 서류
- 등록의 원인에 대하여 제3자의 동의 또는 승낙이 필요한 경우 : 동의 또는 승낙을 받은 사실을 증명하는 서류(등록신청서에 제3자가 동의하거나 승낙한 뜻을 적고 서명하거나 날인한 경우는 제외)
- 안전검사증 사본(수상레저종합정보시스템으로 확인이 가능한 경우 제외)
- 보험·공제 가입 사실 증명서류
- 동력수상레저기구의 앞면·뒷면·왼쪽면·오른쪽면 사진 각 1장

등록원부 등록원부에는 등록번호, 기구의 종류, 기구의 명칭, 보관장소, 기구의 제원, 추진기관의 종류 및 형식, 기구의 소유자, 공유자의 인적사항 및 저당권 등에 관한 사항 기재

※ 등록원부는 갑구(甲區)와 을구(乙區)로 구분하며, 갑구에는 동력수상레저기구와 그 소유권에 관한 사항을 기재하고, 을구에는 저당권에 관한 사항을 기재한다.

등록증 등록번호판의 발급

- 시장·군수·구청장은 소유자에게 동력수상레저기구 등록증과 등록번호판 발급
- 동력수상레저기구의 소유자는 등록증 또는 등록번호판이 없어지거나, 알아보기 곤란하게 된 경우 : 시장·군수·구청장에게 신고하고 다시 발급

변경등록 등록사항 중 변경사항 발생한 날부터 30일 이내 시장·군수·구청장에게 변경등록 신청

- 매매·증여·상속 등으로 인한 소유권의 변경
- 소유자의 성명(법인의 경우 법인명) 또는 주민등록번호(법인의 경우 법인등록번호) 변경
- 동력수상레저기구 명칭의 변경
- 임시검사 사유에 해당하는 정원, 운항구역, 구조, 설비, 장치의 변경
- 용도의 변경
- 그 밖에 해양경찰청장이 정하여 고시하는 사항의 변경

말소등록

- 등록된 동력수상레저기구의 등록증 및 등록번호판을 반납하고 시장·군수·구청장에게 말소등록을 신청하여야 한다.
- 등록증 및 등록번호판을 분실 등의 사유로 반납할 수 없는 경우, 그 사유서를 제출하고 등록증 및 등록번호판을 반납하지 아니할 수 있다.

말소대상

- 동력수상레저기구가 멸실되거나 수상사고 등으로 본래의 기능을 상실한 경우
- 동력수상레저기구의 존재 여부가 3개월간 분명하지 아니한 경우
- 총톤수·추진기관의 변경 등 동력수상레저기구에서 제외된 경우

- 동력수상레저기구를 수출하는 경우
- 수상레저활동 외의 목적으로 사용하게 된 경우

소유자가 말소등록 신청을 하지 아니하는 경우 : 관할 시장·군수·구청장은 1개월 이내의 기간을 정하여 소유자에게 말소등록을 신청할 것을 최고하고, 그 기간 이내에 말소등록 신청을 하지 아니하면 직권으로 그 동력수상레저기구의 등록을 말소할 수 있다.

시장·군수·구청장은 등록번호판을 반납받은 경우 : 다시 사용할 수 없는 상태로 폐기하여야 한다.

말소등록 제출서류

- 동력수상레저기구 등록증
- 사용폐지 또는 수상레저활동외 사용을 증명할수 있는 서류
- 수출하는 사실을 증명할 수 있는 서류(수출하는 경우만 해당)
- 해양경찰서 또는 경찰관서에서 발급하는 분실도난신고확인서(분실도난의 경우만 해당)

압류등록

- 시장·군수·구청장은 「민사집행법」에 따라 법원으로부터 압류등록(압류해제)의 촉탁이 있거나 「국세징수법」이나 「지방세징수법」에 따라 행정관청으로부터 압류등록(압류해제)의 촉탁이 있는 경우에는 해당 등록원부에 압류등록(압류등록을 해제)을 하고 소유자 및 이해관계자 등에게 통지하여야 한다.

등록번호판의 부착

- 동력수상레저기구 소유자는 발급받은 동력수상레저기구 등록번호판 2개를 동력수상레저기구의 옆면과 뒷면 잘 보이는 곳에 각각 견고하게 부착해야 한다.
- 동력수상레저기구 구조의 특성상 뒷면에 부착하기 곤란한 경우에는 다른 면에 부착할 수 있다.
- 누구든지 등록번호판을 부착하지 아니한 동력수상레저기구를 운항하여서는 아니 된다.

수상레저기구 등록번호판의 규격·재질·색상

- MB(모터보트), RB(고무보트), YT(세일링 요트), PW(수상오토바이)
- 재질 : FRP 또는 알루미늄 선체에는 투명 PC원단, 고무 선체에는 반사원단을 사용한다.
- FRP 또는 알루미늄 선체 부착용 번호판의 두께는 0.3밀리미터, 고무보트 선체 부착용 번호판의 두께는 0.2밀리미터이다.
- 색상 : 옅은 회색 바탕에 검은색 숫자(문자)

시험운항 허가

- 신규검사를 받기 전에 국내에서 동력수상레저기구로 시험운항(조선소 등에서 건조·개조·수리 중 운항하는 것)을 하고자 하는 자는 안전장비를 비치 또는 보유하고, 시험운항허가 관서의 장(해양경찰서장 또는 시장·군수·구청장)의 "시험운항허가"를 받아야 한다.
- 시험운항 허가 관서의 장은 시험운항의 목적, 기간 및 운항구역을 정하여 시험운항을 허가할 수 있다.

• 시험운항 허가를 받은 자는 시험운항의 목적, 기간 및 운항구역을 준수하고, 안전장비를 비치 또는 보유하여 운항하여야 한다.
• 시험운항허가 기간이 만료된 경우에는 시험운항허가증을 반납하여야 한다.

동력수상레저기구 검사

안전검사 동력수상레저기구의 소유자는 해양경찰청장이 실시하는 "안전검사"를 받아야 한다.

• 신규검사 : 등록을 하려는 경우 실시하는 검사
• 정기검사 : 일정 기간마다 정기적으로 실시하는 검사
• 임시검사 : 정원 또는 운항구역, 구조, 설비 또는 장치의 검사

※ 임시검사에서의 구조, 설비 또는 장치는 감항성·수밀성·부양성·복원성·선체강도·추진성능 또는 조종성능에 영향을 미치는 구조 및 구조물, 길이·너비·깊이, 총톤수 또는 추진기관을 말한다.

안전검사의 대상 : 수상레저사업에 이용되는 동력수상레저기구는 1년마다, 그 밖의 동력수상레저기구는 5년마다 정기검사를 받아야 한다.

동력수상레저기구의 소유자 : 안전검사를 받지 아니하거나 검사에 합격하지 못한 동력수상레저기구를 운항하여서는 아니 된다.

안전검사의 면제

• 시험운항허가를 받아 운항하는 경우
• 안전검사를 신청한 후 입거(入渠), 상가(上架) 또는 거선(擧船: 선박을 들어 올려놓음)의 목적으로 국내항 간을 운항하는 경우
• 안전검사를 받는 기간 중 시운전을 목적으로 운항하는 경우

임시검사를 받는 시기가 정기검사 시기와 중복되는 경우 : 정기검사로 대체

안전검사의 대상·기준·시기·절차·방법 및 준비 등에 필요한 사항 : 해양수산부령으로 정한다.

안전검사의 대상 및 실시 시기

신규검사 : 건조에 착수한 때(국내에서 건조되는 경우의 모터보트 또는 세일링요트)

• 총톤수가 5톤 이상 모터보트 또는 세일링요트
• 운항구역이 연해구역 이상 모터보트 또는 세일링요트
• 승선정원이 13명 이상 모터보트 또는 세일링요트

신규검사 : 건조가 완료된 이후

• 수상오토바이 또는 고무보트
• 외국에서 수입된 동력수상레저기구
• 건조에 착수할 때 해당되지 않는 모터보트 또는 세일링요트(「선박안전법」 또는 「어선법」에 따른 검사를 받아오던 선박 또는 어선을 모터보트 또는 세일링요트로 사용하려는 경우 포함)

정기검사

- 정기검사의 유효기간 만료일 전후 각각 30일 이내의 기간, 해당 검사기간 내에 정기검사에 합격한 경우에는 검사유효기간 만료일에 정기검사를 받은 것으로 본다.
- 동력수상레저기구 소유자가 요청하는 경우에는 검사유효기간 만료일 전 30일이 되기 전에 정기검사를 받을 수 있다.

검사 유효기간

- 최초로 신규검사에 합격한 경우 : 안전검사증을 발급받은 날
- 검사기간 내에 정기검사에 합격한 경우 : 종전 안전검사증 유효기간 만료일의 다음 날
- 검사기간이 아닌 때에 정기검사에 합격한 경우 : 안전검사증을 발급받은 날

안전검사증·안전검사필증의 발급

- 해양경찰청장 또는 검사대행자는 안전검사에 합격한 동력수상레저기구의 소유자에게 안전검사증 및 안전검사필증을 발급하여야 한다.
- 안전검사증에 해당 동력수상레저기구의 정원·운항구역 등을 지정하고, 그 내용을 기재하여야 한다.
- 동력수상레저기구의 소유자는 안전검사증 또는 안전검사필증이 없어지거나, 알아보기 곤란하게 된 경우에는 해양경찰청장등에게 신고하고 다시 발급받을 수 있다.

안전검사증의 규격(안전검사필증의 색상)

- 바탕색 : 파란색(개인)
- 주황색(수상레저사업)
- 안전검사필증에는 신규검사 또는 정기검사가 완료된 연도와 해당 검사의 유효기간을 기재한다.

안전검사필증의 부착

- 동력수상레저기구의 소유자는 안전검사필증을 등록번호판의 오른쪽에 견고하게 부착하여야 한다.
- 동력수상레저기구 구조의 특성상 등록번호판의 오른쪽에 부착하기 곤란한 경우에는 등록번호판의 왼쪽이나 등록번호판이 없는 다른 면의 잘 보이는 곳에 부착할 수 있다.

동력수상레저기구의 안전 기준

동력수상레저기구의 구조·설비 동력수상레저기구는 해양경찰청장이 정하여 고시하는 성능 및 안전 기준에 적합한 구조·설비 또는 장치의 전부 또는 일부를 갖추어야 한다.

- 선체
- 추진기관
- 배수설비

- 돛대
- 조타 · 계선 · 양묘설비
- 전기설비
- 구명 · 소방설비
- 그 밖에 해양수산부령으로 정하는 설비 : 탈출설비, 거주설비, 위생설비, 동력수상레저기구의 종류 또는 기능에 따라 설치되는 특수한 설비로서 해양경찰청장이 정하여 고시하는 설비

선설비

- 동력수상레저기구의 소유자는 「전파법」과 해양경찰청장이 정하여 고시하는 성능 및 안전기준에 적합한 무선설비를 동력수상레저기구에 갖추어야 한다.
- 무선설비를 갖춘 동력수상레저기구의 소유자 또는 사용자는 안전운항과 해양사고 발생 시 신속한 대응을 위하여 동력수상레저기구를 운항하는 경우 무선설비를 작동하여야 한다.
- 무선설비의 설치가 제외되는 동력수상레저기구 : 평수구역, 내수면

치발신장치

- 동력수상레저기구의 소유자는 성능 및 안전 기준에 적합한 위치발신장치(동력수상레저기구의 위치 및 제원 등에 관한 정보를 자동으로 발신하는 장치)를 동력수상레저기구에 갖추어야 한다.
- 위치발신장치의 설치가 제외되는 동력수상레저기구 : 평수구역, 한정연해구역, 내수면 구역을 운항구역으로 지정받은 동력수상레저기구
- 위치발신장치를 갖춘 동력수상레저기구의 소유자 또는 사용자는 안전운항과 해양사고 발생 시 신속한 대응을 위하여 동력수상레저기구를 운항하는 경우 위치발신장치를 작동하여야 한다.
- 무선설비가 위치발신장치의 기능을 가지고 있는 때에는 위치발신장치를 갖춘 것으로 본다.

칙

6개월 이하의 징역 또는 500만원 이하의 벌금

- 등록되지 아니한 동력수상레저기구를 운항한 자
- 시험운항허가를 받지 아니하고 동력수상레저기구를 운항한 자
- 안전검사를 받지 아니하거나 검사에 합격하지 못한 동력수상레저기구를 운항한 자

태료

과태료는 대통령령으로 정하는 바에 따라 해수면의 경우에는 해양경찰청장, 지방해양경찰청장 또는 해양경찰서장이, 내수면의 경우에는 시장 · 군수 · 구청장이 부과 · 징수한다.

100만원 이하의 과태료

- 동력수상레저기구를 취득한 날부터 1개월 이내에 등록신청을 하지 아니한 자
- 등록번호판을 부착하지 아니한 동력수상레저기구를 운항한 자
- 정당한 사유 없이 동력수상레저기구의 안전검사를 받지 아니한 수상레저사업자
- 거짓이나 그 밖의 부정한 방법으로 검사대행자로 지정을 받은 자
- 고의 또는 중대한 과실로 사실과 다르게 안전검사를 한 자
- 교육을 받지 아니한 사람

50만원 이하의 과태료

- 변경등록을 하지 아니한 자
- 말소등록의 최고를 받고 그 기간 이내에 이를 이행하지 아니한 자
- 등록번호판을 부착하지 아니한 자
- 시험운항의 목적 및 운항구역을 준수하지 아니하거나, 안전장비를 비치 또는 보유하지 아니하고 동력수상레저기구를 운항한 자
- 시험운항허가증을 반납하지 아니한 자
- 정당한 사유 없이 동력수상레저기구의 안전검사를 받지 아니한 자
- 안전검사필증을 부착하지 아니한 자
- 정당한 사유 없이 위반하여 무선설비를 작동하지 아니한 자
- 9정당한 사유 없이 위치발신장치를 작동하지 아니한 자

선박의 입항 및 출항 등에 관한 법률

총칙

목적 무역항의 수상구역 등에서 선박의 입항·출항에 대한 지원과 선박운항의 안전 및 질서 유지에 필요한 사항을 규정함을 목적으로 함.

정의

무역항 : 국민경제와 공공의 이해에 밀접한 관계가 있고 주로 외항선이 입·출항하는 항만

관리청 : 무역항의 수상구역 등에서 선박의 입항 및 출항 등에 관한 행정업무를 수행

- 국가관리무역항 : 해양수산부장관
- 지방관리무역항 : 특별시장·광역시장·도지사 또는 특별자치도지사

선박 : 수상 또는 수중에서 항행용으로 사용하거나 사용할 수 있는 배

기선 : 기관을 사용하여 추진하는 선박과 수면비행선박(표면효과 작용 비행하는 선박)

범선 : 돛을 사용하여 추진하는 선박(기관과 돛을 모두 사용하는 경우로서 주로 돛을 사용하는 것을 포함)

부선 : 자력항행능력이 없어 다른 선박에 의하여 끌리거나 밀려서 항행되는 선박

정박 : 선박이 해상에서 닻을 바다 밑바닥에 내려놓고 운항을 멈추는 것을 말한다.

정박지 : 선박이 정박할 수 있는 장소를 말한다.

정류 : 선박이 해상에서 일시적으로 운항을 멈추는 것을 말한다.

계류 : 선박을 다른 시설에 붙들어 매어 놓는 것을 말한다.

계선 : 선박이 운항을 중지하고 정박하거나 계류하는 것을 말한다.

우선피항선 : 다른 선박의 진로를 피하여야 하는 선박으로 부선(예인선에 결합되어 운항하는 압항부선은 제외), 주로 노와 삿대로 운전하는 선박, 예선, 항만운송관련사업을 등록한 자가 소유한 선박, 해양환경관리업을 등록한 자가 소유한 선박, 해양폐기물관리업을 등록한 자가 소유한 선박(폐기물해양배출업으로 등록한 선박은 제외), 총톤수 20톤 미만의 선박

항로 : 선박의 입항·출항 통로로 이용하기 위해 지정·고시한 수로

출입 신고 무역항의 수상구역등에 출입하려는 선박의 선장은 관리청에 신고하여야 한다. 다음의 선박은 출입 신고를 하지 아니할 수 있다.

- 총톤수 5톤 미만의 선박
- 해양사고구조에 사용되는 선박
- 국내항 간을 운항하는 모터보트 및 동력요트
- 공공목적이나 항만 운영의 효율성을 위한 선박
- 관공선, 군함, 해양경찰함정 등 공공의 목적으로 운영하는 선박
- 도선선, 예선 등 선박의 출입을 지원하는 선박
- 연안수역을 항행하는 정기여객선으로서 경유항에 출입하는 선박

- 피난을 위하여 긴급히 출항하여야 하는 선박
- 그 밖에 항만운영을 위하여 지방해양수산청장이나 시·도지사가 필요하다고 인정하여 출입 신고를 면제한 선박
- 전시·사변이나 그에 준하는 국가비상사태 또는 국가안전보장에 필요한 경우에는 선장은 대통령령으로 정하는 바에 따라 관리청의 허가를 받아야 한다.

정박지의 사용

- 관리청은 무역항의 수상구역 등에 정박하는 선박의 종류·톤수·흘수 또는 적재물의 종류에 따른 정박구역 또는 정박지를 지정·고시할 수 있다.
- 무역항의 수상구역 등에 정박하려는 선박(우선피항선은 제외)은 정박구역 또는 정박지에 정박하여야 한다. 다만, 다음의 경우, 그러하지 아니하다.
- 해양사고를 피하기 위한 경우
- 선박의 고장이나 그 밖의 사유로 선박을 조종할 수 없는 경우
- 인명을 구조하거나 급박한 위험이 있는 선박을 구조하는 경우
- 해양오염 등의 발생 또는 확산을 방지하기 위한 경우
- 그 밖에 선박의 안전운항을 위하여 지방해양수산청장 또는 시·도지사가 필요하다고 인정하는 경우
- 우선피항선은 다른 선박의 항행에 방해가 될 우려가 있는 장소에 정박하거나 정류하여서는 아니 된다.
- 정박구역 또는 정박지가 아닌 곳에 정박한 선박의 선장은 즉시 그 사실을 관리청에 신고하여야 한다.

정박의 제한 및 방법

- 선박은 무역항의 수상구역 등에서 다음의 장소에는 정박하거나 정류하지 못한다.
- 부두·잔교·안벽·계선부표·돌핀 및 선거의 부근 수역
- 하천, 운하 및 그 밖의 좁은 수로와 계류장 입구의 부근 수역
- 다음 각 호의 경우에는 정박하거나 정류할 수 있다.
- 해양사고를 피하기 위한 경우
- 선박의 고장이나 그 밖의 사유로 선박을 조종할 수 없는 경우
- 인명을 구조하거나 급박한 위험이 있는 선박을 구조하는 경우
- 허가를 받은 공사 또는 작업에 사용하는 경우

선박의 계선 신고

- 총톤수 20톤 이상의 선박을 무역항의 수상구역 등에 계선하려는 자는 해양수산부령으로 정하는 바에 따라 관리청에 신고하여야 한다.
- 신고를 받은 관리청은 내용을 검토하여 이 법에 적합하면 신고를 수리하여야 한다.
- 선박을 계선하려는 자는 관리청이 지정한 장소에 그 선박을 계선하여야 한다.

- 관리청은 계선 중인 선박의 안전을 위하여 필요하다고 인정하는 경우에는 그 선박의 소유자나 임차인에게 안전 유지에 필요한 인원의 선원을 승선시킬 것을 명할 수 있다.

항로에서의 정박 등 금지

- 선장은 항로에 선박을 정박 또는 정류시키거나 예인되는 선박 또는 부유물을 내버려두어서는 아니 된다.
- 다만, 다음의 경우에는 정박하거나 정류할 수 있다.
- 해양사고를 피하기 위한 경우
- 선박의 고장이나 그 밖의 사유로 선박을 조종할 수 없는 경우
- 인명을 구조하거나 급박한 위험이 있는 선박을 구조하는 경우
- 허가를 받은 공사 또는 작업에 사용하는 경우
- 선박을 항로에 정박시키거나 정류시키려는 자는 그 사실을 관리청에 신고하여야 한다. 이 경우 해당하는 선박의 선장은 「해상교통안전법」에 따른 조종불능선 표시를 하여야 한다.

항로에서의 항법

- 모든 선박은 항로에서 다음의 항법에 따라 항행하여야 한다.
- 항로 밖에서 항로에 들어오거나 항로에서 항로 밖으로 나가는 선박은 항로를 항행하는 다른 선박의 진로를 피하여 항행할 것
- 항로에서 다른 선박과 나란히 항행하지 아니할 것
- 항로에서 다른 선박과 마주칠 우려가 있는 경우에는 오른쪽으로 항행할 것
- 항로에서 다른 선박을 추월하지 아니할 것. 다만, 추월하려는 선박을 눈으로 볼 수 있고 안전하게 추월할 수 있다고 판단되는 경우에는 「해상교통안전법」에 따른 방법으로 추월할 것
- 항로를 항행하는 위험물운송선박(급유선은 제외) 또는 「해상교통안전법」에 따른 흘수제약선의 진로를 방해하지 아니할 것
- 「선박법」에 따른 범선은 항로에서 지그재그(zigzag)로 항행하지 아니할 것
- 관리청은 선박교통의 안전을 위하여 특히 필요하다고 인정하는 경우에는 규정한 사항 외에 따로 항로에서의 항법 등에 관한 사항을 정하여 고시할 수 있다. 이 경우 선박은 이에 따라 항행하여야 한다.

좁은 수로(「해상교통안전법」 제74조)

- 앞지르기 하는 배는 좁은 수로등에서 앞지르기당하는 선박이 앞지르기 하는 배를 안전하게 통과시키기 위한 동작을 취하지 아니하면 앞지르기 할 수 없는 경우에는 기적신호를 하여 앞지르기 하겠다는 의사를 나타내야 한다.
- 이 경우 앞지르기당하는 선박은 그 의도에 동의하면 기적신호를 하여 그 의사를 표현하고, 앞지르기 하는 배를 안전하게 통과시키기 위한 동작을 취하여야 한다.

방파제 부근에서의 항법 무역항의 수상구역 등에 입항하는 선박이 방파제 입구 등에서 출항하는 선박과 마주칠 우려가 있는 경우에는 방파제 밖에서 출항하는 선박의 진로를 피하여야 한다.

부두등 부근에서의 항법 선박이 무역항의 수상구역 등에서 해안으로 길게 뻗어 나온 육지 부분, 부두, 방파제 등 인공시설물의 튀어나온 부분 또는 정박 중인 선박을 오른쪽 뱃전에 두고 항행할 때에는 부두 등에 접근하여 항행하고, 부두 등을 왼쪽 뱃전에 두고 항행할 때에는 멀리 떨어져서 항행하여야 한다.

예인선 등의 항법

- 예인선이 무역항의 수상구역 등에서 다른 선박을 끌고 항행할 때에는 해양수산부령으로 정하는 방법에 따라야 한다.
  - 예인선의 선수로부터 피예인선의 선미까지의 길이는 200미터를 초과하지 아니할 것. 다만, 다른 선박의 출입을 보조하는 경우에는 그러하지 아니하다.
  - 예인선은 한꺼번에 3척 이상의 피예인선을 끌지 아니할 것
- 범선이 무역항의 수상구역 등에서 항행할 때에는 돛을 줄이거나 예인선이 범선을 끌고 가게 하여야 한다.

진로방해의 금지

- 우선피항선은 무역항의 수상구역 등이나 무역항의 수상구역 부근에서 다른 선박의 진로를 방해하여서는 아니 된다.
- 공사 등의 허가를 받은 선박과 선박경기 등의 행사를 허가받은 선박은 무역항의 수상구역 등에서 다른 선박의 진로를 방해하여서는 아니 된다.

속력 등의 제한

- 선박이 무역항의 수상구역 등이나 무역항의 수상구역 부근을 항행할 때에는 다른 선박에 위험을 주지 아니할 정도의 속력으로 항행하여야 한다.
- 해양경찰청장은 선박이 빠른 속도로 항행하여 다른 선박의 안전 운항에 지장을 초래할 우려가 있다고 인정하는 무역항의 수상구역 등에 대하여는 관리청에 무역항의 수상구역 등에서의 선박 항행 최고 속력을 지정할 것을 요청할 수 있다.
- 해양경찰청장으로부터 선박항행 최고 속력 지정 요청을 받은 관리청은 특별한 사유가 없으면 무역항의 수상구역 등에서 선박 항행 최고 속력을 지정·고시하여야 한다. 이 경우 선박은 고시된 항행 최고 속력의 범위에서 항행하여야 한다.

항행 선박 간의 거리

무역항의 수상구역 등에서 2척 이상의 선박이 항행할 때에는 서로 충돌을 예방할 수 있는 상당한 거리를 유지하여야 한다.

폐기물의 투기 금지

- 누구든지 무역항의 수상구역 등이나 무역항의 수상구역 밖 10킬로미터 이내의 수면에 선박의 안전운항을 해칠 우려가 있는 흙·돌·나무·어구 등 폐기물을 버려서는 아니 된다.

- 무역항의 수상구역 등이나 무역항의 수상구역 부근에서 석탄·돌·벽돌 등 흩어지기 쉬운 물건을 하역하는 자는 그 물건이 수면에 떨어지는 것을 방지하기 위하여 대통령령으로 정하는 바에 따라 필요한 조치를 하여야 한다.
- 관리청은 폐기물을 버리거나 흩어지기 쉬운 물건을 수면에 떨어뜨린 자에게 그 폐기물 또는 물건을 제거할 것을 명할 수 있다.

선박경기 등 행사의 허가

- 무역항의 수상구역 등에서 선박경기(해양환경 정화활동, 해상퍼레이드 등 축제 행사, 선박을 이용한 불꽃놀이 행사, 선박교통의 안전에 지장을 줄 우려가 있는 행사)를 하려는 자는 관리청의 허가를 받아야 한다.
- 관리청은 허가 신청을 받았을 때에는 다음 각 호의 어느 하나에 해당하는 경우를 제외하고는 허가하여야 한다.

– 행사로 인하여 선박의 충돌·좌초·침몰 등 안전사고가 생길 우려가 있다고 판단되는 경우
– 행사의 장소와 시간 등이 항만운영에 지장을 줄 우려가 있는 경우
– 다른 선박의 출입 등 항행에 방해가 될 우려가 있다고 판단되는 경우
– 다른 선박이 화물을 싣고 내리거나 보존하는 데에 지장을 줄 우려가 있다고 판단되는 경우

- 관리청은 위 허가를 하였을 때에는 해양경찰청장에게 그 사실을 통보하여야 한다.

불빛의 제한

- 누구든지 무역항의 수상구역 등이나 무역항의 수상구역 부근에서 선박교통에 방해가 될 우려가 있는 강력한 불빛을 사용하여서는 아니 된다.
- 관리청은 불빛을 사용하고 있는 자에게 그 빛을 줄이거나 가리개를 씌우도록 명할 수 있다.

기적 등의 제한

- 선박은 무역항의 수상구역 등에서 특별한 사유 없이 기적이나 사이렌을 울려서는 아니 된다.
- 무역항의 수상구역 등에서 기적이나 사이렌을 갖춘 선박에 화재가 발생한 경우, 그 선박은 해양수산부령으로 정하는 바에 따라 화재를 알리는 경보를 울려야 한다.

– 화재 시 경보방법 : 화재를 알리는 경보는 기적이나 사이렌을 장음(4초에서 6초까지의 시간 동안 계속되는 울림을 말한다)으로 5회 울려야 한다. 경보는 적당한 간격을 두고 반복하여야 한다.

출항의 중지 관리청은 선박이 이 법 또는 이 법에 따른 명령을 위반한 경우에는 그 선박의 출항을 중지시킬 수 있다.

해상교통안전법(2024.07.26. 제정 구.해사안전법)

목적 수역 안전관리, 해상교통 안전관리, 선박·사업장의 안전관리 및 선박의 항법 등 선박의 안전운항을 위한 안전관리체계에 관한 사항을 규정함으로써 선박항행과 관련된 모든 위험과 장해를 제거하고 해사안전 증진과 선박의 원활한 교통에 이바지함을 목적

※ '항만 및 항만구역의 통항로 확보'는 항만법의 목적

※ 국제해상충돌방지규칙 'COLREG' 을 국내법에 수용하기 위해 제정

정의

선박 : 물에서 항행수단으로 사용하거나 사용할 수 있는 모든 종류의 배로 수상항공기(물 위에서 이동할 수 있는 항공기)와 수면비행선박(표면효과 작용을 이용 수면 가까이 비행하는 선박)을 포함한다.

대한민국선박 : 「선박법」에 따른 선박 1. 국유 또는 공유의 선박, 2. 대한민국 국민이 소유하는 선박, 3. 대한민국의 법률에 따라 설립된 상사 법인이 소유하는 선박, 4. 대한민국에 주된 사무소를 둔 외의 법인으로서 그 대표자(공동대표인 경우, 그 전원), 5. 대한민국 국민인 경우에 그 법인이 소유하는 선박

위험물 : 1. 화약류로서 총톤수 300톤 이상의 선박에 적재된 것, 2. 고압가스 중 인화성 가스로서 총톤수 1천톤 이상의 선박에 산적된 것, 3. 인화성 액체류로서 총톤수 1천톤 이상의 선박에 산적된 것, 4. 200톤 이상의 유기과산화물로서 총톤수 300톤 이상의 선박에 적재된 것, 5. 위험물을 산적한 선박에서 해당 위험물을 내린 후 선박 내에 남아 있는 인화성 가스로 화재 또는 폭발의 위험이 있는 것

위험화물운반선 : 선체의 한 부분인 화물창이나 선체에 고정된 탱크 등에 위험물을 싣고 운반하는 선박

거대선 : 길이 200미터 이상의 선박

고속여객선 : 시속 15노트 이상으로 항행하는 여객선

동력선 : 기관을 사용하여 추진하는 선박(돛을 설치한 선박이라도 주로 기관을 사용하여 추진하는 경우, 동력선으로 봄)

범선 : 돛을 사용하여 추진하는 선박(기관을 설치한 선박이라도 주로 돛을 사용하여 추진하는 경우, 범선으로 봄)

어로에 종사하고 있는 선박 : 그물, 낚싯줄, 트롤망, 그 밖에 조종성능을 제한하는 어구를 사용하여 어로 작업 중인 선박

조종불능선 : 선박의 조종성능을 제한하는 고장이나 그 밖의 사유로 조종을 할 수 없게 되어 다른 선박의 진로를 피할 수 없는 선박

조종제한선 : 선박의 조종성능을 제한하는 작업에 종사하고 있어 다른 선박의 진로를 피할 수 없는 선박으로 항로표지 부설 작업, 준설 작업, 측량 또는 수중작업 중인 선박

※ '그물을 감아올리고 있는 선박', '어구를 끌고 가며 작업 중인 어선'은 조종제한선으로 볼 수 없음

흘수제약선 : 가항수역의 수심 및 폭과 선박의 흘수와의 관계에 비추어 볼 때 그 진로에서 벗어날 수 있는 능력이 매우 제한되어 있는 동력선

항행장애물 : 선박으로부터 떨어진 물건, 침몰·좌초된 선박 또는 이로부터 유실된 물건 등으로서 선박 항행에 장애가 되는 물건

- 선박으로부터 수역에 떨어진 물건
- 침몰·좌초된 선박 또는 침몰·좌초되고 있는 선박
- 침몰·좌초가 임박한 선박 또는 침몰·좌초가 충분히 예견되는 선박
- 침몰·좌초된 선박에 있는 물건
- 침몰·좌초된 선박으로부터 분리된 선박의 일부분 ※ '분리되지 않은 선박' 해당 없음

통항로 : 선박의 항행안전을 확보하기 위하여 한쪽 방향으로만 항행할 수 있도록 되어 있는 일정한 범위의 수역

제한된 시계 : 안개·연기·눈·비·모래바람 및 그 밖에 이와 비슷한 사유로 시계가 제한되어 있는 상태

항로지정제도 : 선박이 통항하는 항로, 속력 및 그 밖에 선박 운항에 관한 사항을 지정하는 제도

항행 중 : 선박이 다음에 해당하지 아니하는 상태를 항해 중으로 봄

- 정박해 있는 선박
- 항만의 안벽 등 계류해 있는 선박
- 얹혀 있는 선박 ※ '표류 중인 선박' 항해 중인 선박임

통항분리제도 : 선박의 충돌을 방지하기 위하여 통항로를 설정하거나 그 밖의 적절한 방법으로 한쪽 방향으로만 항행할 수 있도록 항로를 분리하는 제도

연안통항대 : 통항분리수역의 육지 쪽 경계선과 해안 사이의 수역

예인선열 : 선박이 다른 선박을 끌거나 밀어 항행할 때의 선단 전체

대수속력 : 선박의 물에 대한 속력으로서 자기 선박 또는 다른 선박의 추진 장치의 작용이나 그로 인한 선박의 타력에 의하여 생기는 것

적용범위 이 법은 다음에 해당하는 선박과 해양시설에 대하여 적용한다.

- 대한민국의 영해, 내수(해상항행 선박이 항행을 계속할 수 없는 하천·호수·늪 등은 제외)에 있는 선박이나 해양시설. 다만, 대한민국 선박이 아닌 선박 중 다음에 해당하는 외국선박에 대하여 이 법의 일부를 적용한다.
- 대한민국의 항과 항 사이만을 항행하는 선박
- 국적의 취득을 조건으로 하여 선체용선으로 차용한 선박
- 대한민국의 영해 및 내수를 제외한 해역에 있는 대한민국선박
- 대한민국의 배타적경제수역에서 항행장애물을 발생시킨 선박
- 대한민국의 배타적경제수역 또는 대륙붕에 있는 해양시설

※ 배타적경제수역은 기본적으로 공해이며, 그 수역 내 외국선박은 이 법에 적용을 받지 않으나 항행장애물을 일으킨 외국선박은 이 법의 적용 대상임

보호수역의 입역

해양수산부장관의 허가를 받지 아니하고 보호수역에 입역할 수 있는 경우

- 선박의 고장이나 그 밖의 사유로 선박 조종이 불가능한 경우
- 해양사고를 피하기 위하여 부득이한 사유가 있는 경우
- 인명을 구조하거나 또는 급박한 위험이 있는 선박을 구조하는 경우
- 관계 행정기관의 장이 해상에서 안전 확보를 위한 업무를 하는 경우
- 해양시설을 운영하거나 관리하는 기관이 그 보호수역에 들어가려고 하는 경우

교통안전특정해역의 설정

- 해양수산부장관은 다음 각 호의 어느 하나에 해당하는 해역으로서 대형 해양사고가 발생할 우려가 있는 교통안전특정해역을 설정할 수 있다.
  - 해상교통량이 아주 많은 해역
  - 거대선(200m이상), 위험화물운반선, 고속여객선(15노트 이상) 등의 통항이 잦은 해역
- 해양수산부장관은 관계 행정기관의 장의 의견을 들어 해양수산부령으로 정하는 바에 따라 교통안전특정해역 안에서의 항로지정제도를 시행할 수 있다.

※ 교통안전특정해역을 항행할 수 있는 경우 : 해양경비·해양오염방제 등을 위하여 긴급히 항행할 필요가 있는 경우, 해양사고를 피하거나 인명이나 선박을 구조하기 위하여 부득이한 경우, 교통안전특정해역과 접속된 항구에 입·출항하지 아니하는 경우, 해상교통량이 적은 경우, 옳지 않음

거대선 등의 항행안전확보 조치 해양경찰서장은 거대선, 위험화물운반선, 고속여객선, 그 밖에 해양수산부령으로 정하는 선박이 교통안전특정해역을 항행하려는 경우 항행안전을 확보하기 위하여 필요하다고 인정하면 선장이나 선박소유자에게 다음의 사항을 명할 수 있다.

- 통항시각의 변경
- 항로의 변경
- 제한된 시계의 경우 선박의 항행 제한
- 속력의 제한
- 안내선의 사용 ※ '선박통항이 많은 경우 선박의 항행 제한' 해당 안 됨

어업의 제한

- 교통안전특정해역에서 어로 작업에 종사하는 선박은 항로지정제도에 따라 그 교통안전특정해역을 항행하는 다른 선박의 통항에 지장을 주어서는 아니 된다.
- 교통안전특정해역에서는 어망 또는 그 밖에 선박의 통항에 영향을 주는 어구 등을 설치하거나 양식업을 하여서는 아니 된다.
- 교통안전특정해역으로 정하여지기 전에 그 해역에서 면허를 받은 어업권·양식업권을 행사하는 경우, 해당 어업면허 또는 양식업 면허의 유효기간이 끝나는 날까지 적용하지 아니한다.
- 특별자치도지사·시장·군수·구청장이 교통안전특정해역에서 어업면허, 양식업 면허, 어업허가 또는 양식업 허가(면허 또는 허가의 유효기간 연장을 포함)를 하려는 경우에는 미리 해양경찰청장과 협의하여야 한다.

유조선의 통항제한 석유 또는 유해액체물질을 운송하는 선박의 선장이나 항해 당직을 수행하는 항해사는 유조선의 안전 운항을 확보하고 해양 사고로 인한 해양오염을 방지하기 위하여 유조선의 통항을 금지한 해역 '유조선통항금지해역'에서 항행하여서는 아니 된다.

- 원유, 중유, 경유 또는 이에 준하는 탄화수소유 등 1천500킬로리터 이상을 화물로 싣고 운반하는 선박
- 유해액체물질을 1천500톤 이상 싣고 운반하는 선박

항행장애물의 보고

- 다음에 해당하는 항행장애물을 발생시킨 선박의 선장, 선박소유자 또는 선박운항자는 해양수산부장관에게 지체없이 그 항행장애물의 위치와 위험성 등을 보고하여야 한다.
  - 떠다니거나 침몰하여 다른 선박의 안전운항 및 해상교통질서에 지장을 주는 항행장애물
  - 항만의 수역, 어항의 수역, 하천의 수역에 있는 시설 및 다른 선박 등과 접촉할 위험이 있는 항행장애물
- 대한민국 선박이 외국의 배타적경제수역에서 항행장애물을 발생시켰을 경우 : 항행장애물제거책임자는 그 해역을 관할하는 외국 정부에 지체없이 보고하여야 한다.
- 보고를 받은 해양수산부장관은 항행장애물 주변을 항행하는 선박과 인접 국가의 정부에 항행장애물의 위치와 내용 등을 알려야 한다.

항행장애물의 위험성 결정

항행장애물의 위험성 결정에 필요한 사항

- 항행장애물의 크기·형태 및 구조
- 항행장애물의 상태 및 손상의 형태
- 해당 수역의 수심 및 해저의 지형 ※ '항해장애물의 가치'는 해당되지 않음
- 선박의 국제항해에 이용되는 통항대 또는 설정된 통항로와의 근접도
- 선박 통항의 밀도 및 빈도
- 선박 통항의 방법
- 항만시설의 안전성
- 국제해사기구에서 지정한 특별민감해역 또는 특별규제조치가 적용되는 수역인지 여부

항로의 지정 해양수산부장관은 선박이 통항하는 수역의 지형·조류, 그 밖에 자연적 조건 또는 선박교통량 등으로 해양 사고가 일어날 우려가 있다고 인정하면 관계 행정기관의 장의 의견을 들어 그 수역의 범위, 선박의 항로 및 속력 등 선박의 항행 안전에 필요한 사항을 고시할 수 있다.

항로 등의 보전

누구든지 항로에서 다음의 행위를 하여서는 아니 된다.

- 선박의 방치
- 어망 등 어구의 설치나 투기

※ '항로 지정 고시'는 해당 안 됨
※ '폐기물의 투기'는 해당 안 됨

- 해양경찰서장은 위반한 자에게 방치된 선박의 이동·인양 또는 어망 등 어구의 제거를 명
할 수 있다.
- 누구든지 항만의 수역 또는 어항의 수역 수역에서는 해상교통의 안전에 장애가 되는 스킨
다이빙, 스쿠버다이빙, 윈드서핑(수상레저활동, 수중레저활동, 마리나선박을 이용한 유
람, 스포츠 또는 여가 행위) 등의 행위를 하여서는 아니 된다.
- 다만, 해상교통안전에 장애가 되지 아니한다고 인정되어 해양경찰서장의 허가를 받은 경
우와 「체육시설의 설치·이용에 관한 법률」에 따라 신고한 체육시설업과 관련된 해상에서
행위를 하는 경우, 그러하지 아니하다.
- 해양경찰서장은 허가를 받은 사람이 다음에 해당하면 그 허가를 취소하거나 해상교통안
전에 장애가 되지 아니하도록 시정할 것을 명할 수 있다. 1. 항로나 정박지 등 해상교통 여
건이 달라진 경우, 2. 허가 조건을 위반한 경우, 3. 거짓이나 그 밖의 부정한 방법으로 허가
를 받은 경우

※ '허가조건을 잊은 경우'는 해당 안 됨

수역 등 및 항로의 안전 확보

- 누구든지 수역 등 또는 수역 등의 밖으로부터 10킬로미터 이내의 수역에서 선박 등을 이
용하여 수역 등이나 항로를 점거하거나 차단하는 행위를 함으로써 선박 통항을 방해하여
서는 아니 된다.
- 해양경찰서장은 선박 통항을 방해한 자 또는 방해할 우려가 있는 자에게 일정한 시간 내에
스스로 해산할 것을 요청하고, 이에 따르지 아니하면 해산을 명할 수 있다.

술에 취한 상태에서의 조타기 조작 등 금지

- 술에 취한 상태에 있는 사람은 운항을 하기 위하여 선박의 조타기를 조작하거나 조작할 것
을 지시하는 행위 또는 도선을 하여서는 아니 된다.
- 해양경찰청 소속 경찰공무원은 다음의 어느 하나에 해당한 경우, 선박 운항을 하기 위하여
조타기를 조작하거나 조작할 것을 지시하는 사람(운항자) 또는 도선을 하는 사람(도선사)
이 술에 취하였는지 측정할 수 있으며, 해당 운항자 또는 도선사는 해양경찰청 소속 경찰
공무원의 측정 요구에 따라야 한다. 다만, '해양 사고가 발생한 경우'에는 반드시 술에 취하
였는지를 측정하여야 한다. 1. 다른 선박의 안전운항을 해치거나 해칠 우려가 있는 등 해
상교통의 안전과 위험방지를 위하여 필요하다고 인정되는 경우, 2. 술에 취한 상태에서 조
타기를 조작하거나 조작할 것을 지시하였거나 도선을 하였다고 인정할 만한 충분한 이유
가 있는 경우, 3. 해양사고가 발생한 경우
- 술에 취하였는지를 측정한 결과에 불복하는 사람에 대하여 해당 운항자 또는 도선사의 동
의를 받아 혈액채취 등의 방법으로 다시 측정할 수 있다.
- 술에 취한 상태의 기준은 혈중알코올농도 0.03퍼센트 이상으로 한다.

선박안전관리증서

- 해양수산부장관은 최초인증심사나 갱신인증심사에 합격하면 그 선박에 대하여는 선박안전관리증서를 내주고, 그 사업장에 대하여는 안전관리적합증서를 내주어야 한다.
- 해양수산부장관은 임시인증심사에 합격하면 그 선박에 대하여는 임시선박안전관리증서를 내주고, 그 사업장에 대하여는 임시안전관리적합증서를 내주어야 한다.
- 선박안전관리증서와 안전관리적합증서의 유효기간은 각각 5년으로 하고, 임시안전관리적합증서의 유효기간은 1년, 임시선박안전관리증서의 유효기간은 6개월로 한다.

해양사고가 일어난 경우의 조치 해양 사고가 일어나 선박이 위험하게 되거나 다른 선박의 항행 안전에 위험을 줄 우려가 있는 경우에는 위험을 방지하기 위하여 신속하게 필요한 조치를 취하고, 해양사고의 발생 사실과 조치 사실을 지체없이 해양경찰서장이나 지방해양수산청장에게 신고하여야 한다.

해양사고 신고 절차 해양경찰서장이나 지방해양수산청장에게 신고할 사항

- 해양사고의 발생일시 및 발생장소
- 선박의 명세
- 사고개요 및 피해 상황
- 조치사항

※ '상대 선박의 소유자'는 해당 사항이 아님

항행보조시설의 설치와 관리

- 해양수산부장관은 선박의 항행안전에 필요한 항로표지·신호·조명 등 항행보조시설을 설치하고 관리·운영하여야 한다.
- 해양경찰청장, 지방자치단체의 장 또는 운항자는 '선박교통량이 아주 많은 수역', '항행상 위험한 수역'에 항로표지를 설치할 필요가 있다고 인정하면 해양수산부장관에게 그 설치를 요청할 수 있다.

선장의 권한

- 누구든지 선박의 안전을 위한 선장의 전문적인 판단을 방해하거나 간섭하여서는 아니 된다.
- 선장은 선박의 안전관리를 위하여 선임된 안전관리 책임자에게 선박과 그 시설의 정비·수리, 선박운항 일정의 변경 등을 요구할 수 있고, 그 요구를 받은 안전관리 책임자는 타당성 여부를 검토하여 그 결과를 10일 이내에 선박 소유자에게 알려야 한다. 다만, 안전관리 책임자가 선임되지 아니하거나 선박 소유자가 안전관리 책임자로 선임된 경우, 선장이 선박 소유자에게 직접 요구할 수 있다.

모든 시계상태에서의 항법

경계

- 선박은 주위의 상황 및 다른 선박과 충돌할 수 있는 위험성을 충분히 파악할 수 있도록 시각·청각 및 당시의 상황에 맞게 이용할 수 있는 모든 수단을 이용하여 항상 적절한 경계를 하여야 한다.

안전한 속력

- 선박은 다른 선박과의 충돌을 피하기 위하여 적절하고 효과적인 동작을 취하거나 당시의 상황에 알맞은 거리에서 선박을 멈출 수 있도록 항상 안전한 속력으로 항행하여야 한다.
- 안전한 속력을 결정할 때에는 다음의 사항을 고려하여야 한다.

– 시계의 상태
– 해상교통량의 밀도
– 선박의 정지거리·선회성능, 그 밖의 조종성능
– 야간의 경우에는 항해에 지장을 주는 불빛의 유무
– 바람·해면 및 조류의 상태와 항해상 위험의 근접상태
– 선박의 흘수와 수심과의 관계
– 레이더의 특성 및 성능
– 해면상태·기상, 그 밖의 장애요인이 레이더 탐지에 미치는 영향
– 레이더로 탐지한 선박의 수·위치 및 동향

※ '주간의 경우 항해에 영향을 주는 불빛의 유무'는 옳지 않음

충돌위험

- 선박은 다른 선박과 충돌할 위험이 있는지를 판단하기 위하여 당시의 상황에 알맞은 모든 수단을 활용하여야 한다. 이 경우 의심스럽다면 충돌의 위험이 있다고 보아야 한다.
- 레이더를 설치한 선박은 다른 선박과 충돌할 위험성 유무를 미리 파악하기 위하여 레이더를 이용하여 장거리 주사, 탐지된 물체에 대한 작도, 그 밖의 체계적인 관측을 하여야 한다.
- 선박은 불충분한 레이더 정보나 그 밖의 불충분한 정보에 의존하여 다른 선박과의 충돌 위험성 여부를 판단하여서는 아니 된다.
- 선박은 접근하여 오는 다른 선박의 나침방위에 뚜렷한 변화가 일어나지 아니하면 충돌할 위험성이 있다고 보고 필요한 조치를 하여야 한다. 접근하여 오는 다른 선박의 나침방위에 뚜렷한 변화가 있더라도 거대선 또는 예인작업에 종사하고 있는 선박에 접근하거나, 가까이 있는 다른 선박에 접근하는 경우, 충돌을 방지하기 위하여 필요한 조치를 하여야 한다.

충돌을 피하기 위한 동작

- 선박은 다른 선박과 충돌을 피하기 위한 동작을 취하되, 될 수 있으면 충분한 시간적 여유를 두고 적극적으로 조치하여 선박을 적절하게 운용하는 관행에 따라야 한다.
- 선박은 다른 선박과 충돌을 피하기 위하여 침로나 속력을 변경할 때에는 될 수 있으면 다른 선박이 그 변경을 쉽게 알아볼 수 있도록 충분히 크게 변경하여야 하며, 침로나 속력을 소폭으로 연속적으로 변경하여서는 아니 된다.
- 선박은 넓은 수역에서 충돌을 피하기 위하여 침로를 변경하는 경우에는 적절한 시기에 큰 각도로 침로를 변경하여야 하며, 그에 따라 다른 선박에 접근하지 아니하도록 하여야 한다.
- 선박은 다른 선박과의 충돌을 피하기 위하여 동작을 취할 때에는 다른 선박과의 사이에 안전한 거리를 두고 통과할 수 있도록 그 동작을 취하여야 한다. 이 경우 그 동작의 효과를

다른 선박이 완전히 통과할 때까지 주의 깊게 확인하여야 한다.

- 선박은 다른 선박과의 충돌을 피하거나 상황을 판단하기 위한 시간적 여유를 얻기 위하여 필요하면 속력을 줄이거나 기관의 작동을 정지하거나 후진하여 선박의 진행을 완전히 멈추어야 한다.
- 다른 선박의 통항이나 통항의 안전을 방해하여서는 아니 되는 선박은 다음의 사항을 준수하고 유의하여야 한다.
  - 다른 선박이 안전하게 지나갈 수 있는 여유 수역이 충분히 확보될 수 있도록 조기에 동작을 취할 것
  - 다른 선박에 접근하여 충돌할 위험이 생긴 경우에는 그 책임을 면할 수 없으며, 피항동작을 취할 때에는 요구하는 동작에 대하여 충분히 고려할 것

좁은 수로

- 좁은 수로나 항로(이하 '좁은 수로 등')를 따라 항행하는 선박은 항행의 안전을 고려하여 될 수 있으면 좁은 수로 등의 오른편 끝 쪽에서 항행하여야 한다. 다만, '지정된 수역' 또는 '통항분리수역'에서는 그 수역에서 정해진 항법이 있다면 이에 따라야 한다.
- 길이 20미터 미만의 선박이나 범선은 좁은 수로 등의 안쪽에서만 안전하게 항행할 수 있는 다른 선박의 통행을 방해하여서는 아니 된다. ※ '길이 30미터 미만'은 옳지 않음
- 어로에 종사하고 있는 선박은 좁은 수로 등의 안쪽에서 항행하고 있는 다른 선박의 통항을 방해하여서는 아니 된다.
- 선박이 좁은 수로 등의 안쪽에서만 안전하게 항행할 수 있는 다른 선박의 통항을 방해하게 되는 경우에는 좁은 수로 등을 횡단하여서는 아니 된다. 이 경우 통항을 방해받게 되는 선박은 횡단하고 있는 선박의 의도에 대하여 의심이 있는 경우에는 음향신호를 울릴 수 있다.
- 앞지르기 하는 배는 좁은 수로 등에서 앞지르기당하는 선박이 앞지르기 하는 배를 안전하게 통과시키기 위한 동작을 취하지 아니하면 앞지르기 할 수 없는 경우, 기적신호를 하여 앞지르기 하겠다는 의사를 나타내야 한다. 이 경우 앞지르기당하는 선박은 그 의도에 동의하면 기적신호를 하여 그 의사를 표현하고, 앞지르기 하는 배를 안전하게 통과시키기 위한 동작을 취하여야 한다.
- 선박이 좁은 수로 등의 굽은 부분이나 항로에 있는 장애물 때문에 다른 선박을 볼 수 없는 수역에 접근하는 경우에는 특히 주의하여 항행하여야 한다.
- 선박은 좁은 수로 등에서 정박(정박 중인 선박에 매어 있는 것을 포함)을 하여서는 아니 된다. 다만, 해양사고를 피하거나 인명이나 그 밖의 선박을 구조하기 위하여 부득이하다고 인정되는 경우에는 그러하지 아니하다.

통항분리제도

- 선박이 통항분리수역을 항행하는 경우의 준수사항
  - 통항로 안에서는 정하여진 진행방향으로 항행할 것
  - 분리선이나 분리대에서 될 수 있으면 떨어져서 항행할 것

– 통항로의 출입구를 통하여 출입하는 것을 원칙으로 함
– 통항로의 옆쪽으로 출입하는 경우, 선박의 진행방향에 대하여 작은 각도로 출입할 것
※ 통항분리방식이 적용되는 수역: 보길도, 홍도, 거문도 항로 3곳 지정

- 선박은 통항로를 횡단하여서는 아니 된다. 다만, 부득이한 사유로 그 통항로를 횡단하여야 하는 경우, 그 통항로와 선수방향이 직각에 가까운 각도로 횡단하여야 한다.
- 선박은 연안통항대에 인접한 통항분리수역의 통항로를 안전하게 통과할 수 있는 경우, 연안통항대를 따라 항행하여서는 아니 된다.
- 다만, 다음의 선박의 경우에는 연안통항대를 따라 항행할 수 있다.

– 길이 20미터 미만의 선박 ※ 길이 20미터 이상의 선박은 해당 안 됨
– 범선
– 어로에 종사하고 있는 선박
– 인접한 항구로 입항·출항하는 선박
– 연안통항대 안에 있는 해양시설 또는 도선사의 승하선 장소에 출입하는 선박
– 급박한 위험을 피하기 위한 선박

- 통항로를 횡단하거나 통항로에 출입하는 선박 외의 선박은 급박한 위험을 피하기 위한 경우나 분리대 안에서 어로에 종사하고 있는 경우, 외에는 분리대에 들어가거나 분리선을 횡단하여서는 아니 된다.
- 통항분리수역에서 어로에 종사하고 있는 선박은 통항로를 따라 항행하는 다른 선박의 항행을 방해하여서는 아니 된다.
- 모든 선박은 통항분리수역의 출입구 부근에서는 특히 주의하여 항행하여야 한다.
- 선박은 통항분리수역과 그 출입구 부근에 정박하여서는 아니 된다. 다만, 해양사고를 피하거나 인명이나 선박을 구조하기 위하여 부득이하다고 인정되는 사유가 있는 경우에는 그러하지 아니하다.
- 통항분리수역을 이용하지 아니하는 선박은 될 수 있으면 통항분리수역에서 멀리 떨어져서 항행하여야 한다.
- 길이 20미터 미만의 선박이나 범선은 통항로를 따라 항행하고 있는 다른 선박의 항행을 방해하여서는 아니 된다.
- 통항분리수역 안에서 해저전선을 부설·보수 및 인양하는 작업을 하거나 항행안전을 유지하기 위한 작업을 하는 중이어서 조종능력이 제한되고 있는 선박은 그 작업을 하는 데에 필요한 범위에서 적용하지 아니한다.

선박이 서로 시계 안에 있는 때의 항법

범선

- 2척의 범선이 서로 접근하여 충돌할 위험이 있는 경우

– 각 범선이 다른 쪽 현에 바람을 받고 있는 경우에는 좌현에 바람을 받고 있는 범선이 다른 범선의 진로를 피하여야 한다.

- 두 범선이 서로 같은 현에 바람을 받고 있는 경우에는 바람이 불어오는 쪽의 범선이 바람이 불어가는 쪽의 범선의 진로를 피하여야 한다.
- 좌현에 바람을 받고 있는 범선은 바람이 불어오는 쪽에 있는 다른 범선을 본 경우로서 그 범선이 바람을 좌우 어느 쪽에 받고 있는지 확인할 수 없는 때에는 그 범선의 진로를 피하여야 한다.

앞지르기

• 앞지르기 하는 배는 앞지르기당하고 있는 선박을 완전히 앞지르기하거나 그 선박에서 충분히 멀어질 때까지 그 선박의 진로를 피하여야 한다.

• 다른 선박의 양쪽 현의 정횡으로부터 22.5도를 넘는 뒤쪽(밤에는 다른 선박의 선미등만을 볼 수 있고 어느 쪽의 현등도 볼 수 없는 위치)에서 그 선박을 앞지르는 선박은 앞지르기 하는 배로 보고 필요한 조치를 취하여야 한다.

• 선박은 스스로 다른 선박을 앞지르기 하고 있는지 분명하지 아니한 경우에는 앞지르기 하는 배로 보고 필요한 조치를 취하여야 한다.

• 앞지르기 하는 경우 2척의 선박 사이의 방위가 어떻게 변경되더라도 앞지르기 하는 선박은 앞지르기가 완전히 끝날 때까지 앞지르기당하는 선박의 진로를 피하여야 한다.

마주치는 상태

• 2척의 동력선이 마주치거나 거의 마주치게 되어 충돌의 위험이 있을 때에는 각 동력선은 서로 다른 선박의 좌현 쪽을 지나갈 수 있도록 침로를 우현 쪽으로 변경하여야 한다.

• 선박은 다른 선박을 선수 방향에서 볼 수 있는 경우로서 다음에 해당하면 마주치는 상태에 있다고 보아야 한다.

- 밤에는 2개의 마스트등을 일직선으로 또는 거의 일직선으로 볼 수 있거나 양쪽의 현등을 볼 수 있는 경우 ※ '홍등과 녹등이 동시에 보일 때' 마주치는 상태
- 낮에는 2척의 선박의 마스트가 선수에서 선미까지 일직선이 되거나 거의 일직선이 되는 경우
- 선박은 마주치는 상태에 있는지가 분명하지 아니한 경우에는 마주치는 상태에 있다고 보고 필요한 조치를 취하여야 한다.

횡단하는 상태

• 2척의 동력선이 상대의 진로를 횡단하는 경우로서 충돌의 위험이 있을 때에는 다른 선박을 우현 쪽에 두고 있는 선박이 그 다른 선박의 진로를 피하여야 한다. 이 경우 다른 선박의 진로를 피하여야 하는 선박은 부득이한 경우 외에는 그 다른 선박의 선수 방향을 횡단하여서는 아니 된다.

※ 야간항해 중 상대 선박과 서로 시계 내에서 근접하여 횡단 관계로 조우하여 상대 선박의 현등 중 홍등을 관측하고 있다면, '횡단하는 상태'로서 우현 변침, 상대선의 선미 통과, 속력 감소 필요

피항선의 동작

다른 선박의 진로를 피하여야 하는 모든 선박(이하 "피항선")은 될 수 있으면 미리 동작을 크게 취하여 다른 선박으로부터 충분히 멀리 떨어져야 한다.

유지선의 동작

- 2척의 선박 중 1척의 선박이 다른 선박의 진로를 피하여야 할 경우 다른 선박은 그 침로와 속력을 유지하여야 한다.
- 침로와 속력을 유지하여야 하는 선박 '유지선'은 피항선이 적절한 조치를 취하고 있지 아니하다고 판단하면 스스로의 조종만으로 피항선과 충돌하지 아니하도록 조치를 취할 수 있다. 이 경우 유지선은 부득이하다고 판단하는 경우 외에는 자기 선박의 좌현 쪽에 있는 선박을 향하여 침로를 왼쪽으로 변경하여서는 아니 된다.
- 유지선은 피항선과 매우 가깝게 접근하여 해당 피항선의 동작만으로는 충돌을 피할 수 없다고 판단하는 경우에는 충돌을 피하기 위하여 충분한 협력을 하여야 한다.

선박 사이의 책무

- 항행 중인 동력선은 다음에 따른 선박의 진로를 피하여야 한다.

- 조종불능선
- 조종제한선
- 어로에 종사하고 있는 선박 ※ 항해 중인 어선은 동력선으로 봄
- 범선

※ 서로 시계 내에서 진로 우선권: 동력선〈 범선〈 어로에 종사하고 있는 선박〈 조종불능선=조종제한선

※ 조종불능선이나 조종제한선이 아닌 선박은 부득이하다고 인정되는 경우 외에는 흘수제약선의 통항을 방해해서는 아니 된다.

- 항행 중인 범선은 다음에 따른 선박의 진로를 피하여야 한다.

- 조종불능선
- 조종제한선
- 어로에 종사하고 있는 선박 ※ 동력선과 범선 마주치는 경우 동력선이 피한다.

- 어로에 종사하고 있는 선박 중 항행 중인 선박은 될 수 있으면 다음 각 호에 따른 선박의 진로를 피하여야 한다.

※ 어로에 종사하는 항해 중인 선박은 운전부자유선, 기동성이 제한된 선박의 진로를 피하여야 함

- 조종불능선
- 조종제한선

※ 어로에 종사하고 있는 선박과 범선이 마주치는 경우, 범선이 피한다.

- 조종불능선이나 조종제한선이 아닌 선박은 부득이하다고 인정하는 경우 외에는 등화나 형상물을 표시하고 있는 흘수제약선의 통항을 방해하여서는 아니 된다.
- 흘수제약선은 선박의 특수한 조건을 충분히 고려하여 특히 신중하게 항해하여야 한다.
- 수상항공기는 될 수 있으면 모든 선박으로부터 충분히 떨어져서 선박의 통항을 방해하지 아니하도록 하되, 충돌할 위험이 있는 경우에는 이 법에서 정하는 바에 따라야 한다.

- 수면비행선박은 선박의 통항을 방해하지 아니하도록 모든 선박으로부터 충분히 떨어져서 비행(이륙 및 착륙을 포함)하여야 한다. 다만, 수면에서 항행하는 때에는 이 법에서 정하는 동력선의 항법을 따라야 한다.

제한된 시계에서 선박의 항법

- 모든 선박은 시계가 제한된 그 당시의 사정과 조건에 적합한 안전한 속력으로 항행하여야 하며, 동력선은 제한된 시계 안에 있는 경우 기관을 즉시 조작할 수 있도록 준비하고 있어야 한다.
- 선박은 조치를 취할 때에는 시계가 제한되어 있는 당시의 상황에 충분히 유의하여 항행하여야 한다.
- 레이더만으로 다른 선박이 있는 것을 탐지한 선박은 해당 선박과 얼마나 가까이 있는지 또는 충돌할 위험이 있는지를 판단하여야 한다. 이 경우 해당 선박과 매우 가까이 있거나 그 선박과 충돌할 위험이 있다고 판단한 경우에는 충분한 시간적 여유를 두고 피항동작을 취하여야 한다.
- 피항동작이 침로의 변경을 수반하는 경우에는 될 수 있으면 다음의 동작은 피하여야 한다.

– 다른 선박이 자기 선박의 양쪽 현의 정횡 앞쪽에 있는 경우 좌현 쪽으로 침로를 변경하는 행위(앞지르기당하고 있는 선박에 대한 경우는 제외)

– 자기 선박의 양쪽 현의 정횡 또는 그곳으로부터 뒤쪽에 있는 선박의 방향으로 침로를 변경하는 행위

- 충돌할 위험성이 없다고 판단한 경우 외에는 다음에 해당하는 경우 모든 선박은 자기 배의 침로를 유지하는 데에 필요한 최소한으로 속력을 줄여야 한다. 이 경우 필요하다고 인정되면 자기 선박의 진행을 완전히 멈추어야 하며, 어떠한 경우에도 충돌할 위험성이 사라질 때까지 주의하여 항행하여야 한다.

– 자기 선박의 양쪽 현의 정횡 앞쪽에 있는 다른 선박에서 무중신호를 듣는 경우

– 자기 선박의 양쪽 현의 정횡으로부터 앞쪽에 있는 다른 선박과 매우 근접한 것을 피할 수 없는 경우

등화와 형상물

적용

- 모든 날씨에서 적용한다.
- 선박은 해지는 시각부터 해뜨는 시각까지 이 법에서 정하는 등화를 표시하여야 하며, 이 시간 동안에는 이 법에서 정하는 등화 외의 등화를 표시하여서는 아니 된다. 다만, 다음 각 호의 어느 하나에 해당하는 등화는 표시할 수 있다.

– 등화로 오인되지 아니하는 등화

– 등화의 가시도나 그 특성의 식별을 방해하지 아니하는 등화

– 등화의 적절한 경계를 방해하지 아니하는 등화

- 등화를 설치하고 있는 선박은 해뜨는 시각부터 해지는 시각까지도 제한된 시계에서는 등화를 표시하여야 하며, 필요하다고 인정되는 그 밖의 경우에도 등화를 표시할 수 있다.
- 선박은 낮 동안에는 이 법에서 정하는 형상물을 표시하여야 한다.

등화의 종류

- 마스트등 : 선수와 선미의 중심선상에 설치되어 225도에 걸치는 수평의 호를 비추되, 그 불빛이 정선수 방향에서 양쪽 현의 정횡으로부터 뒤쪽 22.5도까지 비출 수 있는 흰색 등
- 현등 : 정선수 방향에서 양쪽 현으로 각각 112.5도에 걸치는 수평의 호를 비추는 등화로서 그 불빛이 정선수 방향에서 좌현 정횡으로부터 뒤쪽 22.5도까지 비출 수 있도록 좌현에 설치된 붉은색 등과 그 불빛이 정선수 방향에서 우현 정횡으로부터 뒤쪽 22.5도까지 비출 수 있도록 우현에 설치된 녹색 등
- 선미등 : 135도에 걸치는 수평의 호를 비추는 흰색 등으로서 그 불빛이 정선미 방향으로부터 양쪽 현의 67.5도까지 비출 수 있도록 선미 부분 가까이에 설치된 등
- 예선등 : 선미등과 같은 특성을 가진 황색 등
- 전주등 : 360도에 걸치는 수평의 호를 비추는 등화 (다만, 섬광등은 제외한다.)
- 섬광등 : 360도에 걸치는 수평의 호를 비추는 등화로서 일정한 간격으로 1분에 120회 이상 섬광을 발하는 등
- 양색등 : 선수와 선미의 중심선상에 설치된 붉은색과 녹색의 두 부분으로 된 등화로서 그 붉은색과 녹색 부분이 각각 현등의 붉은색 등 및 녹색 등과 같은 특성을 가진 등
- 삼색등 : 선수와 선미의 중심선상에 설치된 붉은색·녹색·흰색으로 구성된 등으로서 그 붉은색·녹색·흰색의 부분이 각각 현등의 붉은색 등과 녹색 등 및 선미등과 같은 특성을 가진 등

항행 중인 동력선의 등화 표시

- 항행 중인 동력선

– 앞쪽에 마스트등 1개와 그 마스트등보다 뒤쪽의 높은 위치에 마스트등 1개. 다만, 길이 50미터 미만의 동력선은 뒤쪽의 마스트등을 표시하지 아니할 수 있다.

– 현등 1쌍 ※ 길이 20미터 미만의 선박은 이를 대신하여 양색등을 표시할 수 있다.

– 선미등 1개

※ 야간항해 중 상대 선박의 양 현등이 보이고, 현등보다 높은 위치에 백색등이 수직으로 2개 보인다. 이 상대 선박과 본선의 조우상태: 상대 선박은 길이 50m 이상의 선박으로 마주치는 상태

※ 섬광등은 공기부양정, 수면비행선박 필요한 등화임

- 수면에 떠있는 상태로 항행 중인 공기부양정

– 항행중인 동력선 등화에 덧붙여 사방을 비출 수 있는 황색의 섬광등 1개를 표시

- 수면비행선박이 비행하는 경우

– 항행중인 동력선 등화에 덧붙여 사방을 비출 수 있는 고광도 홍색 섬광등 1개를 표시

- 길이 12미터 미만의 동력선은 흰색 전주등 1개와 현등 1쌍을 표시할 수 있다.

• 길이 7미터 미만이고 최대속력이 7노트 미만인 동력선은 흰색 전주등 1개만을 표시할 수 있으며, 가능한 경우 현등 1쌍도 표시할 수 있다.
※ 야간 선미등을 보면서 접근하는 선박이 추월선(앞지르기하는 선박)이다.

항행 중인 예인선 : 동력선이 다른 선박이나 물체를 끌고 있는 경우 등화나 형상물 표시
• 앞쪽에 표시하는 마스트등을 대신하여 같은 수직선 위에 마스트등 2개. 다만, 예인선의 선미로부터 끌려가고 있는 선박이나 물체의 뒤쪽 끝까지 측정한 예인선열의 길이가 200미터를 초과하면 같은 수직선 위에 마스트등 3개를 표시하여야 한다.
• 현등 1쌍
• 선미등 1개
• 선미등의 위쪽에 수직선 위로 예선등 1개
• 예인선열의 길이가 200미터를 초과하면 가장 잘 보이는 곳에 마름모꼴의 형상물 1개

항행 중인 범선의 등화 표시
• 현등 1쌍, 선미등 1개
• 항행 중인 길이 20미터 미만의 범선은 등화를 대신하여 마스트의 꼭대기나 그 부근에 삼색등 1개를 표시할 수 있다.
• 길이 7미터 미만의 범선은 될 수 있으면 항행 중인 범선의 등화를 표시(이를 표시하지 아니할 경우, 흰색 휴대용 전등이나 점화된 등을 즉시 사용할 수 있도록 준비하여 충돌을 방지할 수 있도록 충분한 기간 동안 이를 표시)
• 범선이 기관을 동시에 사용하여 진행하고 있는 경우, 원뿔꼴로 된 형상물 1개를 그 꼭대기가 아래로 향하도록 표시

어선
• 항망이나 그 밖의 어구를 수중에서 끄는 트롤망어로에 종사하는 선박
– 수직선 위쪽에는 녹색, 그 아래쪽에는 흰색 전주등 각 1개(또는 수직선 위에 2개의 원뿔을 그 꼭대기에서 위아래로 결합한 형상물 1개)
– 녹색 전주등보다 뒤쪽의 높은 위치에 마스트등 1개(다만, 어로에 종사하는 길이 50미터 미만의 선박은 이를 표시하지 아니할 수 있다).
– 대수속력이 있는 경우에는 등화에 덧붙여 현등 1쌍과 선미등 1개
• 어로에 종사하는 선박 외에 어로에 종사하는 선박은 항행 여부에 관계없이
– 수직선 위쪽에는 붉은색, 아래쪽에는 흰색 전주등 각 1개 또는 수직선 위에 두 개의 원뿔을 그 꼭대기에서 위아래로 결합한 형상물 1개
– 수평거리로 150미터가 넘는 어구를 선박 밖으로 내고 있는 경우에는 어구를 내고 있는 방향으로 흰색 전주등 1개 또는 꼭대기를 위로 한 원뿔꼴의 형상물 1개
– 대수속력이 있는 경우에는 제1호와 제2호에 따른 등화에 덧붙여 현등 1쌍과 선미등 1개

조종불능선

- 가장 잘 보이는 곳에 수직으로 붉은색 전주등 2개
- 가장 잘 보이는 곳에 수직으로 둥근꼴이나 그와 비슷한 형상물 2개
- 대수속력이 있는 경우에는 등화에 덧붙여 현등 1쌍과 선미등 1개

조종제한선

- 조종제한선의 등화나 형상물 표시

– 가장 잘 보이는 곳에 수직으로 위쪽과 아래쪽에는 붉은색 전주등, 가운데에는 흰색 전주등 각 1개

– 가장 잘 보이는 곳에 수직으로 위쪽과 아래쪽에는 둥근꼴, 가운데에는 마름모꼴의 형상물 각 1개

– 대수속력이 있는 경우에는 제1호에 따른 등화에 덧붙여 마스트등 1개, 현등 1쌍 및 선미등 1개

- 잠수작업 선박이 그 크기로 인하여 등화와 형상물을 표시할 수 없으면

– 가장 잘 보이는 곳에 수직으로 위쪽과 아래쪽에는 붉은색 전주등, 가운데에는 흰색 전주등 각 1개

– 국제해사기구가 정한 국제신호서 에이(A) 기의 모사판을 1미터 이상의 높이로 하여 사방에서 볼 수 있도록 표시

흘수제약선 : 동력선의 등화에 덧붙여 가장 잘 보이는 곳에 붉은색 전주등 3개를 수직으로 표시하거나 원통형의 형상물 1개를 표시할 수 있다.

도선선

- 마스트의 꼭대기나 그 부근에 수직선 위쪽에는 흰색 전주등, 아래쪽에는 붉은색 전주등 각 1개
- 항행 중에는 제1호에 따른 등화에 덧붙여 현등 1쌍과 선미등 1개

정박선과 얹혀 있는 선박

- 정박 중인 선박의 등화 형상물

– 앞쪽에 흰색의 전주등 1개 또는 둥근꼴의 형상물 1개

– 선미나 그 부근에 제1호에 따른 등화보다 낮은 위치에 흰색 전주등 1개

- 길이 50미터 미만인 선박은 등화를 대신하여 가장 잘 보이는 곳에 흰색 전주등 1개를 표시할 수 있다.
- 정박 중인 선박은 갑판을 조명하기 위하여 작업등 또는 이와 비슷한 등화를 사용하여야 한다. 다만, 길이 100미터 미만의 선박은 이 등화들을 사용하지 아니할 수 있다.
- 얹혀 있는 선박은 이에 덧붙여 가장 잘 보이는 곳에

– 수직으로 붉은색의 전주등 2개

– 수직으로 둥근꼴의 형상물 3개

음향신호와 발광신호

기적의 종류

- 단음 : 1초 정도 계속되는 고동소리
- 장음 : 4초부터 6초까지의 시간 동안 계속되는 고동소리

음향신호설비

- 길이 12미터 이상의 선박은 기적 1개
- 길이 20미터 이상의 선박은 기적 1개, 호종 1개
- 길이 100미터 이상의 선박은 기적 1개, 호종 1개, 징을 갖추어 두어야 한다.

※ 호종과 징은 각각 그것과 음색이 같고 신호를 수동으로 행할 수 있는 다른 설비로 대체할 수 있다.

- 길이 12미터 미만의 선박은 음향신호설비를 갖추어 두지 아니하여도 된다. 다만, 유효한 음향신호를 낼 수 있는 다른 기구를 갖추어 두어야 한다.

조종신호와 경고신호

- 시계 안에 있는 경우, 침로변경, 기관후진 기적신호

– 침로를 오른쪽으로 변경하고 있는 경우 : 단음 1회(섬광 1회 보충할 수 있음)
– 침로를 왼쪽으로 변경하고 있는 경우 : 단음 2회(섬광 2회 보충할 수 있음)
– 기관을 후진하고 있는 경우 : 단음 3회(섬광 3회 보충할 수 있음)

※ 섬광의 지속시간 및 섬광과 섬광 사이의 간격은 1초 정도로 하되, 반복되는 신호 사이의 간격은 10초 이상으로 하며, 이 발광신호에 사용되는 등화는 적어도 5해리의 거리에서 볼 수 있는 흰색 전주등이어야 한다.

- 앞지르기 : 좁은 수로등에서 시계 안에 있는 경우, 기적신호

– 다른 선박의 우현 쪽으로 앞지르기 하려는 경우, 장음 2회와 단음 1회의 순서로 의사 표시
– 다른 선박의 좌현 쪽으로 앞지르기 하려는 경우, 장음 2회와 단음 2회의 순서로 의사 표시
– 앞지르기당하는 선박이 다른 선박의 앞지르기에 동의할 경우에는 장음 1회, 단음 1회의 순서로 2회에 걸쳐 동의의사를 표시할 것

- 의문신호 : 다른 선박의 의도 또는 동작을 이해할 수 없거나 다른 선박이 충돌을 피하기 위하여 충분한 동작을 취하고 있는지 분명하지 아니한 경우

– 즉시 기적으로 단음을 5회 이상 재빨리 울려 그 사실을 표시하여야 한다.
– 의문신호 : (단음 5회) 5회 이상의 짧고 빠르게(섬광을 발하는 발광신호로 보충할 수 있음)

- 만곡부 신호 : 좁은 수로 등의 굽은 부분이나 장애물 때문에 다른 선박을 볼 수 없는 수역

– 장음으로 1회의 기적신호
– 기적신호를 들은 경우, 장음 1회의 기적신호를 울려 응답하여야 함

제한된 시계 안에서의 음향신호

- 시계가 제한된 수역이나 그 부근에 있는 모든 선박은 밤낮에 관계없이 다음 각 호에 따른 신호를 하여야 한다.

– 항행 중인 동력선은 대수속력이 있는 경우, 2분을 넘지 아니하는 간격으로 장음을 1회

– 항행 중인 동력선은 정지하여 대수속력이 없는 경우, 장음 사이의 간격을 2초 정도로 연속하여 장음을 2회(2분을 넘지 아니하는 간격으로 울려야 함)
- 조종불능선, 조종제한선, 흘수제약선, 범선, 어로 작업 선박, 다른 선박을 끌고 있거나 밀고 있는 선박은 신호를 대신하여 2분을 넘지 아니하는 간격으로 연속하여 3회의 기적(장음 1회에 이어 단음 2회를 말한다)을 울려야 한다.

벌칙

5년 이하의 징역 또는 5천만원 이하의 벌금 : 사업중지명령을 위반한 자

3년 이하의 징역 또는 3천만원 이하의 벌금

- 약물·환각물질의 영향으로 인하여 정상적으로 조타기를 조작하거나 그 조작을 지시하는 행위 또는 도선을 하지 못할 우려가 있는 상태에서 조타기를 조작하거나 그 조작을 지시한 운항자 또는 도선을 한 자
- 업무를 수행하는 과정에서 알게 된 비밀을 누설한 자나 직무상 목적 외에 사용한 자

술에 취한 상태에서 조타기 조작하거나 조작을 지시한 운항자 또는 도선을 한 사람

- 혈중알코올농도가 0.2퍼센트 이상인 사람은 : 2년 이상 5년 이하의 징역이나 2천만원 이상 3천만원 이하의 벌금
- 혈중알코올농도가 0.08퍼센트 이상 0.2퍼센트 미만인 사람은 : 1년 이상 2년 이하의 징역이나 1천만원 이상 2천만원 이하의 벌금
- 혈중알코올농도가 0.03퍼센트 이상 0.08퍼센트 미만인 사람은 : 1년 이하의 징역이나 1천만원 이하의 벌금

해양환경관리법(법률 개정 2024.04.25. 시행)

목적 선박, 해양시설, 해양공간 등 해양오염물질을 발생시키는 발생원을 관리하고, 기름 및 유해액체물질 등 해양오염물질의 배출을 규제하는 등 해양오염을 예방, 개선, 대응, 복원하는 데 필요한 사항을 정함으로써 국민의 건강과 재산을 보호하는 데 이바지함을 목적

정의

해양환경 : 「해양환경보전법」에 따라 해양에 서식하는 생물체와 이를 둘러싸고 있는 해양수, 해양지, 해양대기 등 비생물적 환경 및 해양에서의 인간의 행동양식을 포함하는 것으로서 해양의 자연 및 생활상태

해양오염 : 「해양환경보전법」에 따라 해양에 유입되거나 해양에서 발생되는 물질 또는 에너지로 인하여 해양환경에 해로운 결과를 미치거나 미칠 우려가 있는 상태

기름 : 「석유 및 석유대체연료 사업법」에 따른 원유 및 석유제품(석유가스를 제외)과 이들을 함유하고 있는 액체 상태의 유성혼합물(액상유성혼합물) 및 폐유

※ 「해양환경관리법」상 '액화천연가스'는 적용받지 않음

선박평형수 : 「선박평형수 관리법」에 따라 선박의 중심을 잡기 위하여 선박에 실려 있는 물(그 물에 녹아 있는 물질 또는 그 물속에 서식하는 수중생물체·병원균을 포함)

유해액체물질 : 「선박에서의 오염방지에 관한 규칙」에 따라

- X류 물질 : 해양에 배출되는 경우 해양자원 또는 인간의 건강에 심각한 위해를 끼치는 것으로서 해양배출을 금지하는 유해액체물질
- Y류 물질 : 해양에 배출되는 경우 해양자원 또는 인간의 건강에 위해를 끼치거나 해양의 쾌적성 또는 해양의 적합한 이용에 위해를 끼치는 것으로서 해양배출을 제한하여야 하는 유해액체물질
- Z류 물질 : 해양에 배출되는 경우 해양자원 또는 인간의 건강에 경미한 위해를 끼치는 것으로서 해양배출을 일부 제한하여야 하는 유해액체물질

유해방오도료 : 생물체의 부착을 제한·방지하기 위하여 선박 또는 해양시설 등에 사용하는 도료(방오도료) 중 유기주석 성분 등 생물체의 파괴작용을 하는 성분이 포함된 도료

선저폐수 : 선박의 밑바닥에 고인 액상유성혼합물

적용범위

- 우리나라 영해 및 내수 안에서 해양시설로부터 발생한 기름 유출 사고
- 대한민국 영토에 접속하는 해역 안에서 선박으로부터 발생한 기름 유출 사고
- 해저광물자원 개발법에서 지정한 해역에서 해저광구의 개발과 관련하여 발생한 기름 유출 사고

※ '한강 수역에서 발생한 기름 유출사고'는 적용되지 않음

오염물질의 배출 영해기선으로부터 3해리 이상의 해역에서 분뇨마쇄소독 장치를 사용하여 마쇄하고 소독한 분뇨를 선박이 4노트 이상의 속력으로 항해하면서 서서히 배출한다.

선박 안에서 발생하는 폐기물 중 항해 중 배출할 수 있는 물질

- 음식찌꺼기
- 해양환경에 유해하지 않은 화물잔류물
- 어업활동으로 인하여 선박으로 유입된 자연기원물질 ※ '화장실 및 화물구역 오수'는 제외

선박 또는 해양시설 등에서 발생하는 오염물질(폐기물은 제외)을 해양배출 가능한 경우

- 선박 또는 해양시설 등의 안전확보나 인명구조를 위하여 부득이하게 오염물질을 배출하는 경우
- 선박 또는 해양시설 등의 손상 등으로 인하여 부득이하게 오염물질이 배출되는 경우
- 선박 또는 해양시설 등의 오염사고에 있어 해양수산부령이 정하는 방법에 따라 오염피해를 최소화하는 과정에서 부득이하게 오염물질이 배출되는 경우 ※ 상기 모두 맞음

선박으로부터 기름을 배출

- 선박의 항해 중에 배출할 것
- 배출액 중의 기름 성분이 0.0015퍼센트(15ppm) 이하일 것
- 기름오염 방지설비의 작동 중에 배출할 것

※ 육지로부터 10해리 이상 떨어진 곳에서 배출할 것 적합하지 않음

- 영해기선으로부터 3해리 이상의 해역에 버릴 수 있는 음식찌꺼기의 크기는 분쇄기 또는 연마기를 통하여 25mm 이하의 개구를 가진 스크린을 통과할 수 있도록 분쇄되거나 연마된 음식찌꺼기의 경우

폐유저장용기 비치 기준 폐유저장용기를 비치하여야 하는 선박의 크기

- 총톤수 5톤 이상~10톤 미만의 선박 : 폐유저장용기 20 ℓ
- 총톤수 10톤 이상~30톤 미만의 선박 : 폐유저장용기 60 ℓ
- 총톤수 30톤 이상~50톤 미만의 선박 : 폐유저장용기 100 ℓ
- 총톤수 50톤 이상~100톤 미만으로써 유조선이 아닌 선박 : 폐유저장용기 200 ℓ

선박에서 오염물질을 배출

- 선박 또는 해양시설 등의 안전확보나 인명구조를 위하여 부득이하게 오염물질을 배출하는 경우
- 선박 또는 해양시설 등의 손상 등으로 인하여 부득이하게 오염물질이 배출되는 경우
- 선박 또는 해양시설 등의 오염사고에 있어 해양수산부령이 정하는 방법에 따라 오염피해를 최소화하는 과정에서 부득이하게 오염물질이 배출되는 경우

모터보트 유성혼합물 및 폐유의 처리

- 폐유처리시설에 위탁 처리한다.
- 보트 내에 보관 후 처리한다.
- 항만관리청에서 설치·운영하는 저장·처리시설에 위탁한다.

※ 4노트 이상의 속력으로 항해하면서 배출 금지

선박오염물질기록부 폐기물 배출 기재사항

- 배출일시
- 항구, 수용시설 또는 선박의 명칭
- 배출된 폐기물의 종류
- 폐기물 종류별 배출량
- 작업책임자의 서명 ※ '선박 소유자의 성명'은 기재사항이 아님

오염물질배출 신고사항 해양시설로부터의 오염물질 배출을 신고하려는 자는 서면·구술·전화 또는 무선통신 등을 이용하여 신속 신고

- 해양오염사고의 발생일시·장소 및 원인
- 배출된 오염물질의 종류, 추정량 및 확산상황과 응급조치상황
- 사고선박 또는 시설의 명칭, 종류 및 규모
- 해면상태 및 기상상태 ※ 해당 해양시설의 관리자 이름 등은 신고 사항이 아님

기름기록부 비치 대상 선박

- 총톤수 400톤 이상의 선박
- 최대승선인원이 15명 이상인 선박
- 경하배수톤수 200톤 이상의 경찰용 선박
- 총톤수 400톤 이상의 선박

※ 선저폐수가 생기지 아니하는 선박은 기록부를 비치하지 않아도 됨

※ 선박오염물질기록부의 보존기간 : 최종기재를 한 날부터 3년

선박 해양오염방지관리인

- 선박에서 해양오염방지관리인·대리인으로 지정 될 수 있는 사람 : 선박직원법에 따른 선박직원(선장·통신장·통신사는 제외) ※ '기관장'은 관리인·대리인으로 해당

해양환경공단 해양환경 보전·관리·개선 및 해양오염방제사업, 해양환경·해양오염 관련 기술개발 및 교육훈련을 위한 사업 등을 위하여 설립된 기관

선박해체의 신고 선박을 해체하고자 하는 자는 선박의 해체작업과정에서 오염물질이 배출되지 아니하도록 작업계획을 수립하여 작업개시 7일 전까지 해양경찰청장(또는 해양경찰서장)에게 신고하여야 한다.

벌칙

5년 이하의 징역 또는 5천만원 이하의 벌금 : 선박 또는 해양시설로부터 기름·유해액체물질·포장유해물질을 배출한 자

3년 이하의 징역 또는 3천만원 이하의 벌금

- 선박 및 해양시설로부터 폐기물을 배출한 자
- 과실로 선박 또는 해양시설로부터 기름·유해액체물질·포장유해물질을 배출한 자

동력수상레저기구
조종면허시험

공개문제 700제

수상상식

1 〈보기〉의 ( ) 안에 들어갈 알맞은 단어를 고르시오. 을

보기

해면에 파랑이 있는 만월의 야간 항행 시에 달이 ( )에 놓이게 되면 광력이 약한 등화를 가진 물체가 근거리에서도 잘 보이지 않는 수가 있어 주의하여 항해하여야 한다.

갑. 전방 을. 후방
병. 측방 정. 머리 위

해설

해면에 파랑이 있는 만월의 야간 항해 시 달이 '후방'에 놓이게 되면 광력이 약한 등화를 가진 물체가 근거리에서도 확인되지 않는 경우가 많아 주의하여야 한다.

2 해도 하단 좌측에 기재되는 '소개정' 관련 보기에 대한 설명 중 옳은 것은? 갑

보기

소개정(Small Correction) (19)312, 627 (20)110

갑. 소개정 최종 개보는 2020년 110번 항까지이다.
을. 소개정이란 해도의 제작처에서 개보(정정)하는 것이다.
병. "(20)110"의 뜻은 2020년 1월10일 개보하였다는 기록이다.
정. 국립해양조사원에서 매달 소개정을 위한 항행통보를 발행한다.

해설

보기는 19년 312항, 627항까지 개보, 20년에는 110번 항까지 개보되었음을 의미한다.

3 고립장해표지에 대한 설명 중 옳지 않은 것은? 정

갑. 이 표지의 주변이 가항수역이다.
을. 두표는 흑구 두 개가 수직으로 연결되어 있다.
병. 암초, 침선 등 고립된 장애물 위에 설치 또는 계류하는 표지
정. 이 표지가 있는 수역 일대는 가항수역으로 수로 중간이나 연안으로 가는 접근로를 표시한다.

해설

- 안전수역표지 : 수역 일대는 가항수역으로 수로 중간이나 연안으로 가는 접근로를 표시한다.
- 고립장해표지 : 색상은 검은색 바탕에 수평 방향으로 적색 띠가 한 개 이상 표시되며, 최상부와 최하부는 검은색으로 표시되고 등색은 백색, 등질은 Fl(2)로 한 주기 동안 백색 섬광등이 2회 점등한다.

부록 | 그림 참조

온난 전선의 설명 중 옳지 않은 것은? 병

갑. 전선이 통과하게 되면 습도와 기온이 상승한다.

을. 찬 기단의 경계면을 따라 따뜻한 공기가 상승하며, 찬 기단이 있는 쪽으로 이동한다.

병. 격렬한 대류운동을 동반하는 적란운을 발생시키기 때문에 강한 바람과 소나기성의 비가 내린다.

정. 따뜻한 공기가 전선면을 따라 상승하기 때문에 구름과 비가 발생한다.

해설 **온난전선**

따뜻한 공기가 찬 기단의 경계면을 따라 올라가면서, 찬 기단이 있는 쪽으로 이동해가는 형태, 전선면을 따라 따뜻한 공기가 상승하므로 구름과 비가 발생한다. 온난전선이 통과하게 되면 기온과 습도가 올라간다.

여름철 우리나라의 전형적인 기압배치는? 정

갑. 동고서저형

을. 서고동저형

병. 북고남저형

정. 남고북저형

해설 **우리나라 주변의 기압 분포 유형**

여름철 우리나라는 전형적으로 '남고북저형'의 정체성 고기압이 배치된다.

백중사리에 대한 설명 중 옳지 않은 것을 고르시오. 정

갑. 백중사리는 사리 중에서도 조차가 큰 시기이다.

을. 음력 7월 15일을 백중이라 하고 이 시기를 뜻한다.

병. 해수면이 가장 낮아져 육지와 도서가 연결되기도 한다.

정. 고조시 해수면은 상대적으로 낮아 제방 등의 피해는 없다.

해설 **백중사리**

백중사리는 사리 때 조차가 가장 크며, 고조시 해수면이 가장 높아 제방 등의 피해가 있을 수 있으며, 저조시 육지와 도서가 연결되어 '모세의 기적' 현상이 일어난다.

파도를 뜻하는 용어 설명 중 옳지 않은 것을 고르시오. 

갑. 바람이 해면이나 수면 위에서 불 때 생기는 파도가 '풍랑'이다.

을. 파랑은 현재의 해역에 바람이 불지 않더라도 생길 수 있다.

병. 너울은 풍랑에서 전파되어 온 파도로 바람의 직접적인 영향을 받지 않는다.

정. 어느 해역에서 발생한 풍랑이 바람이 없는 다른 해역까지 진행 후 감쇠하여 생긴 것이 '너울'이다.

해설

'파랑'(풍랑)은 바람에 의해 생기는 파도이다. '너울'은 현재의 해역에 바람이 불지 않더라도 생길 수 있다.

8 **조석과 조류에 관한 설명 중 옳지 않은 것은?** 병

갑. 조석으로 인하여 해면이 높아진 상태를 고조라고 한다.

을. 조류가 창조류에서 낙조류로, 또는 낙조류에서 창조류로 변할 때 흐름이 잠시 정지하는 현상을 게류라고 한다.

병. 저조에서 고조까지 해면이 점차 상승하는 사이를 낙조라 하고, 조차가 가장 크게 되는 조석을 대조라 한다.

정. 연이어 일어나는 고조와 저조 때의 해면 높이의 차를 조차라 한다.

해설

'병'은 '창조'에 대한 설명이다. 고조에서 저조로 해면이 점차 낮아지는 사이를 '낙조'라 한다.

9 **조석표에 대한 설명 중 옳지 않은 것을 고르시오.** 정

갑. 조석표에 월령의 의미는 달의 위상을 뜻한다.

을. 조석표의 월령 표기는 ◐, ○, ◑, ● 기호를 사용한다.

병. 조위 단위로 표준항은 cm, 그 외 녹동, 순위도는 m를 사용한다.

정. 조석표의 사용시각은 12시간 방식으로 오전(AM)과 오후(PM)로 구분하여 표기한다.

해설 **조석표 보는 방법**

① 사용시각(KST 한국표준시, 24시간 방식)
② 불규칙한 해면 승강 지역
③ 조위의 단위(표준항 cm, 그 외 2곳 m)
④ 달의 위상 표기방식(◐ 상현, ○ 망, ◑ 하현, ● 삭)
⑤ 조고의 기준면(약최저저조면)
⑥ 좌표방식(WGS-84, 도-분-초)

10 **〈보기〉의 상황에서 두 개의 ( ) 안에 들어갈 알맞은 단어를 고르시오.** 갑

보기

최고속 대지속력 20노트로 설계된 모터보트를 전속 RPM으로 운행 중 GPS 플로터를 확인하였더니 현재 속력이 22노트였다. 추측할 수 있는 현재의 조류는 (①)이며, 유속은 약 (②) 노트 내외라 추정할 수 있다.

갑. ① 순조, ② 2노트 을. ① 역조, ② 2노트

병. ① 순조, ② 4노트 정. ① 역조, ② 4노트

해설

유속이 없는 상황이라면 20노트로 운행하게 되겠으나 보기의 경우, 보트 뒤에서 조류를 받는 순조 2노트의 유속이 합산되어 대지속력은 22노트가 가능해진다.

- 대지속력 : SOG(G: Ground) 땅에 대한 속력, GPS 플로터에 지시되는 속력
- 대수속력 : STW(Speed Through Water) 대지속력과 상반되는 물에 대한 속력

※ 순조(선박 진행방향과 동일한 방향의 조류), 역조(순조와 반대의 조류)

1 기상의 요소로 옳지 않은 것은? 갑

갑. 수온　　을. 기온
병. 습도　　정. 기압

해설 **기상요소**

기온, 습도, 기압, 바람, 강우, 시정

2 항해 중 어느 한쪽 현에서 바람을 받으면 풍하측으로 떠밀려 실제 지나온 항적과 선수미선이 일치하지 않을 때 그 각을 무엇이라 하는가? 정

갑. 편차　　을. 시침로
병. 침로각　　정. 풍압차

해설

풍압차(Lee way, LW)에 대한 설명으로, 일반적으로 선박에서는 풍압차와 유압차(Tide way, Current way; 해류나 조류에 떠밀리는 경우 항적과 선수미선 사이에 생기는 교각)를 구별하지 않고 이들을 합쳐서 풍압차라고 하는 경우가 많다.

3 〈보기〉의 ( ) 안에 들어갈 순서가 바르게 짝지어진 것은? 갑

보기

맑은 날 일출 후 1~2시간은 거의 무풍상태였다가 태양고도가 높아짐에 따라 (①)쪽에서 바람이 불기 시작, 오후 1~3시에 가장 강한 (②)이 불며 일몰 후 일시적으로 무풍상태가 되었다가 육상에서 해상으로 (③)이 분다.

갑. ① 해상, ② 해풍, ③ 육풍　　을. ① 육지, ② 육풍, ③ 해풍
병. ① 해상, ② 육풍, ③ 해풍　　정. ① 육지, ② 해풍, ③ 육풍

해설

낮 동안 육상의 기온이 올라가면 육상의 공기는 팽창하고, 해면상에서는 고기압, 육상은 저기압이 형성되어 기압차에 의한 '해풍'(해상에서 육지로)이 발생, 밤에는 반대로 육상공기 수축으로 육상이 고기압이 되고 해상이 저기압이 됨으로써 '육풍'(육상에서 해상으로)이 발생되는 바람이 '해륙풍'이다.

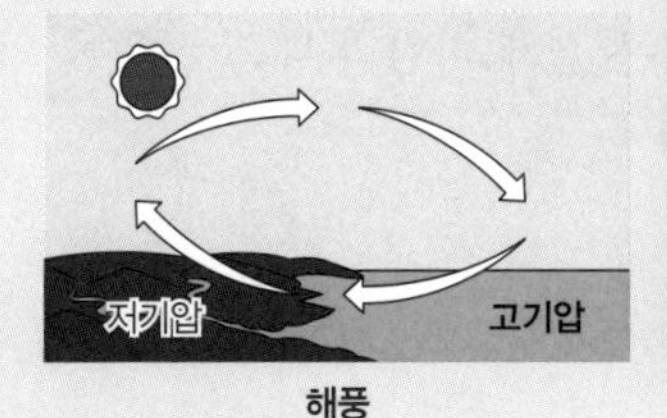

해풍

육풍

14 **대형의 선박(흘수가 큰)이 수심이 얕은 지역을 통과할 때 제일 먼저 고려해야 할 수로서지는?** 갑

갑. 조석표
을. 항해표
병. 등대표
정. 천측력

해설

선박의 안전을 위해 수심을 알 수 있는 조석표를 확인하여야 한다.

15 **안개에 대한 설명 중 바르지 못한 것을 고르시오.** 갑

갑. 이류무 – 해상안개의 80%를 차지하며 범위는 넓으나 지속시간은 짧다.
을. 복사무 – 육상 안개의 대부분을 차지하며 국지적인 좁은 범위의 안개이다.
병. 전선무 – 전선을 동반한 따뜻한 비가 한기 속에 떨어질 때 증발로 발생한다.
정. 활승무 – 습윤한 공기가 완만한 산의 경사면을 강제 상승되어 수증기 응결로 발생된다.

해설 해무(이류무)

따뜻하고 습윤한 공기가 따뜻한 표면에서 찬 표면으로 이동 중 접촉으로 냉각되어 발생 또는 건조하고 찬 공기가 따뜻하고 습한 표면으로 이동하는 동안 표면으로부터 증발에 의한 수증기 포화로 발생, 해상안개의 80%를 차지하며 범위가 넓고, 6시간 정도에서 며칠씩 지속될 때도 있다.

16 **풍향 풍속에 대한 설명으로 옳지 않은 것은?** 갑

갑. 풍향이란 바람이 불어나가는 방향으로, 해상에서는 보통 북에서 시작하여 시계방향으로 32방위로 나타낸다.
을. 풍향이 반시계 방향으로 변하는 것을 풍향 반전이라 하고, 시계 방향으로 변하는 것을 풍향 순전이라고 한다.
병. 풍속은 정시 관측 시간 전 10분간의 풍속을 평균하여 구한다.
정. 항해 중의 선상에서 관측하는 바람은 실제 바람과 배의 운동에 의해 생긴 바람이 합성된 것으로, 시풍이라고 한다.

해설

풍향이란 바람이 불어오는 방향으로, 보통 북에서 시작하여 시계 방향으로 16방위로 나타내며, 해상에서는 32방위로 나타낼 때도 있다.

17 바람이 불어오는 방향을 16방위로 표기하는 방법 중 바른 것을 고르시오. 을

갑. 약 290도 방향에서 불어오는 풍향은 북서서(NWW) 풍

을. 약 155도 방향에서 불어오는 풍향은 남남동(SSE) 풍

병. 약 110도 방향에서 불어오는 풍향은 동동남(EES) 풍

정. 약 020도 방향에서 불어오는 풍향은 북동북(NEN) 풍

해설 풍향

- 4방위 표기법 : 북 N, 동 E, 남 S, 서 W
- 8방위 표기법 : 북 N, 북동 NE, 동 E, 남동 SE, 남 S, 남서 SW, 서 W, 북서 NW
- 16방위 표기법 : 북 N, 북북동 NNE, 북동 NE, 동북동 ENE, 동 E, 동남동 ESE, 남동 SE, 남남동 SSE, 남 S, 남남서 SSW, 남서 SW, 서남서 WSW, 서 W, 서북서 WNW, 북서 NW, 북북서 NNW

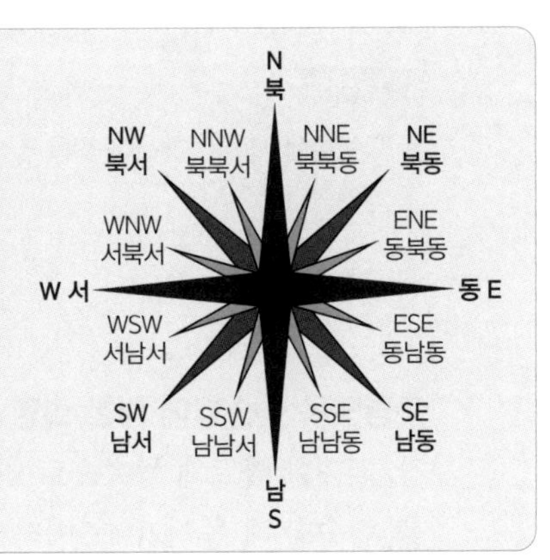

18 북방위표지가 뜻하는 것은? 갑

갑. 북쪽이 안전수역이니까 북쪽으로 항해할 수 있다.

을. 북쪽을 제외한 다른 지역이 안전수역이다.

병. 남쪽이 안전수역이니까 남쪽으로 항해할 수 있다.

정. 남쪽과 북쪽이 안전수역이니까 남쪽 또는 북쪽으로 항해할 수 있다.

해설

방위표지는 장애물을 중심으로 주위를 4개 상한으로 나누어 설치한다. 북방위표지-북쪽, 동방위표지-동쪽, 남방위표지-남쪽, 서방위표지-서쪽으로 항해하면 안전하다.

19 태풍의 가항반원과 위험반원에 대한 설명 중 바른 것을 고르시오. 갑

갑. 위험반원의 후반부에 삼각파의 범위가 넓고 대파가 있다.

을. 위험반원은 기압경도가 작고 풍파가 심하나 지속시간은 짧다.

병. 태풍의 이동축선에 대하여 좌측반원을 위험반원, 우측반원을 가항반원이라 한다.

정. 위험반원 중에서도 후반부가 최강풍대가 있고 중심의 진로상으로 휩쓸려 들어갈 가능성이 크다.

해설

태풍은 이동축선을 기준으로 좌측반원이 가항반원, 우측반원이 위험반원이며, 좌측(가항반원)은 우측(위험반원)에 비해 상대적으로 약한 반면, 우측(위험반원)은 기압경도가 크며, 풍파가 심하며 폭풍우 지속시간도 길다. 또한 우측반원 중에서도 전반부에 최강풍대가 있고, 진로상 태풍 중심으로 선박이 바람에 압류되어 휩쓸릴 가능성이 커서 가장 위험한 반원에 해당한다. 특히, 태풍 중심에서 50km 이내는 삼각파가 극히 심하며, 우측(위험반원)의 후반부에 삼각파의 범위가 넓고 대파가 있다.

20 **항해 중 안개가 끼었을 때 본선의 행동사항 중 가장 옳은 것은?** 병

갑. 최고의 속력으로 빨리 인근 항구에 입항한다.

을. 레이다에만 의존하여 최고 속력으로 항해한다.

병. 안전한 속력으로 항해하며 가용할 수 있는 방법을 다하여 소리를 발생하고 근처에 항해하는 선박에 알린다.

정. 컴퍼스를 이용하여 선위를 구한다.

해설

무중항해 시에는 레이다 활용 및 안전한 속력으로 항해하며, 무중신호를 이용하여 최대한 선박을 안전하게 항해하여야 한다.

21 **구명뗏목 탑승법에 대한 설명 중 옳지 않은 것을 고르시오.** 갑

갑. 최대한 빠르게 물속으로 입수한 후 뗏목으로 올라탄다.

을. 탑승할 때 높이가 4.5미터 이내인 경우 천막 위로 바로 뛰어내려도 된다.

병. 탑승을 위해 보트 사다리 등 주변에 이용 가능한 모든 것을 준비 및 사용한다.

정. 뒤집어져 팽창했을 때는 뗏목 바닥의 복정장치를 이용, 체중을 실어 당기거나 풍향을 이용하여 복원시킨다.

해설

체온 및 체력 감소를 막기 위해 가능한 한 물속으로 들어가지 않고 탑승하는 것이 좋다.

22 **선박이 충분한 건현이 필요한 이유는?** 을

갑. 수심을 알기 위하여 필요하다.

을. 예비부력을 가져 안전항해를 하기 위하여 필요하다.

병. 선박의 저항, 추진력 계산에 필요하다.

정. 배의 속력을 계산하는 데 필요하다.

해설

건현이란 배 중앙의 만재흘수선과 상갑판까지의 수직거리를 말한다. 건현이 클수록 배의 예비부력이 크다는 것으로 안전한 항해를 하기 위하여 필요하다.

23 **구명뗏목에 승선 완료 후 즉시 취할 행동에 관한 지침으로 보기 쉬운 곳에 게시되어 있는 것은?** 병

갑. 생존지침서

을. 의료설명서

병. 행동지침서

정. 구명신호 설명서

해설

- 생존지침서 : 구명뗏목 내에서 생존방법, 구명신호 송수신 해독 지도서
- 구명신호 설명서 : 구명시설과 조난선박과의 통신에 필요한 신호 방법
- 행동지침서 : 구명뗏목 승선 후 즉시 취할 행동 지침

24 구명뗏목이 바람에 떠내려가지 않도록 바닷속의 저항체 역할과 전복방지에 유용한 것은? 갑

갑. 해묘　　을. 안전변

병. 구명줄　　정. 바닥기실

해설

- 안전변 : 뗏목이 팽창한 경우 적정한 기실 압력을 유지하기 위해 가스를 배출시키는 장치
- 구명줄 : 외주(수중 표류자)와 내주(뗏목 탑승자) 구명줄로 조난자가 붙잡기 위한 끈
- 바닥기실 : 주기실의 하부면에 있고 비치된 충기펌프로 팽창시킬 수 있다.
- 해묘(Sea anchor) : 구명뗏목이 바람에 떠내려 가거나 전복방지를 위해 유용하다.

25 구명뗏목의 의장품인 행동지침서의 기재사항으로 옳지 않은 것은? 을

갑. 다른 조난자가 없는지 확인할 것

을. 침몰하는 배 주변 가까이에 머무를 것

병. 다른 구명정 및 구명뗏목과 같이 행동할 것

정. 의장품 격납고를 열고 생존지침서를 읽을 것

해설

침몰하는 배에서 신속하게 떨어질 것

26 조난신호 장비에 대한 설명 중 옳지 않은 것은? 을

갑. 신호 홍염 – 손잡이를 잡고 불을 붙이면 1분 이상 붉은색의 불꽃을 낸다.

을. 발연부 신호 – 불을 붙여 손으로 잡거나 배 위에 올려놓으면 3분 이상 연기를 분출한다.

병. 자기 점화등 – 구명부환(Life Ring)에 연결되어 있어 야간에 수면에 투하되면 자동으로 점등된다.

정. 로켓 낙하산 화염 신호 – 공중에 발사되면 낙하산이 펴져 초당 5미터 이하로 떨어지면서 불꽃을 낸다.

해설

- 신호 홍염 : 손으로 잡고서 조난신호를 알리는 장비
- 발연부 신호 : 방수 용기로 포장되어 있고 잔잔한 해면에 3분 이상 연기를 분출하는데, 발화동안 상당한 고온이므로 손으로 잡아선 안 되며 갑판 위에 두었을 때 화재 위험이 크므로 점화 후 물에 던져 해면 위에서 연기를 낸다.
- 로켓 낙하산 화염 신호 : 수직으로 쏘아 올릴 때 고도 300미터 이상 올라가야 하며 40초 이상의 연소시간을 가져야 한다.

27 **로프의 시험 하중의 범위 내에서 안전하게 사용할 수 있는 최대의 하중을 무엇이라고 하는가?** 정

갑. 시험 하중　　을. 파단 하중
병. 충격 하중　　정. 안전사용 하중

해설 안전사용 하중

로프의 시험 하중의 범위 내에서 안전하게 사용할 수 있는 최대의 하중으로, 파단력의 1/6로 본다.

28 **수동 팽창식 구명조끼에 대한 설명 중 옳지 않은 것은?** 정

갑. 부피가 작아서 관리, 취급, 운반이 간편하다.
을. CO_2 팽창기를 이용하여 부력을 얻는 구명조끼이다.
병. 협소한 장소나 더운 곳에서 착용 및 활동이 편리하다.
정. CO_2 팽창 후 부력 유지를 위한 공기 보충은 필요 없다.

해설

수동 팽창식 구명조끼는 수중에서 장시간 부력 유지를 위해 입으로 공기를 불어 넣는 장치를 이용하여 수시로 빠진 공기를 보충시켜 주어야 한다.

29 **자동 및 수동 겸용 팽창식 구명조끼 작동법에 대한 설명 중 옳지 않은 것은?** 정

갑. 물 감지 센서(Bobbin)에 의해 익수 시 10초 이내에 자동으로 팽창한다.
을. 자동으로 팽창하지 않았을 경우, 작동 손잡이를 당겨 수동으로 팽창시킨다.
병. CO_2 가스 누설 또는 완전히 팽창되지 않았을 경우 입으로 직접 공기를 불어 넣는다.
정. 직접 공기를 불어 넣은 후에는 가스 누설을 막기 위해 마우스피스의 마개를 거꾸로 닫는다.

해설

자동 및 수동 겸용 팽창식 구명조끼는 공기를 보충해야 할 경우에 사용하는 마우스피스는 공기를 뺄 때도 사용하게 되는데, 마우스피스 마개를 거꾸로 닫게 되면 에어백 내부의 공기가 빠지게 된다.

30 **자동 및 수동 겸용 팽창식 구명조끼의 관리 방법으로 옳지 않은 것은?** 을

갑. 습도가 높고 밀폐된 공간에서 장시간 보관을 피한다.
을. 사용 후 환기가 잘되고 햇볕이 잘 드는 곳에 보관해야 한다.
병. 비가 오거나 습기가 많은 날은 보빈(Bobbin) 오작동에 주의를 요한다.
정. 팽창 후 재사용을 위해서는 에어백 내부의 공기를 완전히 빼줘야 한다.

해설

사용 후 환기가 잘되고 그늘진 곳에 보관해야 한다.

31 **화재 발생 시 조치사항으로 옳지 않은 것은?** 갑

갑. 화재구역의 통풍을 차단하고 선내 조명 등 전원은 유지

을. 발화원과 인화성 물질이 무엇인가 알아내어 소화방법 강구

병. 초기 진화 실패 시 퇴선을 대비하여 필요 장비 확보

정. 소화 작업과 동시에 화재 진화 실패 시의 대책을 강구

해설

화재구역의 통풍 및 전원을 차단한다.

32 **생존수영의 방법으로 올바르지 않은 것을 고르시오.** 갑

갑. 구조를 요청할 때는 누워서 고함을 치거나 두 손으로 구조를 요청한다.

을. 익수자가 여러 명일 경우 이탈되지 않도록 서로 껴안고 하체를 서로 압박하고 잡아준다.

병. 부력을 이용할 장비가 있으면 가슴에 밀착시켜 체온을 유지한다.

정. 온몸에 힘을 뺀 상태에서 몸을 뒤로 젖혀 하늘을 보는 자세를 취한다.

해설

구조를 요청할 때에는 한 손으로 흔든다. 두 손으로 구조를 요청하게 되면 에너지 소모가 많고 부력장비를 놓치기 쉽다.

33 **무동력보트를 이용한 구조술에 대한 설명 중 옳지 않은 것은?** 정

갑. 익수자에게 접근해 노를 건네 구조할 수 있다.

을. 익수자를 끌어올릴 때 전복되지 않도록 주의한다.

병. 보트 위로 끌어올리지 못할 경우 뒷면에 매달리게 한 후 신속히 이동한다.

정. 보트는 선미보다 선수방향으로 익수자를 탈 수 있도록 유도하는 것이 효과적이다.

해설

무동력보트의 경우 선미가 선수보다 낮으며 스크루가 없기 때문에 선미로 유도하여 끌어 올리는 것이 효과적이다.

34 **복원력을 좋게 하기 위한 방법으로 가장 옳은 것은?** 갑

갑. 무거운 화물을 선박의 낮은 부분으로 옮겨 무게중심을 낮춘다.

을. 무거운 화물을 선박의 높은 부분으로 옮겨 무게중심을 높인다.

병. 무거운 화물을 갑판으로 적재한다.

정. 무거운 화물을 바다에 버린다.

해설

무거운 화물은 하부에, 가벼운 화물은 상부에 배치하여야 무게중심이 낮춰지면서 복원력을 증가시킨다.

35 **선박 충돌 시 조치사항으로 가장 옳지 않은 것은?** 을

갑. 인명구조에 최선을 다한다.

을. 침수량이 배수량보다 많으면 배수를 중단한다.

병. 침몰할 염려가 있을 때에는 임의좌초 시킨다.

정. 퇴선할 때에는 구명조끼를 반드시 착용한다.

해설

침수량이 배수량보다 많더라도 부력 상실 전까지 시간 확보를 위해 배수를 중단해서는 안 된다.

36 **항해 중 가족이 바다에 빠진 경우 취해야 할 방법으로 옳지 않은 것은?** 을

갑. 구명부환을 던진다.

을. 즉시 입수하여 가족을 구조한다.

병. 타력을 이용하여 미속으로 접근한다.

정. 119에 신고한다.

해설

인명구조는 본인 안전의 확보가 최우선이다. 직접(맨몸)구조보다 물 밖에서 구조장비를 이용한 간접구조를 우선하여야 한다.

37 **구명뗏목 작동 및 취급 시에 대한 설명으로 옳은 것은?** 갑

갑. 자동이탈 장치에는 절대로 페인트 등 도장을 하면 안 된다.

을. 구명뗏목 팽창법 2가지 중 수동보다는 자동 이탈하여 탑승하는 것이 안전하다.

병. 구명뗏목 정비 및 운반을 위한 취급 시 작동줄을 당겨서 운반하는 것이 안전하다.

정. 기상이 악화된 해상에 대비하여 항해 중 별도의 고박장치를 단단히 해두는 것이 좋다.

해설

자동이탈 장치에 페인트 도장을 하면, 수압에 의한 자동이탈 및 팽창이 불가하다. 따라서 자동이탈 장치에는 절대로 도장 처리를 하면 안 된다. 자동이탈은 침몰 후 수심 2~4미터의 수압에 의해 자동 팽창되는 것으로 안전과는 무관하다. 작동줄은 수동으로 구명뗏목을 팽창시키는 줄로써 조난이 아닌 상황에서 취급 중 당겨서는 안 된다. 구명뗏목을 별도의 로프 등으로 고박하게 되면 침몰 시 자동이탈 및 팽창이 불가해진다. 보트가 침몰하기 전이라도 탈출을 위해 필요하다면 수동으로 구명뗏목을 이탈시킬 수 있다.

38 보트를 조종하여 익수자를 구조하는 방법으로 가장 옳지 않은 것은? 을

갑. 타력을 이용하여 미속으로 접근한다.
을. 익수자까지 최대 속력으로 접근한다.
병. 익수자 접근 후 레버를 중립에 둔다.
정. 여분의 노, 구명환 등을 이용하여 구조한다.

해설

타력을 이용하여 미속 접근하고, 안전사고 방지를 위해 익수자 접근 후 레버를 중립에 두며, 여분의 노 또는 구명환 등을 이용하여 구조한다.

39 항행 중 비나 안개 등에 의해 시정이 나빠졌을 때 조치사항으로 옳지 않은 것은? 병

갑. 낮에도 항해등을 점등하고 속력을 줄인다.
을. 다른 선박의 무중신호 청취에 집중한다.
병. 주변의 무중신호 청취를 위해 기적이나 싸이렌은 작동하지 않는다.
정. 시계가 좋아질 때를 기다린다.

해설

비나 안개 등으로 시정이 좋지 않거나 악화될 것으로 예상된다면 출항하지 않는다. 또한, 제한된 시계로 인해 위치 확인이 불가할 경우 무리한 항해를 삼가고 투묘 또는 안전한 곳에서 대기한다. 저시정에서는 주·야간 항해등을 점등해야 하며 규정에 따라 기적, 싸이렌 등의 무중신호를 작동하며, 동시에 주변의 다른 선박의 무중신호 청취에 집중한다.

40 〈보기〉의 인명구조 장비에 대한 설명 중 (   )안에 들어갈 적합한 것을 고르시오. 을

보기

- (①)은 비교적 가까이 있는 익수자를 구출하는 데 이상적이다.
- (②)은 비교적 멀리 있는 익수자를 구출하는 데 이상적이다.

갑. ① 구명부환(Life Ring), ② 레스큐 캔
을. ① 구명부환(Life Ring), ② 드로우 백(구조용 로프백)
병. ① 드로우 백(구조용 로프백), ② 구명부환(Life Ring)
정. ① 구명부환(Life Ring), ② 구명공(구명볼, Kapok Ball)

해설

- 드로우 백 : 부력을 갖춘 소형 주머니에 20~30m 로프가 들어 있다. 먼거리 익수자 구조에 사용한다.
- 구명부환 : 원통의 튜브형으로 외형 측면에 끈이 달려 있어 익수자가 잡기에 편리하다. 비교적 근거리 익수자 구조에 적합하다.

41 선박에서 흘수를 조사하는 이유로 가장 옳은 것은? 갑

갑. 선박의 항행이 가능한 수심을 알 수 있다.

을. 예비부력을 알 수 있다.

병. 선박의 저항력을 계산할 수 있다.

정. 해수의 침입을 방지할 수 있다.

해설 흘수

선박에서 흘수의 조사는 선박 항행이 가능한지 수심을 알 수 있는 중요사항이다.

42 폭풍우 시 대처방법으로 옳지 않은 것은? 을

갑. 파도의 충격과 동요를 최대로 줄이기 위해 속력을 줄이고 풍파를 선수 20°~30° 방향에서 받도록 조종한다.

을. 파도의 충격과 동요를 최대로 줄이기 위해 속력을 줄이고 풍파를 우현 90° 방향에서 받도록 조종한다.

병. 파도를 보트의 횡방향에서 받는 것은 대단히 위험하다.

정. 보트의 위치를 항상 파악하도록 노력한다.

해설

파도의 충격과 동요를 최대로 줄이기 위해 속력을 줄이고 풍파를 선수 20~30° 방향에서 받도록 조종한다. 풍파를 우현 90° 방향에서 받도록 하는 것은 전복의 위험이 있다.

43 해도 도식에서 의심되는 수심을 나타내는 것은? 병

갑. PD

을. PA

병. SD

정. WK

해설

- PD : 의심되는 위치
- PA : 개략적인 위치
- SD : 의심되는 수심
- WK : 침선

44 〈보기〉는 구명 장비이다. (가), (나)에 해당하는 장비로 옳은 것은? 을

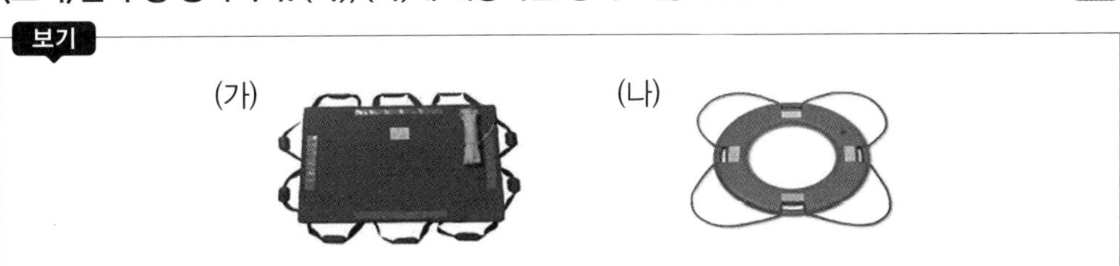

갑. (가) 구명부기, (나) 구명조끼
을. (가) 구명부기, (나) 구명부환
병. (가) 구명뗏목, (나) 구명조끼
정. (가) 구명뗏목, (나) 구명부기

해설

- 구명부기 : 부체 주위에 부착된 줄을 붙잡고 구조될 때까지 기다릴 때 사용되는 장비이다. 연안을 운항하는 여객선이나 낚시 어선 등에서 주로 사용한다.
- 구명부환 : 물에 빠진 사람에게 던져서 붙잡게 하여 구조하는 부력 용구를 구명부환이라 한다. 일정한 길이의 구명줄 및 야간에 빛을 반사할 수 있는 역반사재가 부착되어 있다.

45 화재 발생 시 유의 사항에 대한 설명으로 옳은 것을 고르시오. 을

갑. 화재 발생원이 풍상측에 있도록 보트를 돌리고 엔진을 정지한다.
을. 엔진룸 화재와 같은 B급 유류 화재에는 대부분의 소화기 사용이 가능하다.
병. 화재 예방을 위해 기름이나 페인트가 묻은 걸레는 공기가 잘 통하지 않는 곳에 보관한다.
정. C급 화재인 전기화재에 물이나 분말소화기는 부적합하여 포말소화기나 이산화탄소(CO_2) 소화기를 사용한다.

해설

화재 발생 시 발생원이 풍하측에 있도록 보트를 돌리고 엔진을 정지하여야 화재가 확산되는 것을 줄일 수 있다. 엔진룸 화재와 같은 B급 유류화재는 CO_2, 포말, 분말소화기 등 대부분의 소화기 사용이 가능하다. 기름이나 페인트가 묻은 걸레는 공기가 잘 통하는 곳에 보관한다. C급 전기화재는 누전에 대비하여 액체가 없는 분말 또는 이산화탄소(CO_2) 소화기를 사용하여야 한다.

46 임의좌주(임시좌주, Beaching)를 위해 적당한 해안을 선정할 때 유의사항으로 옳은 것은?

갑. 해저가 모래나 자갈로 구성된 곳은 피한다.
을. 경사가 완만하고 육지로 둘러싸인 곳을 선택한다.
병. 임의좌주 후 자력 이초를 고려하여 강한 조류가 있는 곳을 선택한다.
정. 임의좌주 후 자력 이초에 도움을 줄 수 있도록 갯벌로 된 곳을 선택한다.

해설

- 경사가 완만하고 육지로 둘러싸인 곳을 선택한다.
- 임의 좌주 시 해저가 모래, 자갈로 구성된 곳이 좋다.
- 강한 조류가 없는 곳을 선택, 자력 이초를 고려하면 저질이 갯벌인 곳은 피해야 한다.

47 **해양사고 대처에 있어 〈보기〉와 같은 판단들은 무엇을 시도하기 전에 고려할 사항인가?** 정

보기

- 손상 부분으로부터 들어오는 침수량과 본선의 배수 능력을 비교하여 물에 뜰 수 있을 것인가
- 해저의 저질, 수심을 측정하고 끌어낼 수 있는 시각과 기관의 후진 능력을 판단
- 조류, 바람, 파도가 어떤 영향을 줄 것인가
- 무게를 줄이기 위해 적재된 물품을 어느 정도 해상에 투하하면 물에 뜰 수 있겠는가

갑. 충돌
을. 접촉
병. 좌초
정. 이초

해설 좌초 또는 임의좌주 후 이초 시 고려사항

① 즉시 기관을 정지
② 손상부 파악
③ 손상부 확대 가능성에 주의하여 후진 기관사용 여부 판단
④ 자력 이초 가능 여부 판단
⑤ 이초 결정 시 이초를 위한 방법을 선택
※ 이초 : 항해 중 암초에 걸린 배를 다시 띄우는 것

48 **해상에서 선박 간 충돌 또는 장애물과의 접촉 사고 시에 조치하여야 할 사항으로 가장 옳지 않은 것은?** 을

갑. 충돌을 피하지 못할 상황이라면 타력을 줄인다.
을. 충돌이나 접촉 직후에는 기관을 전속으로 후진하여 충돌 대상과 안전거리 확보가 우선이다.
병. 파공이 크고 침수가 심하면 격실 밀폐와 수밀문을 닫아서 충돌 또는 접촉된 구획만 침수되도록 한다.
정. 충돌 후 침몰이 예상되는 상황이면 해상으로 탈출을 대비하여야 하며, 수심이 낮은 곳에 임의 좌주를 고려한다.

해설

충돌로 발생되는 수면하 파공부는 두 선체가 떨어질 때 파공부 노출로 해수 유입량이 최대가 되어, 침몰 위험도 높아지므로 손상부가 파악될 때까지 충돌상태를 유지하는 것이 더 안전할 수 있다.

49 **좌초 후 자력으로 이초할 때 유의사항으로 가장 옳은 것은?** 정

갑. 암초 위에 얹힌 경우, 구조가 될 때까지 무작정 기다린다.
을. 저조가 되기 직전에 시도하고 바람, 파도, 조류 등을 이용한다.
병. 선체 중량을 경감 할 필요가 있을 땐 이초 시작 직후에 실시한다.
정. 갯벌에 얹혔을 때에는 선체를 좌우로 흔들면서 기관을 사용하면 효과적이다.

해설

갯벌에 좌초 시 선체를 좌우로 흔들면서 기관을 사용하면 효과적이다. 암초에 얹힌 시점이 저조 진행 중이라면 기울기가 커져 전복 위험이 있다. 고조가 되기 전부터 이초를 시도하며, 이초를 위하여 선체의 중량을 줄여야 한다면 이초 시작 직전 중량을 경감시킨다.

50 조석의 용어 중 고고조(HHW)의 뜻은? 갑

갑. 연이어 일어나는 2회의 고조 중 높은 것
을. 연이어 일어나는 2회의 고조 중 낮은 것
병. 연이어 일어나는 2회의 저조 중 높은 것
정. 연이어 일어나는 2회의 저조 중 낮은 것

51 좁은 수로에서 보트 운항자가 주의하여야 할 것으로 옳은 것은? 정

갑. 속력이 너무 빠르면 조류영향을 크게 받으며, 타의 효력도 나빠져서 조종이 곤란할 수 있다.
을. 야간에는 보트의 조종실 등화를 밝게 점등하여 타 선박이 나의 존재를 확인하기 쉽도록 한다.
병. 음력 보름 만월인 야간에는 해면에 파랑이 있고 달이 후방에 있을 때가 전방 경계에 용이하다.
정. 일시에 대각도 변침을 피하고, 조류방향과 직각되는 방향으로 선체가 가로 놓이게 되면 조류영향을 크게 받는다.

해설 **좁은 수로에서 조류의 영향과 관련된 변침 시 주의사항**

- 속력이 너무 느리면 조류영향이 크고, 타효가 저하된다.
- 야간 경계 강화를 위해 조타실은 어두워야 하며 야간에 선박 존재 확인은 항해등 또는 정박등(법정등화)으로 확인한다.
- 음력 보름 야간에는 달이 후방에 있는 경우 전방 경계에 불리하다.
- 일시에 대각도 변침하여 선체가 조류방향으로 가로 놓이게 되면 조류영향을 크게 받아 위험하다.

52 항해 중 해도를 이용할 때 주의사항으로 가장 적합한 것을 고르시오. 정

갑. 해저의 요철이 불규칙한 곳을 항행한다.
을. 등심선이 기재되지 않은 것은 측심이 정확한 곳이다.
병. 수심이 고르더라도 수심이 얕고 저질이 암초인 공백지를 항행한다.
정. 자세히 표현된 구역은 수심이 복잡하게 기재되었더라도 정밀하게 측량된 것으로 볼 수 있다.

해설

- 도재된 수심이 조밀하거나 등심선 등이 자세히 표현된 구역은 수심이 복잡하게 기재되었더라도 정밀하게 측량된 것으로 볼 수 있으며, 안전하다.
- 등심선이 기재되지 않은 것은 정측되지 않았거나 해저 요철이 심한 곳으로 주의하여야 한다.
- 공백지는 수심 숫자가 없는 해도상의 공백면이다.

53 1해리를 미터 단위로 환산한 것으로 올바른 것은?

병

갑. 1,582m　　　　을. 1,000m

병. 1,852m　　　　정. 1,500m

해설

1해리 = 1,852m

54 조류가 빠른 협수로 같은 곳에서 일어나는 조류의 상태는?

을

갑. 급조　　　　을. 와류

병. 반류　　　　정. 격조

해설 **와류(Eddy Current)**

와류는 조류가 빠른 협수로에서 물이 소용돌이 치면서 흐르는 것으로, 조류가 빠른 좁은 수로 등을 지날 때 주의하여야 한다.

55 해도에서 수심이 같은 장소를 연결한 선을 무엇이라 하는가?

정

갑. 경계선　　　　을. 등고선

병. 등압선　　　　정. 등심선

해설 **등심선**

해도에서 수심이 같은 장소를 연결한 선. 수심 2m, 5m 기준으로 등심선이 그려져 있으며, 이후 10m, 20m, 30m와 같이 등심선과 선 중간에 숫자(10, 20, 30)와 함께 등심선이 표기되기도 한다.

56 해안선을 나타내는 경계선의 기준은?

정

갑. 약최저저조면　　　　을. 기본수준면

병. 평균수면　　　　정. 약최고고조면

해설 **약최고고조면(Approximate Highest High Water)**

조석으로 인해 가장 높아진 해수면 높이로, 이 높이를 해안선의 경계로 사용한다.

57 **해도에 나타나지 않는 것은?** 정

갑. 조류속도 을. 조류방향
병. 수심 정. 풍향

해설
해도에는 해안의 지형, 조류의 성질, 수심 등을 표시하며, 풍향은 표시하지 않는다.

58 **조차가 극대가 될 때의 조석을 무엇이라 하는가?** 을

갑. 고조 을. 대조
병. 만조 정. 분점조

해설 대조
삭과 망이 지난 뒤 1~2일 만에 생긴 조차(조석 간만의 차)가 극대인 때의 조석으로 '사리'라고도 한다.

59 **조석 현상 중 창조에 대한 설명으로 옳은 것은?** 갑

갑. 저조에서 고조로 되기까지 해면이 점차 높아지는 상태이다.
을. 고조에서 저조로 되기까지 해면이 점차 낮아지는 상태이다.
병. 고조와 저조시에 해면의 승강운동이 순간적으로 거의 정지한 것 같이 보이는 상태이다.
정. 조석으로 인하여 해면이 가장 낮아진 상태이다.

해설
- 창조류 : 저조에서 고조로 되기까지 해면이 점차 높아지는 상태
- 낙조류 : 고조에서 저조로 되기까지 해면이 점차 낮아지는 상태

60 **침실에서 석유난로를 사용하던 중 담뱃불에서 인화되어 유류 화재가 발생하였다. 이 화재의 종류는?** 을

갑. A급 화재 을. B급 화재
병. C급 화재 정. D급 화재

해설 B급 화재(유류 화재)
- A급 화재(일반화재, 보통화재) : 목재, 섬유류, 종이, 고무 등 일반 가연성 물질에 의한 화재이며, 타고 난 후 재를 남김
- C급 화재(전기) : 전기스파크, 단락, 과부하 등 전기에너지가 불로 전이되는 것
- D급 화재(금속) : 철분, 마그네슘, 칼슘, 나트륨, 지르코늄 등 금속물질에 의한 화재

61 밀물과 썰물의 차가 가장 작을 때를 무엇이라고 하는가?

을

갑. 사리　　을. 조금

병. 상현　　정. 간조

해설 조금(Neap Tide)

상현과 하현 때 달과 태양이 직각을 이루고 있어 달과 태양의 기조력이 나뉘어져 상쇄되므로 밀물과 썰물의 조차가 가장 작으며 이때를 조금(소조)이라고 한다.

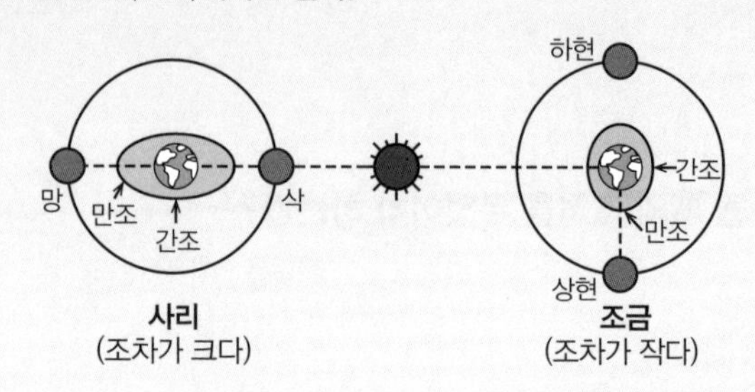

62 휴대용 CO_2 소화기의 최대 유효거리는?

을

갑. 4.5~5m　　을. 1.5~2m

병. 2.5~3m　　정. 3.5~4m

해설

휴대식 CO_2 소화기는 B, C급 초기화재의 진화에 효과적이며 최대 유효거리는 1.5~2m이다.

63 창조 또는 낙조의 전후에 해면의 승강은 극히 느리고 정지하고 있는 것 같아 보이는 상태로 해면의 수직운동이 정지된 상태를 ( )라 한다. ( ) 안에 들어갈 적합한 것을 고르시오.

을

갑. 게류　　을. 정조

병. 평균수면　　정. 전류

해설 정조(Stand of tide)

해면의 수직운동이 정지한 상태이다.

※ 게류(Slack water) : 창조 또는 낙조의 전후 조류가 바뀔 때, 해면의 승강이 극히 느려 정지상태에 이르는 바닷물의 흐름상태

64 저조 때가 되어도 수면 위에 잘 나타나지 않으며 특히, 항해에 위험을 주는 바위는?

을

갑. 노출암　　을. 암암

병. 세암　　정. 간출암

해설

- 암암 : 저조시가 되어도 수면 위에 잘 나타나지 않는다.
- 세암 : 저조일 때 수면과 거의 같아서 해수에 봉오리가 씻기는 바위이다.
- 간출암 : 저조시에 수면 위에 나타나는 바위이다.

65 바다에서 대체로 일정한 방향으로 계속 흐르는 것은? 갑

갑. 해류
을. 조석
병. 조류
정. 대류

해설 **해류(Ocean Current)**

방향과 속도가 일정하고 정상적인 해수의 유동이다. 해류는 주기적인 해수면 상하운동인 조류, 폭풍 또는 지진에 의한 해일, 부진동, 연안류, 파랑 등 여러 요인의 복합적인 작용의 결과로 일어난다.

66 팽창식 구명뗏목 수동진수 순서로 올바른 것은? 병

갑. 연결줄 당김 – 안전핀 제거 – 투하용 손잡이 당김
을. 투하용 손잡이 당김 – 연결줄 당김 – 안전핀 제거
병. 안전핀 제거 – 투하용 손잡이 당김 – 연결줄 당김
정. 안전핀 제거 – 연결줄 당김 – 투하용 손잡이 당김

해설

구명뗏목 수동진수의 경우 연결줄이 선박에 묶여 있는지 확인한 후 투하 위치 주변에 장애물이 있는지 확인하고 안전핀을 제거한 뒤 투하용 손잡이를 몸 쪽으로 당긴다. 그 다음 구명뗏목이 펼쳐질 때까지 연결줄을 끝까지 잡아당겨 준다.

67 팽창식 구명뗏목 자동 진수 시 수심 2~4m 사이에서 수압에 의해 자동으로 구명뗏목을 분리시키는 장비의 명칭으로 옳은 것은? 병

갑. 위크링크
을. 작동줄
병. 자동이탈장치
정. 연결줄

해설 **자동이탈장치(Hydraulic release unit)**

본선 침몰 시에 구명뗏목을 본선으로부터 자동으로 이탈시키는 장치로 수심 4m 이내의 수압에서 작동하여 본선으로부터 자동 이탈되어 수면으로 부상하도록 설계되어 있다.

68 연안에서 수상 스포츠를 즐기는 사람들에게 외양 쪽으로 떠내려가게 하여 위험한 상황을 만드는 해류를 무엇이라 하는가? 병

갑. 파송류
을. 연안류
병. 이안류
정. 외양류

해설 **이안류(Rip Current)**

파랑에 의해 발생되는 해류이다. 해안에서 멀어져 가는 해류의 흐름에 따라 연안에서 수영이나 수상스포츠를 즐기는 사람들에게 위험한 상황을 만들기도 한다.

69 〈보기〉에 있는 (　　) 안에 공통으로 들어갈 말로 적합한 것은? 을

보기

- (　　) 때 유속이 가장 강하게 되는 방향으로 흐르는 조류를 '(　　)류'라고 한다.
- (　　)는 조석 때문에 해면이 낮아지고 있는 상태로서 고조에서 저조까지의 사이를 말한다.
- 보통 고조 전 3시 내지 고조 후 3시에서, 저조 전 3시 내지 저조 후 3시까지 흐르는 조류를 '(　　)류'라고 한다.

갑. 창조　　을. 낙조
병. 고조　　정. 저조

70 조석 간만의 영향을 받는 항구에서 레저보트로 입출항 할 때, 오전 08시 14분 출항했을 때가 만조였다면, 아래 어느 시간대를 선택해야 만조 시의 입항이 가능한가? 병

갑. 당일 11시경(오전 11시경)　　을. 당일 14시경(오후 2시경)
병. 당일 20시경(오후 8시경)　　정. 다음날 02시경(오전 2시경)

해설

달과 태양의 인력과 원심력에 의하여 발생되는 조석 간만의 차는 12시간 24분 간격의 차를 보이므로 출항 시간이 08시 14분이였다면 약 12시간 24분을 추가 계산하면 된다.

71 선박의 기관실 침수 방지대책에 대한 설명으로 옳지 않은 것은? 정

갑. 방수 기자재를 정비한다.
을. 해수관 계통의 파공에 유의한다.
병. 해수 윤활식 선미관에서의 누설량에 유의한다.
정. 기관실 선저밸브를 모두 폐쇄한다.

해설

기관실의 선저에는 기관을 냉각시키기 위한 밸브 등이 있어, 평소 사용이 가능하여야 한다. 단, 선박이 침수한다면 폐쇄가 필요하다.

72 항해 중 사람이 물에 빠졌을 때 가장 먼저 해야 할 조치사항으로 가장 옳은 것은? 병

갑. 주변 사람에게 알린다.
을. 기관을 역회전시켜 전진 타력을 감소한다.
병. 키를 물에 빠진 쪽으로 최대한 전타한다.
정. 키를 물에 빠진 반대쪽으로 최대한 전타한다.

해설

항해 중 사람이 물에 빠졌을 때에는 '익수자'라고 크게 외치고, 키를 물에 빠진 쪽으로 최대한 전타하여 익수자가 프로펠러에 빨려들어가지 않게 조종 후 기어레버를 중립위치에 두고, 구명부환 등의 부유물을 던져 구조 작업에 임한다.

3 용어의 정의가 옳지 않은 것은? 정

갑. 조차란 만조와 간조의 수위차이를 말한다.

을. 사리란 조차가 가장 큰 때를 말한다.

병. 정조란 해면의 상승과 하강에 따른 조류의 멈춤상태를 말한다.

정. 조류란 달과 태양의 기조력에 의한 해수의 주기적인 수직운동을 말한다.

해설 조류(Tidal Current)

달과 태양의 기조력에 의한 해수의 주기적인 수평운동을 말한다.

4 해도에서 "RK"라 표시되는 저질은? 정

갑. 펄
을. 자갈
병. 모래
정. 바위

해설

- 펄 : M
- 자갈 : G
- 모래 : S
- 바위 : Rk

5 이안류의 특징으로 옳지 않은 것을 고르시오. 정

갑. 수영 미숙자는 흐름을 벗어나 옆으로 탈출한다.

을. 수영 숙련자는 육지를 향해 45도로 탈출한다.

병. 폭이 좁고 매우 빨라 육지에서 바다로 쉽게 헤엄쳐 나갈 수 있다.

정. 폭이 좁고 매우 빨라 바다에서 육지로 쉽게 헤엄쳐 나올 수 있다.

해설 이안류

폭이 좁고 매우 빨라 육지에서 바다로 쉽게 헤엄쳐 나갈 수 있지만, 바다에서 해안으로 들어오기는 어렵다.

6 조석의 간만에 따라 수면 위에 나타났다 수중에 잠겼다 하는 바위를 무엇이라 하는가? 을

갑. 노출암
을. 간출암
병. 돌출암
정. 수몰암

해설 간출암

저조 시에만 노출되는 바위로 좌초 사고가 빈번히 발생한다.

77 **수상레저 활동시 수온에 대한 설명으로 옳은 것을 모두 고르시오.** 병

보기

① 우리나라 연안의 평균 수온 중 동해안이 가장 수온이 높다.
② 우리나라 서해가 계절에 따른 수온 변화가 가장 심한 편이다.
③ 남해는 쿠로시오 난류의 영향으로 계절에 따른 수온 변화가 심하지 않다.
④ 조난 시 체온 유지를 고려할 때, 동력수상레저의 경우에는 2℃ 미만의 수온도 적합하다.

갑. ①, ③　　을. ①, ④
병. ②, ③　　정. ③, ④

해설

① 우리나라 연안의 평균 수온 중 동해안이 가장 수온이 낮다.
④ 조난 시 체온유지를 고려할 때, 10℃ 이상이 적합하다.

78 **따뜻한 해면의 공기가 찬 해면으로 이동할 때 해면 부근의 공기가 냉각되어 생기는 것을 무엇이라 하는가?** 갑

갑. 해무　　을. 구름
병. 이슬　　정. 기압

해설 **해상 안개(해무, 이류무)**

따뜻한 해면의 공기가 찬 해면으로 이동할 때 공기가 냉각되어 생긴다. 이류무는 해상 안개의 80%를 차지하며 범위가 넓고, 계속 시간이 6시간 정도에서 며칠씩 지속될 때도 있다.
※ 증발 안개(증기무) : 건조하고 찬 공기가 따뜻하고 습한 표면으로 이동하는 동안 표면으로부터 증발에 의한 수증기 포화로 발생한다.

79 **계절풍에 대한 설명으로 타당하지 않는 것은?** 정

갑. 반년 주기로 바람의 방향이 바뀐다.
을. 계절풍을 의미하는 몬순은 아랍어의 계절을 의미한다.
병. 겨울에는 해양에 저기압이 생성되어 대륙으로부터 해양 쪽으로 바람이 불게 된다.
정. 여름계절풍이 겨울계절풍보다 강하다.

해설

겨울계절풍이 여름계절풍보다 강하다.

0 편서풍대 내에서 서쪽에서 동쪽으로 이동하는 고기압을 (　　)라 하고, (　　)의 동쪽부분에는 날씨가 비교적 맑고, 서쪽에는 날씨가 비교적 흐린 것이 보통이다. 위 괄호 안에 공통으로 들어갈 말은? 정

갑. 장마전선　　을. 저기압
병. 이동성저기압　　정. 이동성고기압

해설 이동성고기압

편서풍대 내에서 서쪽에서 동쪽으로 이동하는 고기압이다.

1 협수로 통과 시나 입출항 통과 시에 준비된 위험 예방선은? 갑

갑. 피험선　　을. 중시선
병. 경계선　　정. 위치선

해설

피험선이란 협수로 통과 시나 입출항 통과 시에 준비된 위험 예방선을 말한다.

2 계절풍의 설명으로 옳지 않은 것을 고르시오. 정

갑. 계절풍은 대륙과 해양의 온도차에 의해 발생된다.
을. 겨울에는 육지에서 대양으로 흐르는 한랭한 기류인 북서풍이 분다.
병. 여름에는 바다는 큰 고기압이 발생하고 육지는 높은 온도로 저압부가 되어 남동풍이 불게 된다.
정. 겨울에는 대양에서 육지로 흐르는 한랭한 기류인 남동풍이 분다.

해설

겨울에는 육지에서 대양으로 흐르는 한랭한 기류인 북서풍이 분다.

3 바람에 대한 설명 중 옳지 않은 것을 고르시오. 병

갑. 해륙풍은 낮에 바다에서 육지로 해풍이 불고, 밤에는 육지에서 바다로 육풍이 분다.
을. 같은 고도에서도 장소와 시각에 따라 기압이 달라지고 이러한 기압차에 의해 바람이 분다.
병. 북서풍이란 남동쪽에서 북서쪽으로 바람이 부는 것을 뜻한다.
정. 하루 동안 낮과 밤의 바람 방향이 거의 반대가 되는 바람의 종류를 해륙풍이라 한다.

해설

북서풍이란 북서쪽에서 남동쪽으로 부는 바람이다.
※ 풍향은 불어나가는 방향이 아닌, 불어오는 방향으로 표기한다.

84 해도에 표기된 조류에 대한 설명으로 옳은 것은?

병

갑. 해도에 표기된 조류의 방향 및 속도는 측정치의 최대방향과 최소속도이다.
을. 해도에 표기된 조류의 방향 및 속도는 측정치의 최대방향과 최대속도이다.
병. 해도에 표기된 조류의 방향 및 속도는 측정치의 평균방향과 평균속도이다.
정. 해도에 표기된 조류의 방향 및 속도는 측정치의 최소방향과 최소속도이다.

해설

해도에 표기된 조류의 방향 및 속도는 측정치의 평균방향과 평균속도를 나타내고 있다. 해도상의 조류 표기는 유향과 유속이 표기된 창조류와 낙조류가 있는데 이것은 평균방향과 평균속도를 나타내고 있을 뿐 실제 항해 시에는 기재된 유향 및 유속과 다를 수 있음에 주의가 필요하다.

85 하루 동안 발생되는 해륙풍에 대한 설명으로 옳지 않은 것은?

정

갑. 해풍은 일반적으로 육풍보다 강한 편이다.
을. 해륙풍의 원인은 맑은 날 일사가 강하여 해면보다 육지 쪽이 고온이 되기 때문이다.
병. 낮과 밤에 바람의 영향이 거의 반대가 되는 현상은 해륙풍의 영향이다.
정. 밤에는 육지에서 바다로 해풍이 분다.

해설

낮에 바다에서 육지로 해풍이 불고, 밤에 육지에서 바다로 부는 바람을 육풍이라 한다.

86 해상 안개인 해무(이류무)의 설명으로 옳은 것을 고르시오.

병

갑. 밤에 지표면의 강한 복사냉각으로 발생된다.
을. 전선을 경계로 하여 찬 공기와 따뜻한 공기의 온도차가 클 때 발생하기 쉽다.
병. 안개의 범위가 넓고 지속시간도 길어서 때로는 며칠씩 계속될 때도 있다.
정. 안개가 국지적인 좁은 범위의 안개이다.

해설 해무(이류무)

따뜻한 해면의 공기가 찬 해면으로 이동할 때 해면의 공기가 냉각되어 생기며, 안개의 범위가 넓고 지속시간이 길어 며칠씩 계속될 때도 있다.

87 우리나라 기상청 특보 중 해양기상 특보에 해당하는 것을 모두 고르시오.

정

갑. 강풍, 지진해일, 태풍 (주의보·경보)
을. 강풍, 폭풍해일, 태풍 (주의보·경보)
병. 강풍, 폭풍해일, 지진해일, 태풍 (주의보·경보)
정. 풍랑, 폭풍해일, 지진해일, 태풍 (주의보·경보)

해설 해상 발효 특보

① 풍랑 주의보 : 해상 풍속 14m/s 이상이 3시간 이상 지속 또는 유의파고 3m 이상 예상될 때
풍랑 경보 : 해상 풍속 21m/s 이상이 3시간 이상 지속 또는 유의파고 5m 이상 예상될 때
② 폭풍해일 주의보·경보 : 지진 이외의 현상(천문조, 태풍, 폭풍, 저기압 등)으로 해안 해일파고가 지역별 기준값 이상 예상될 때
※ 지역기준값 : 주의보는 해일파고가 평균만조해면으로부터 3m 이상, 경보는 5m 이상
③ 지진해일 주의보 : 지진으로 해안에서 규모 7.0 이상에서 해일파고 0.5m 이상일 때
지진해일 경보 : 규모 7.5 이상에서 1m 이상 내습이 예상될 때
④ 태풍 주의보 : 강풍, 풍랑, 호우, 폭풍해일 주의보의 기준이 될 때
태풍 경보 : 강풍경보 또는 풍랑경보 기준이 되거나 총강수량 200mm 이상이 예상될 때 또는 폭풍해일 경보 기준이 될 때

88 해양의 기상이 나빠진다는 징조로 옳지 않은 것은? 갑

갑. 뭉게구름이 나타난다.
을. 기압이 내려간다.
병. 바람방향이 변한다.
정. 소나기가 때때로 닥쳐온다.

해설

뭉게구름(적운)은 기상이 좋아진다는 징조

89 소화기, 구명조끼 등 안전장비를 비치하는 가장 좋은 방법은? 갑

갑. 선실 전체 고르게 비치
을. 선실 입구에 비치
병. 선내 창고에 비치
정. 조종석 인근에 비치

해설

유사시 바로 사용이 가능하도록 선실 전체 고르게 비치한다.

구급 및 응급처치

90 개방성 상처의 응급처치 방법으로 가장 옳지 않은 것은? 병

갑. 상처주위에 관통된 이물질이 보이더라도 현장에서 제거하지 않는다.
을. 손상부위를 부목을 이용하여 고정한다.
병. 무리가 가더라도 손상부위를 움직여 정확히 고정하는 것이 중요하다.
정. 상처부위에 소독거즈를 대고 압박하여 지혈시킨다.

해설

손상부위를 무리하게 움직이면 통증과 2차 손상을 유발할 수 있으므로 최소한으로 움직인다.

91 **골절 시 나타나는 증상과 징후로 가장 옳지 않은 것은?** 정

갑. 손상 부위를 누르면 심한 통증을 호소한다.
을. 손상부위의 움직임이 제한될 수 있다.
병. 골절 부위의 골격끼리 마찰되는 느낌이 있을 수 있다.
정. 관절이 아닌 부위에서 골격의 움직임은 관찰되지 않는다.

해설

골절이 발생하면 관절이 아닌 부위에서 골격의 움직임이 관찰될 수 있다.

92 **〈보기〉의 화상의 정도는 몇 도 화상인가?** 을

보기

피부 표피와 진피 일부의 화상으로 수포가 형성되고 통증이 심하며 일반적으로 2주에서 3주 안으로 치유된다.

갑. 1도 화상　　을. 2도 화상
병. 3도 화상　　정. 4도 화상

해설

- 1도 화상 : 피부 표피층만 손상된 상태로 동통이 있으며 피부가 붉게 변하나 수포는 생기지 않는다.
- 2도 화상 : 뜨거운 물, 증기, 기름, 불 등에 의해서 손상을 받고 수포가 생기며 통증을 동반한다.
- 3도 화상 : 진피의 전층이나 진피 아래의 피부밑지방까지 손상된 화상이다.

93 **저체온증은 보통 체온이 몇 도 이하일 때를 말하는가?** 갑

갑. 35℃ 이하　　을. 34℃ 이하
병. 33℃ 이하　　정. 37℃ 이하

94 **지혈대 사용에 대한 설명 중 가장 옳지 않은 것은?** 을

갑. 다른 지혈방법을 사용하여도 외부 출혈이 조절 불가능할 때 사용을 고려할 수 있다.
을. 팔, 다리관절 부위에도 사용이 가능하다.
병. 지혈대 적용 후 반드시 착용시간을 기록한다.
정. 지혈대를 적용했다면 가능한 신속히 병원으로 이송한다.

해설

지혈대는 팔, 다리의 관절 부위는 피해서 적용해야 한다.

95 상처를 드레싱 하는 목적으로 가장 옳지 않은 것은? 갑

갑. 드레싱은 지혈에 도움이 되지 않는다.

을. 드레싱은 상처 오염을 예방하기 위함이다.

병. 드레싱이란 상처부위를 소독거즈나 붕대로 감는 것도 포함된다.

정. 상처부위를 고정하기 전 드레싱이 필요하다.

해설

드레싱은 출혈을 방지(지혈효과)하고, 상처가 더욱 악화되는 것을 방지, 창상이 오염되는 것을 방지한다.

96 심폐소생술을 시작한 후에는 불필요하게 중단해서는 안 된다. 불가피하게 중단할 경우 얼마를 넘지 말아야 하는가? 갑

갑. 10초

을. 15초

병. 20초

정. 30초

해설

심폐소생술은 가슴 압박의 중단이 불가피한 경우에도 10초 이상을 넘지 않아야 한다.

97 외부 출혈을 조절하는 방법 중 가장 효과적인 방법으로 옳지 않은 것은? 정

갑. 국소 압박법

을. 선택적 동맥점 압박법

병. 지혈대 사용법

정. 냉찜질을 통한 지혈법

해설

- 국소 압박법 : 상처가 작거나 출혈 양상이 빠르지 않을 경우 출혈 부위를 국소 압박 지혈
- 선택적 동맥점 압박법 : 상처의 근위부에 위치한 동맥을 압박하는 것이 출혈을 줄이는 데 효과적
- 지혈대 사용법 : 출혈을 멈추기 위한 지혈대를 사용
- 냉찜질을 통한 지혈법 : 상처부위의 혈관을 수축시켜 지혈 효과를 보지만 완전한 지혈이 어려움

98 심폐소생술 시행 중 인공호흡에 대한 설명으로 가장 옳지 않은 것은? 

갑. 가슴 상승이 눈으로 확인될 정도의 호흡량으로 불어 넣는다.

을. 기도를 개방한 상태에서 인공호흡을 실시한다.

병. 인공호흡양이 많고 강하게 불어 넣을수록 환자에게 도움이 된다.

정. 너무 많은 양의 인공호흡은 위팽창과 그 결과로 역류, 흡인 같은 합병증을 유발할 수 있다.

해설

인공호흡양을 과도하게 많고 강하게 불어 넣는 것은 흉강의 내압을 상승시키고 정맥 환류의 흐름을 저하시킴으로써 환자의 생존율이 감소될 수 있다.

99 **성인 심정지 환자에게 심폐소생술을 시행할 때 적절한 가슴 압박 속도는 얼마인가?** 정

갑. 분당 60~80회
을. 분당 70~90회
병. 분당 120~140회
정. 분당 100~120회

100 **흡입화상에 대한 설명으로 옳지 않은 것은?** 

갑. 흡입화상은 화염이나 화학물질을 흡입하여 발생하며 짧은 시간 내에 호흡기능상실로 진행될 수 있다.
을. 초기에 호흡곤란 증상이 없었더라면 정상으로 볼 수 있다.
병. 흡입화상으로 인두와 후두에 부종이 발생될 수 있다.
정. 흡입화상 시 안면 또는 코털 그을림이 관찰될 수 있다.

> **해설** **흡입화상**
>
> 초기에 호흡곤란 증상이 없었더라도 시간이 진행함에 따라 호흡곤란이 발생할 수 있는 심각한 화상이다.

101 **현장 응급처치에 대한 설명 중 옳지 않은 것은?** 

갑. 동상부위는 건조하고 멸균거즈로 손상부위를 덮어주고 느슨하게 붕대를 감는다.
을. 콘텍트렌즈를 착용한 모든 안구손상 환자는 현장에서 즉시 렌즈를 제거한다.
병. 현장에서 화상으로 인한 수포는 터트리지 않는다.
정. 의식이 없는 환자에게 물 등을 먹이는 것은 기도로 넘어갈 수 있으므로 피한다.

> **해설**
>
> 현장에서 렌즈 조작으로 눈 손상이 악화될 가능성이 높으므로 병원으로 이송하며 의료진에게 렌즈 착용을 전달한다.

102 **자동심장충격기에서 '분석 중'이라는 음성지시가 나올 때 대처하는 방법으로 가장 옳은 것은?** 을

갑. 귀로 숨소리를 들어본다.
을. 가슴압박을 중단한다.
병. 가슴압박을 실시한다.
정. 인공호흡을 실시한다.

> **해설**
>
> 가슴압박을 중단하고 환자에게서 떨어진다.

103 전기손상에 대한 설명 및 응급처치 방법으로 옳지 않은 것은? 

갑. 전기가 신체에 접촉 시 일반적으로 들어가는 입구의 상처가 출구보다 깊고 심하다.

을. 높은 전압의 전류는 몸을 통과하면서 심장의 정상전기리듬을 파괴하여 부정맥을 유발함으로써 심정지를 일으킨다.

병. 강한 전류는 심한 근육수축을 유발하여 골절을 유발하기도 한다.

정. 사고발생 시 안전을 확인 후 환자에게 접근하여야 한다.

> **해설**
> 전기가 신체에 접촉 시 일반적으로 들어가는 입구의 상처는 작고 출구의 상처는 깊고 심하다.

104 자동심장충격기 패드 부착 위치로 올바르게 짝지어진 것은? 을

> **보기**
> ㉠ 왼쪽 빗장뼈 아래　　㉡ 오른쪽 빗장뼈 아래
> ㉢ 왼쪽 젖꼭지 아래의 중간겨드랑선　　㉣ 오른쪽 젖꼭지 아래의 중간겨드랑선

갑. ㉠-㉡　　을. ㉡-㉢

병. ㉡-㉣　　정. ㉠-㉣

> **해설**
> 패드 하나는 오른쪽 빗장뼈 아래에 부착하고, 다른 패드는 왼쪽 젖꼭지 아래의 중간겨드랑선에 부착한다.

105 심정지 환자 응급처치에 대한 설명 중 가장 옳지 않은 것은? 

갑. 인공호흡 하는 방법을 모르거나 인공호흡을 꺼리는 일반인 구조자는 가슴압박소생술을 하도록 권장한다.

을. 인공호흡을 할 수 있는 구조자는 인공호흡이 포함된 심폐소생술을 시행할 수 있는데 방법은 가슴압박 30회 한 후 인공호흡 2회 연속하는 과정이다.

병. 인공호흡을 할 시 약 2~3초에 걸쳐 가능한 빠르게 많이 불어 넣는다.

정. 인공호흡을 불어 넣을 때에는 눈으로 환자의 가슴이 부풀어 오르는지를 확인한다.

> **해설**
> 인공호흡을 할 시 평상 시의 호흡과 같은 양의 호흡으로 1초에 걸쳐 숨을 불어 넣는다.

106 일반인 구조자에 의한 기본소생술 순서로 옳은 것은? 정

갑. 반응확인–도움요청–맥박확인–심폐소생술

을. 맥박확인–호흡확인–도움요청–심폐소생술

병. 호흡확인–맥박확인–도움요청–심폐소생술

정. 반응확인–도움요청–호흡확인–심폐소생술

해설

일반인은 호흡 상태를 정확히 평가하기 어렵기 때문에 쓰러진 사람에게 반응확인 후 반응이 없으면 즉시 주변사람에게 도움요청(혹은 119등에 직접 신고)하고 호흡확인(정상적인 호흡이 있는지)을 한다. 환자가 반응이 없고, 호흡이 없거나 심정지 호흡처럼 비정상적인 호흡을 보인다면 심정지 상태로 판단하고 심폐소생술을 실시한다.

107 동상에 대한 설명으로 가장 옳지 않은 것은? 을

갑. 동상의 가장 흔한 증상은 손상부위 감각저하이다.

을. 동상부위를 녹이기 위해 문지르거나 마사지 행동은 하지 않으며 열을 직접 가하는 것이 도움이 된다.

병. 현장에서 수포(물집)는 터트리지 않는다.

정. 동상으로 인해 다리가 붓고 물집이 있을 시 가능하면 누워서 이송하도록 한다.

해설

동상부위를 녹이기 위해 문지르면 얼음 결정이 세포를 파괴할 수 있으며 직접 열을 가하는 것은 추가적인 조직손상을 일으킨다.

108 저체온증 응급처치에 대한 설명으로 옳지 않은 것은? 갑

갑. 신체 말단부위부터 가온을 시킨다.

을. 작은 충격에도 심실세동과 같은 부정맥이 쉽게 발생하므로 최소한의 자극으로 환자를 다룬다.

병. 체온보호를 위하여 젖은 옷은 벗기고 마른 담요로 감싸준다.

정. 노약자, 영아에게 저체온증이 발생할 가능성이 높다.

해설

신체 말단부위부터 가온을 시키면 중심체온이 더 저하되는 합병증을 가져올 수 있으므로 복부, 흉부 등의 중심부를 가온한다.

109 열로 인한 질환에 대한 설명 및 응급처치에 대한 설명으로 옳지 않은 것은? 병

갑. 열경련은 열손상 중 가장 경미한 유형이다.

을. 일사병은 열손상 중 가장 흔히 발생하며 어지러움, 두통, 경련, 일시적으로 쓰러지는 등의 증상을 나타낸다.

병. 열사병은 열손상 중 가장 위험한 상태로 땀을 많이 흘려 피부가 축축하다.

정. 일사병 환자 응급처치로 시원한 장소로 옮긴 후 의식이 있으면 이온음료 또는 물을 공급한다.

해설

열사병은 가장 중증인 유형으로 대개 땀을 분비하는 기전이 억제되어 땀을 흘리지 않으며, 피부가 뜨겁고 건조하며 붉은색으로 변한다. 열사병은 생명을 위협하는 응급상황으로 신속히 병원으로 이송하여 치료받아야 한다.

110 쓰러진 환자의 호흡을 확인하는 방법으로 가장 옳은 것은? 병

갑. 동공의 움직임을 보고 판단한다.

을. 환자를 흔들어본다.

병. 얼굴과 가슴을 10초 정도 관찰하여 호흡이 있는지 확인한다.

정. 맥박을 확인하여 맥박유무를 확인한다.

해설

쓰러진 사람의 얼굴과 가슴을 10초 정도 관찰하여 호흡이 있는지 확인한다. 호흡이 없거나 호흡이 비정상적이면 심장마비가 발생한 것으로 판단한다.

111 외상환자 응급처치로 옳지 않은 것은? 을

갑. 탄력붕대 적용 시 과하게 압박하지 않도록 한다.

을. 생명을 위협하는 심한 출혈로(지혈이 안 되는) 지혈대 적용 시 최대한 가는줄이나 철사를 사용한다.

병. 복부 장기 노출 시 환자의 노출된 장기는 다시 복강 내로 밀어 넣어서는 안 된다.

정. 폐쇄성 연부조직 손상 시 상처부위를 심장보다 높이 올려준다.

해설

지혈을 위하여 가는 줄이나 철사를 사용하면 피부나 혈관을 상하게 하므로 사용해서는 안 된다. 지혈대는 폭 5cm가량의 천을 사용한다.

112 근골격계 손상 응급처치로 옳지 않은 것은? 갑

갑. 붕대를 감을 때에는 중심부위에서 신체의 말단부위 쪽으로 감는다.
을. 부목고정 시 손상된 골격은 위쪽과 아래쪽의 관절을 모두 고정한다.
병. 부목 고정 시 손상된 관절은 위쪽과 아래쪽에 위치한 골격을 함께 고정한다.
정. 고관절탈구 시 현장에서 정복술을 시행하지 않는다.

해설

붕대를 감을 때에는 신체의 말단부위에서 중심부위 쪽으로 감아서 정맥혈의 순환을 돕는다.

113 상처 처치 드레싱에 대한 설명 중 옳지 않은 것은? 정

갑. 드레싱은 상처가 오염되는 것을 방지한다.
을. 드레싱의 기능, 목적으로 출혈을 방지하기도 한다.
병. 거즈로 드레싱 후에도 출혈이 계속되면 기존 드레싱한 거즈를 제거하지 않고 그 위에 다시 거즈를 덮어주면서 압박한다.
정. 개방성 상처 세척용액으로 알코올이 가장 효과적이다.

해설

개방성 상처 세척용액으로 생리식염수를 사용한다. 알코올은 상처부위 세척에 사용 시 통증, 자극을 유발하여 적합하지 않다.

114 구명환과 로프를 이용한 구조 방법으로 옳지 않은 것은? 병

갑. 익수자와의 거리를 목측하고 로프의 길이를 여유롭게 조정한다.
을. 한손으로 구명환을 쥐고 반대 손으로 로프를 잡으며 발을 어깨 넓이만큼 앞으로 내밀고 로프 끝을 고정한 후 투척한다.
병. 구명환을 던질 때에는 풍향, 풍속을 고려하여야 하며 일반적으로 바람을 정면으로 맞으며 던지는 것이 용이하다.
정. 익수자가 구명환을 손으로 잡고 있을 때에 빨리 끌어낼 욕심으로 너무 강하게 잡아당기면 놓칠 수 있으므로 속도를 잘 조절해야 한다.

해설

구명환을 던질 때에는 풍향, 풍속을 고려하여야 하며 가능한 한 바람을 등지고 던지는 것이 용이하다.

15 심폐소생술 중 가슴압박에 대한 설명으로 옳지 않은 것은? 병

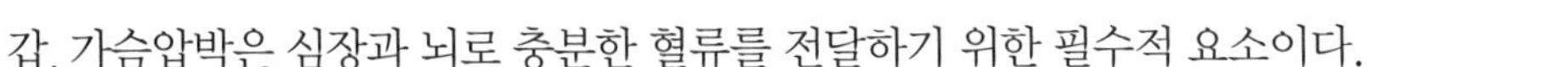

갑. 가슴압박은 심장과 뇌로 충분한 혈류를 전달하기 위한 필수적 요소이다.

을. 소아, 영아의 가슴압박 깊이는 적어도 가슴 두께의 1/3 깊이이다.

병. 소아, 영아 가슴압박 위치는 젖꼭지 연결선 바로 아래의 가슴뼈이다.

정. 성인 가슴압박 위치는 가슴뼈 아래쪽 1/2이다.

해설 가슴압박 위치

- 소아, 성인 : 가슴뼈 아래쪽 1/2
- 영아 : 젖꼭지 연결선 바로 아래 가슴뼈

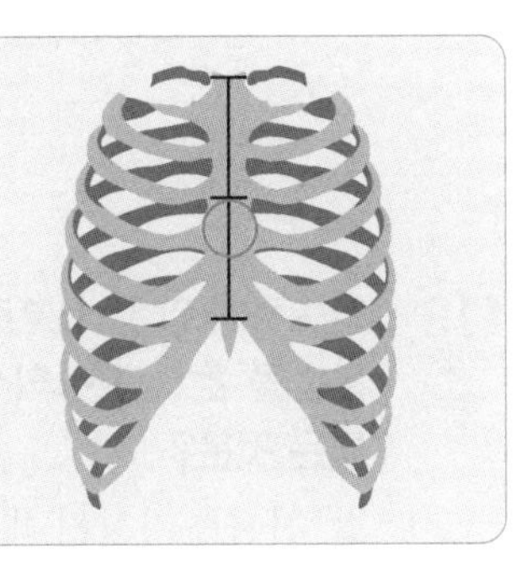

16 기도폐쇄 치료 방법으로 옳지 않은 것은? 병

갑. 임신, 비만 등으로 인해 복부를 감싸 안을 수 없는 경우에는 가슴밀어내기를 사용할 수 있다.

을. 기도가 부분적으로 막힌 경우에는 기침을 하면 이물질이 배출될 수 있기 때문에 환자가 기침을 하도록 둔다.

병. 1세 미만 영아는 복부 밀어내기를 한다.

정. 기도폐쇄 환자가 의식을 잃으면 구조자는 환자를 바닥에 눕히고 즉시 심폐소생술을 시행한다.

해설

1세 미만 영아는 복부 밀어내기를 할 경우 강한 압박으로 인해 복강 내 장기손상이 우려되기 때문에 구조자는 영아의 머리를 아래로 한 후 가슴누르기와 등 두드리기를 각 5회씩 반복한다.

17 절단 환자 응급처치 방법으로 가장 옳은 것은? 병

갑. 절단물은 바로 얼음이 담긴 통에 넣어서 병원으로 간다.

을. 절단물은 바로 시원한 물이 담긴 통에 넣어서 병원으로 간다.

병. 절단된 부위는 깨끗한 거즈나 천으로 감싸고 비닐주머니에 밀폐하여 얼음이 닿지 않도록 얼음이 채워진 비닐에 보관한다.

정. 절단부위 지혈을 위하여 지혈제를 뿌린다.

해설

절단된 부위를 얼음에 직접 담그면 조직의 손상을 증가시킨다. 지혈제는 재접합 수술 등을 고려할 때 방해가 될 수 있다.

118 인명구조 장비 중 부력을 가지고 먼 곳에 있는 익수자를 구조하기 위한 구조 장비가 아닌 것은?

을

갑. 구명환　　을. 레스큐튜브

병. 레스큐 링　　정. 드로우 백

해설 레스큐 튜브

직선형태의 부력재로 인명구조원이 수영으로 근거리에 빠진 사람을 구조하기 위한 기구

119 의도하지 않은 사고로 저체온에 빠지게 되면 심각한 문제가 발생할 수 있다. 물에 빠져 저체온증을 호소하는 익수자를 구조하였다. 이송 도중 체온 손실을 막기 위한 응급처치로 가장 옳은 것은?

병

갑. 전신을 마사지 해준다.

을. 젖은 옷 위에 담요를 덮어 보온을 해준다.

병. 젖은 의류를 벗기고 담요를 덮어 보온을 해준다.

정. 젖은 옷 속에 핫 팩을 넣어 보온을 해준다.

120 심정지 환자 응급처치에 대한 설명 중 옳지 않은 것은?

정

갑. 쓰러진 사람에게 접근하기 전 현장의 안전을 확인하고 접근한다.

을. 쓰러진 사람의 호흡 확인 시 얼굴과 가슴을 10초 정도 관찰하여 호흡이 있는지 확인한다.

병. 가슴압박 시 다른 구조자가 있는 경우 2분마다 교대한다.

정. 자동심장충격기는 도착해도 5주기 가슴압박 완료 후 사용하여야 한다.

해설

자동심장충격기는 준비되는 즉시 사용한다. 심장전기충격 치료가 1분 지연될 때마다 심실세동의 치료율이 7~10% 감소하므로 심장마비 환자를 치료할 때에는 신속하게 자동심장충격기를 사용하여야 한다.

121 화학화상에 대한 응급처치 중 옳지 않은 것은?

병

갑. 화학화상은 화학반응을 일으키는 물질이 피부와 접촉할 때 발생한다.

을. 연무 형태의 강한 화학물질로 인하여도 기도, 눈에 화상이 발생하기도 한다.

병. 중화제를 사용하여 제거할 수 있도록 한다.

정. 눈에 노출 시 부드러운 물줄기를 이용하여 손상된 눈이 아래쪽을 향하게 하여 세척한다.

해설

중화제를 사용할 경우 원인물질과의 화학반응으로 인해 조직손상이 더욱 악화될 수 있으므로 사용하지 않는다.

22 **익수 환자에 대한 자동심장충격기(AED) 사용 절차에 대한 설명으로 가장 옳은 것은?** 을

갑. 전원을 켠다→전극 패드를 부착한다→심전도를 분석한다→심실세동이 감지되면 쇼크 스위치를 누른다→바로 가슴 압박 실시
을. 전원을 켠다→패드 부착 부위에 물기를 제거한 후 패드를 붙인다→심전도를 분석한다→심실세동이 감지되면 쇼크 스위치를 누른다→바로 가슴 압박 실시
병. 전극 패드를 부착한다→전원을 켠다→심전도를 분석한다→심실세동이 감지되면 쇼크 스위치를 누른다→바로 가슴 압박 실시
정. 전원을 켠다→패드 부착 부위에 물기를 제거한 후 패드를 붙인다→심전도를 분석한다→심실세동이 감지되면 쇼크 스위치를 누른다→119가 올 때까지 기다린다.

23 **구명환보다 부력은 적으나 가장 멀리 던질 수 있는 구조 장비로 부피가 적어 휴대하기 편리하며, 로프를 봉지 안에 넣어두기 때문에 줄 꼬임이 없고 구명환보다 멀리 던질 수 있는 구조 장비는 무엇인가?** 정

갑. 구명환
을. 레스큐 캔
병. 레스큐 링
정. 드로우 백

24 **기도폐쇄 응급처치방법 중 하임리히법의 순서를 바르게 연결한 것은?** 을

㉠ 환자의 뒤에 서서 환자의 허리를 팔로 감싸고 한쪽 다리를 환자의 다리 사이에 지지한다. ㉡ 이물질이 밖으로 나오거나 환자가 의식을 잃을 때까지 계속한다. ㉢ 다른 한 손으로 주먹 쥔 손을 감싸고, 빠르게 후상방으로 밀쳐 올린다. ㉣ 주먹 쥔 손의 엄지를 배꼽과 명치 중간에 위치한다.

갑. ㉠-㉡-㉢-㉣
을. ㉠-㉣-㉢-㉡
병. ㉡-㉢-㉣-㉠
정. ㉠-㉡-㉣-㉢

25 **경련 시 응급처치 방법에 대한 설명으로 옳은 것은?** 정

갑. 경련하는 환자 손상을 최소화하기 위하여 경련 시 붙잡거나 움직임을 멈추게 한다.
을. 경련하는 환자를 발견 시 기도유지를 위해 손가락으로 입을 열어 손가락을 넣고 기도유지를 한다.
병. 경련 중 호흡곤란을 예방하기 위해 입-입 인공호흡을 한다.
정. 경련 후 기면상태가 되면 환자의 몸을 한쪽 방향으로 기울이고 기도가 막히지 않도록 한다.

해설

환자의 몸을 한쪽 방향으로 기울이고 기도가 막히지 않도록 기도유지를 위한 관찰이 필요하다. 또한 경련하는 환자 주변에 손상을 줄 수 있는 물건은 치우고 환자를 강제로 잡거나 입을 벌리지 않는다.

126 **심정지 환자에게 자동심장충격기 사용 시 전기충격 후 바로 이어서 시행해야 할 응급처치는 무엇인가?** 갑

갑. 가슴압박
을. 심전도 리듬분석
병. 맥박확인
정. 인공호흡 및 산소투여

해설

가슴압박은 가능한 한 중지하지 않도록 한다. 자동심장충격기의 음성지시에 따르며, 전기충격을 시행한 뒤에는 지체없이 가슴압박을 즉시 시작해야 한다.

127 **심폐소생술에 대한 설명 중 옳지 않은 것은?** 병

갑. 성인 가슴압박 깊이는 약 5cm이다.
을. 소아와 영아의 가슴압박은 적어도 가슴 두께의 1/3 깊이로 압박하여야 한다.
병. 소아의 가슴압박 깊이는 4cm, 영아는 3cm이다.
정. 심정지 확인 시 10초 이내 확인된 무맥박은 의료제공자만 해당된다.

해설

가슴 압박 깊이는 성인 5㎝, 소아 4~5㎝(가슴두께의 1/3), 영아 4㎝(가슴두께의 1/3) 깊이로 압박해야 한다.

128 **뇌졸중 환자에 대한 주의사항으로 옳지 않은 것은?** 병

갑. 입안 및 인후 근육이 마비될 수 있으므로 구강을 통하여 음식물 섭취에 주의한다.
을. 의식을 잃었을 시 혀가 기도를 막을 수 있으므로 기도유지에 주의한다.
병. 뇌졸중 증상 발현 시간은 중요하지 않다.
정. 뇌졸중 대표 조기증상은 편측마비, 언어장애, 시각장애, 어지럼증, 심한 두통 등이 있다.

해설

뇌졸중 환자의 상태에 따라 혈관재개통 치료 가능 시간이 달라질 수 있어 치료가 가능한 병원에 빨리 도착하는 것이 매우 중요하므로 의심 증상 발견 시 신속히 의료진을 찾아 증상 발현 시간을 전달하여야 한다. 혈관재개통 치료 가능 시간은 대개 3~6시간 이내이며 혈류공급 중단 시간이 길어질수록 환자의 회복이 점점 어려워지고 심한 합병증도 남게 된다.

129 **해파리에 쏘였을 때 대처요령으로 옳지 않은 것은?** 정

갑. 쏘인 즉시 환자를 물 밖으로 나오게 한다.
을. 증상으로는 발진, 통증, 가려움증이 나타나며 심한 경우 혈압저하, 호흡곤란, 의식불명 등이 나타날 수 있다.
병. 남아있는 촉수를 제거해주고 바닷물로 세척해 준다.
정. 해파리에 쏘인 모든 환자는 식초를 이용하여 세척해 준다.

해설

해파리에 쏘였을 시 즉시 물 밖에서 나오게 하고, 남아있는 촉수는 제거해주고 바닷물로 세척해 준다. 알코올 종류의 세척제는 독액의 방출을 증가시킬 수 있어서 금하며 작은 부레관 해파리의 쏘임 시 식초가 독액의 방출을 증가시킬 수 있어서 식초를 이용한 세척을 금한다.

130 구명조끼 착용 방법으로 옳지 않은 것은? 갑

갑. 사이즈 상관없이 마음에 드는 구명조끼를 선택한다.
을. 가슴조임줄을 풀어 몸에 걸치고 가슴 단추를 채운다.
병. 가슴 조임줄을 당겨 몸에 꽉 조이게 착용한다.
정. 다리 사이로 다리 끈을 채워 고정한다.

해설

구명조끼를 선택할 때에는 자기 몸에 맞는 구명조끼를 선택한다.

131 부목고정의 일반원칙에 대한 설명으로 옳지 않은 것은? 병

갑. 상처는 부목을 적용하기 전에 소독된 거즈로 덮어준다.
을. 골절부위를 포함하여 몸쪽 부분과 먼쪽 부분의 관절을 모두 고정해야 한다.
병. 골절이 확실하지 않을 때에는 손상이 의심되더라도 부목은 적용하지 않는다.
정. 붕대로 압박 후 상처보다 말단부위의 통증, 창백함 등 순환·감각·운동상태를 확인한다.

해설 **부목고정의 일반원칙**

- 상처는 부목을 적용하기 전에 소독된 거즈로 덮어준다.
- 손상부위 위치변화를 최소화하고, 고정될 때까지 손상부위를 양손으로 잘 받친다.
- 골절이 확실하지 않더라도 손상이 의심될 때에는 부목으로 고정한다.

132 응급처치 방법으로 옳지 않은 것은? 을

갑. 머리 다친 환자가 의식을 잃었을 때 깨우기 위해 환자 머리를 잡고 흔들지 않도록 한다.
을. 복부를 강하게 부딪힌 환자는 대부분 검사에서 금식이 필요할 수 있으므로 음식물 섭취는 금하고 진통제는 필수로 먹을 수 있도록 한다.
병. 척추를 다친 환자에게 잘못된 응급처치는 사지마비 등의 심한 후유증을 남길 수 있으므로 조심스럽게 접근해야 한다.
정. 흉부 관통상 후 이물질이 제거되어 상처로부터 바람 새는 소리가 나거나 거품 섞인 혈액이 관찰되는 폐손상 시 3면 드레싱을 하여 호흡을 할 수 있도록 도와주어야 한다.

해설

복부를 부딪힌 경우 내부 장기의 손상이 있을 수 있고, 증상이 뒤늦게 발현될 수도 있다. 검사에서 금식이 필요할 수 있으므로 음식물 섭취를 금하는 것이 좋으며, 진통제는 진찰 때 혼란이 생길 수 있으므로 금하는 것이 좋다.

133 가슴압박과 인공호흡에 대한 설명 중 옳지 않은 것은?

정

갑. 인공호흡 하는 방법을 모르거나 인공호흡을 꺼리는 구조자는 가슴압박소생술을 하도록 권장한다.
을. 가슴압박소생술이란 인공호흡은 하지 않고 가슴압박만을 시행하는 소생술 방법이다.
병. 인공호흡을 할 수 있는 구조자는 인공호흡이 포함된 심폐소생술을 시행할 수 있는데 가슴압박 30회, 인공호흡 2회 연속하는 과정을 반복한다.
정. 옆에 다른 구조자가 있는 경우 3분마다 가슴압박을 교대한다.

해설

인공호흡 하는 방법을 모르거나 인공호흡을 꺼리는 구조자는 가슴압박소생술을 하도록 권장한다. 인공호흡을 할 수 있는 구조자는 인공호흡이 포함된 심폐소생술을 시행할 수 있다. 심폐소생술 시작 1.5~3분 사이부터 처치자의 피로도로 인하여 가슴압박의 깊이가 얕아지기 때문에 매 2분마다 가슴압박을 교대해주는 것이 구조자의 피로도를 줄이고 고품질의 심폐소생술을 제공하는 데 도움이 될 수 있다.

134 심정지 환자의 가슴압박 설명 중 옳지 않은 것은?

갑

갑. 불충분한 이완은 흉강 내부 압력을 증가시켜 뇌동맥으로 가는 혈류를 증가시킨다.
을. 불충분한 이완은 심박출량 감소로 이어진다.
병. 매 가슴압박 후에는 흉부가 완전히 이완되도록 한다.
정. 2명 이상의 구조자가 있으면 가슴압박 역할을 2분마다 교대한다. 가슴압박 교대는 가능한 빨리 수행하여 가슴압박 중단을 최소화해야 한다.

해설

불충분한 이완은 흉강 내부 압력을 증가시켜 관상동맥과 뇌동맥으로 가는 혈류를 감소시킨다.

135 기본소생술의 주요 설명 중 옳지 않은 것은?

병

갑. 심장전기충격이 1분 지연될 때마다 심실세동의 치료율이 7~10%씩 감소한다.
을. 압박깊이는 성인 약 5cm, 소아 4~5cm이다.
병. 만 10세 이상은 성인, 만 10세 미만은 소아에 준하여 심폐소생술 한다.
정. 인공호흡을 할 때는 평상시 호흡과 같은 양으로 1초에 걸쳐서 숨을 불어넣는다.

해설 심폐소생술에서 나이의 정의

- 신생아 : 출산 후 4주까지
- 영아 : 만 1세 미만
- 소아 : 만 1세부터 만 8세 미만까지
- 성인 : 만 8세부터

36 **30대 한 남자가 목을 쥐고 기침을 하고 있다. 환자에게 청색증은 없었고, 목격자는 환자가 떡을 먹다가 기침을 하기 시작하였다고 한다. 당신이 해야 할 응급처치 중 가장 옳은 것은?** 정

갑. 복부 밀어내기를 실시한다.

을. 환자를 거꾸로 들고 등을 두드린다.

병. 손가락으로 이물질을 꺼내기 위한 시도를 한다.

정. 등을 두드려 기침을 유도한다.

해설

- 기침을 못하는 완전 기도폐쇄 환자에게 복부밀어내기를 실시한다.
- 소아의 경우 거꾸로 들고 등을 두드린다.
- 환자가 의식이 있을 때는 처치자의 손가락을 물 가능성이 높기에 손가락을 넣어서는 안 된다.

37 **계류장에 계류를 시도하는 중 50세 가량의 남자가 쓰러져 있으며, 주위는 구경꾼으로 둘러싸여 있다. 심폐소생술은 시행되고 있지 않다. 당신은 심폐소생술을 배운 적이 있다. 이 환자에게 어떤 절차에 의해서 응급처치를 실시할 것인가? 가장 옳은 것은?** 갑

갑. 119 신고 및 자동심장충격기 요청→의식확인 및 호흡 확인→심폐소생술 시작(가슴압박 30 : 인공호흡 2)→자동심장충격기 사용→119가 올 때까지 심폐소생술 실시

을. 119 신고→의식확인 및 호흡확인→심폐소생술 시작(가슴압박 30 : 인공호흡 2)→자동심장충격기 요청→119가 올 때까지 심폐소생술 실시

병. 자동심장충격기 요청→의식확인 및 호흡 확인→심폐소생술 시작(가슴압박 30 : 인공호흡 2)→자동심장충격기 사용→심폐소생술 계속 실시

정. 119 신고 및 자동심장충격기 요청→의식확인 및 호흡 확인→인공호흡 2회 실시→가슴 압박 30회 실시→자동심장충격기 사용→119가 올 때까지 심폐소생술 실시

38 **자동심장충격기 등 심폐소생술을 행할 수 있는 응급장비를 갖추어야 하는 기관으로 옳지 않은 곳은?** 을

갑. 공공보건의료에 관한 법률에 따른 공공보건의료기관

을. 선박법에 따른 선박 중 총톤수 10톤 이상 선박

병. 철도산업발전 기본법에 따른 철도차량 중 객차

정. 항공안전법에 따른 항공기 중 항공운송사업에 사용되는 여객 항공기 및 공항

해설 **응급의료에 관한 법률에 따른 "심폐소생술을 위한 응급장비의 구비 등의 의무"**

공공보건의료기관, 구급대와 의료기관에서 운용 중인 구급차, 항공운송사업에 사용되는 여객항공기 및 공항, 철도차량 중 객차, 선박 중 총톤수 20톤 이상인 선박, 건축법에 따른 공동주택, 대통령령으로 정하는 다중이용시설 등의 소유자·점유자, 관리자는 자동심장충격기 등 심폐소생술을 할 수 있는 응급장비를 갖추어야 한다.

139 협심증에 대한 설명으로 옳지 않은 것은? 갑

갑. 가슴통증의 지속시간은 보통 1시간 이상을 초과하여 나타난다.

을. 니트로글리세린을 혀밑에 넣으면 관상동맥을 확장시켜 심근으로의 산소공급을 증가시킨다.

병. 휴식을 취하면 심장의 산소요구량이 감소되어 통증이 소실될 수 있다.

정. 심근으로의 산소공급이 결핍되면 환자는 가슴통증을 느낀다.

해설

가슴통증은 보통 3~8분간, 때로는 10분 이상 지속되며 호흡곤란, 오심 등을 동반하기도 한다.

140 1도 화상에 대한 설명 중 알맞은 것은? 갑

갑. 피부 표피층만 화상, 일광 화상 시 주로 발생

을. 진피의 전층이 손상

병. 수포 형성, 표피와 진피 일부의 화상

정. 피부가 갈색 혹은 흑색으로 변함

해설

- 1도 화상 : 피부 표피층만 손상, 일광 화상 시 주로 발생
- 2도 화상 : 물집(수포)이 생기고 통증이 심하며 일반적으로 2~3주면 치유
- 3도 화상 : 피부 및 피하조직 손상
- 4도 화상 : 표피, 피하조직, 근육, 골조직에 손상

운항 및 운용

141 입항을 위해 이동 중 항·포구까지의 거리가 5해리 남았음을 알았다면, 레저기구의 속력이 10노트로 이동하면 입항까지 소요되는 시간은 얼마인가? 병

갑. 10분　　을. 20분

병. 30분　　정. 40분

해설

속력은 단위 시간 동안 물체가 이동한 거리이다.

- 걸린 시간(hour) = $\frac{\text{이동거리}}{\text{속력}}$
- $\frac{5}{10} = 0.5 \times 60 = 30$분 (1h = 60min)

142 침로에 대한 설명 중 옳은 것은? 을

갑. 진침로와 자침로 사이에는 자차만큼의 차이가 있다.
을. 선수미선과 선박을 지나는 자오선이 이루는 각이다.
병. 자침로와 나침로 사이에는 편차만큼의 차이가 있다.
정. 보통 북을 000°로 하여 반시계 방향으로 360°까지 측정한다.

해설

- 침로 : 선수미선과 선박을 지나는 자오선이 이루는 각을 말한다. 즉, 선박이 항주해가거나 진행 시키려는 방향을 의미한다.
- 진침로와 자침로 사이에는 편차만큼의 차이가 있고, 자침로와 나침로 사이에는 자차만큼의 차이가 있다.
- 북을 000°로 하여 시계 방향으로 360°까지 측정한다.

143 수상레저안전법상 (　　)에 들어갈 내용으로 적합한 것은? 정

> 기상특보 중 풍랑·폭풍해일·호우·대설·강풍 (A)가 발효된 구역에서 파도 또는 바람만을 이용하여 활동이 가능한 수상레저기구를 운항할 경우 관할 해양경찰서장 또는 시장·군수·구청장에게 (B)를 제출해야 한다.

갑. 주의보, 운항신고서
을. 경보, 기상특보활동신고서
병. 경보, 운항신고서
정. 주의보, 기상특보활동신고서

해설 수상레저활동 제한의 예외

기상특보 중 풍랑·폭풍해일·호우·대설·강풍 주의보가 발효된 구역에서 파도 또는 바람만을 이용하여 활동이 가능한 수상레저기구를 운항할 경우 관할 해양경찰서장 또는 시장·군수·구청장에게 기상특보활동신고서를 제출해야 한다.

144 (　　)에 적합한 것은? 정

> 타(舵)는 선박에 (　　)과 (　　)을 제공하는 장치이다.
> A. 감항성 B. 보침성 C. 복원성 D. 선회성

갑. A.감항성, C.복원성
을. A.감항성, D.선회성
병. B.보침성, C.복원성
정. B.보침성, D.선회성

해설

타는 선박에 보침성과 선회성을 주는 장치이며, 보통 유속이 가장 빠른 프로펠러의 뒤에 설치하지만, 보조로 선수에 설치하는 선수타도 있다.

- 보침성 : 직진성을 유지하려는 성질
- 선회성 : 타각을 주었을 때 선박이 선회하려는 각속도
- 감항성 : 안전성을 확보하기 위하여 갖추어야 할 능력
- 복원성 : 선박이 어떠한 힘에 의해 기울어지려 할 때 대항하여 제자리로 돌아오려는 성질

145 복원력 감소의 원인이 아닌 것은? 정

갑. 선박의 무게를 줄이기 위하여 건현의 높이를 낮춤

을. 연료유 탱크가 가득차 있지 않아 유동수가 발생

병. 갑판 화물이 빗물이나 해수에 의해 물을 흡수

정. 상갑판의 중량물을 갑판 아래 창고로 이동

해설

중량물이 선박의 아래 부분에 적재되거나 이동되었을 때 중심위치가 내려가면서 복원력이 증가한다.

146 구명부환의 사양에 대한 설명으로 옳은 것은? 을

갑. 5kg 이상의 무게를 가질 것

을. 고유의 부양성을 가진 물질로 제작될 것

병. 외경은 500mm 이하이고 내경은 500mm 이상일 것

정. 14.5kg 이상의 철편을 담수중에서 12시간 동안 지지할 수 있을 것

해설

- 2.5kg 이상의 무게를 가질 것
- 14.5kg 이상의 철편을 담수중에서 24시간 동안 지지할 수 있을 것
- 외경은 800mm 이하이고 내경은 400mm 이상일 것

147 선박의 주요 치수로 옳지 않은 것은? 정

갑. 폭 을. 길이

병. 깊이 정. 높이

해설

선박의 길이, 폭, 깊이는 그 선박의 크기, 규모 등을 측정 혹은 결정하는 주요 치수가 된다. 적량의 측정, 선박의 등록, 만재 흘수선 및 수밀 구획의 결정 등에도 사용된다.

148 해조류를 선수에서 3노트로 받으며 운항 중인 레저기구의 대지속력이 10노트일 때 대수속력은? 정

갑. 3노트 을. 7노트

병. 10노트 정. 13노트

해설

대수속력 ± 해조류유속 = 대지속력(순류 : +, 역류 : −)

$10 = X - 3$

$X = 10 + 3$

$\therefore X = 13$

149 **해저 저질의 종류 중 자갈로 옳은 것은?** 갑

갑. G
을. M
병. R
정. S

해설
- G : 자갈
- M : 뻘
- R : 암반
- S : 모래

150 **프로펠러가 한번 회전할 때 선박이 나아가는 거리로 옳은 것은?** 병

갑. ahead
을. kick
병. pitch
정. teach

해설 pitch

프로펠러가 한 번 회전할 때 선박이 나아가는 거리, 프로펠러에서의 피치는 다른 의미로 프로펠러 날개의 기울어진 정도라고도 할 수 있다.

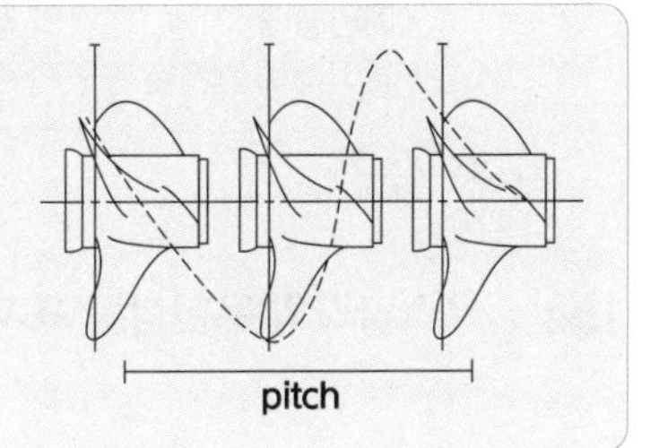

151 **제한 시계의 원인으로 가장 거리가 먼 것은?** 정

갑. 눈
을. 안개
병. 모래바람
정. 야간항해

해설 제한된 시계

안개·연기·눈·비·모래바람 및 그 밖에 이와 비슷한 사유로 시계가 제한되어 있는 상태를 말한다.

152 **수상레저 활동자가 지켜야 할 운항규칙에 대한 설명으로 옳지 않은 것은?** 정

갑. 다른 수상레저기구와 정면으로 충돌할 위험이 있을 때에는 음성신호, 수신호 등 적당한 방법으로 상대에게 이를 알리고 우현 쪽으로 진로를 피해야 한다.
을. 다른 수상레저기구의 진로를 횡단하는 경우에 충돌의 위험이 있을 때에는 다른 수상레저기구를 오른쪽에 두고 있는 수상레저기구가 진로를 피해야 한다.
병. 다른 수상레저기구와 같은 방향으로 운항하는 경우에는 2미터 이내로 근접하여 운항해서는 안 된다.
정. 안개 등으로 가시거리가 0.5마일 이내로 제한되는 경우에는 수상레저기구를 운항해서는 안 된다.

해설 기상에 따른 수상레저활동의 제한

안개 등으로 가시거리가 0.5킬로미터 이내로 제한되는 경우에는 수상레저기구를 운항해서는 안 된다.

153 **안전한 속력을 결정할 때에 고려하여야 할 사항과 가장 거리가 먼 것은?** 병

갑. 시계의 상태

을. 해상교통량의 밀도

병. 선박의 승선원과 수심과의 관계

정. 선박의 정지거리 · 선회성능, 그 밖의 조종성능

해설 **안전한 속력을 결정할 때의 고려사항**

- 시계의 상태
- 해상교통량의 밀도
- 선박의 정지거리 · 선회성능, 그 밖의 조종성능
- 야간의 경우에는 항해에 지장을 주는 불빛의 유무
- 바람 · 해면 및 조류의 상태와 항행장애물의 근접상태
- 선박의 흘수와 수심과의 관계
- 레이더의 특성 및 성능
- 해면상태 · 기상, 그 밖의 장애요인이 레이더 탐지에 미치는 영향
- 레이더로 탐지한 선박의 수 · 위치 및 동향

154 **우리나라의 우현항로 표지의 색깔은?** 을

갑. 녹색 을. 홍색

병. 황색 정. 흑색

해설

- IALA 해상부표식 : A지역(중국, 북한), B지역(아메리카, 한국, 일본, 필리핀)을 구분, 다르게 사용한다.
- A지역 : 좌현표지는 홍색이며 두표는 원통형, Fl(2+1)R 이외의 리듬을 갖는다.
  우현표지는 녹색이며 두표는 원추형, Fl(2+1)G 이외의 리듬을 갖는다.
- B지역 : 좌현표지는 녹색이며 두표는 원통형, Fl(2+1)G 이외의 리듬을 갖는다.
  우현표지는 홍색이며 두표는 원추형, Fl(2+1)R 이외의 리듬을 갖는다.

부록 | 그림 참조

155 **중시선에 대한 설명 중 가장 옳지 않은 것은?** 갑

갑. 중시선은 일정시간에만 보인다.

을. 선박의 위치 편위를 중시선을 활용하여 손쉽게 알 수 있다.

병. 관측자는 2개의 식별 가능한 물표를 하나의 선으로 볼 수 있다.

정. 통항 계획의 수립 단계에서 찾아낸 자연적이고 명확하게 식별할 수 있는 물표로도 표시할 수 있다.

해설 **중시선**

해도상에 그려지는 하나의 선으로, 선박의 위치 편위를 중시선을 활용하여 손쉽게 알 수 있다. 관측자는 2개의 식별 가능한 물표를 하나의 선으로 볼 수 있으며, 항해사가 그 위치를 신속히 식별할 수 있도록 하는 데 사용된다. 통항 계획의 수립 단계에서 찾아낸 자연적이고 명확하게 식별할 수 있는 물표로도 표시할 수 있다.

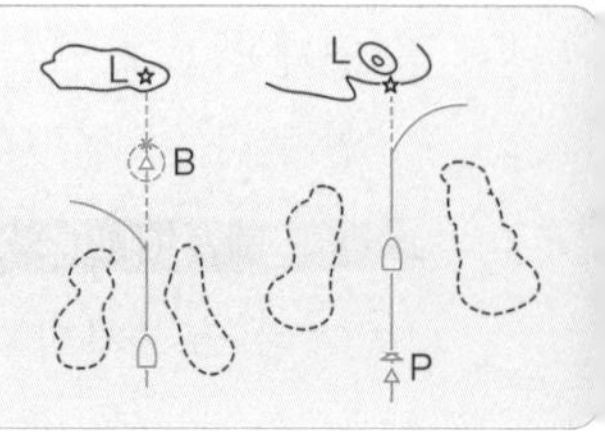

156 모터보트에서 사용하는 항해장비 중 레이더의 특징으로 옳지 않은 것은? 병

갑. 날씨에 영향을 받지 않는다.

을. 충돌방지에 큰 도움이 된다.

병. 탐지거리에 제한을 받지 않는다.

정. 자선 주의의 지형 및 물표가 영상으로 나타난다.

해설

레이더는 성능이 아무리 좋아도 최대탐지거리와 최소탐지거리가 있어 측정거리에 제한을 받는다.

157 〈보기〉에서 설명하는 것으로 알맞은 것을 고르시오. 갑

보기

주간에 두표는 2개의 흑색 원추형으로 상부흑색, 하부황색의 방위표지는?

갑. 북방위표지

을. 서방위표지

병. 동방위표지

정. 남방위표지

해설

- 북방위표지(BY) : 상부흑색, 하부황색
- 남방위표지(YB) : 상부황색, 하부흑색
- 서방위표지(YBY) : 황색바탕, 흑색횡대
- 동방위표지(BYB) : 흑색바탕, 황색횡대

부록 | 그림 참조

158 협수로와 만곡부에서의 운용에 대한 설명으로 옳은 것은? 정

갑. 만곡의 외측에서 유속이 약하다.

을. 만곡의 내측에서는 유속이 강하다.

병. 통항 시기는 게류시나 조류가 약한 때를 피한다.

정. 조류는 역조 때에는 정침이 잘 되나 순조 때에는 정침이 어렵다.

해설

만곡부의 외측에서 유속이 강하고, 내측에서는 약한 특징이 있으며, 통항 시기는 게류시나 조류가 약한 때를 택해야 한다. 조류가 역조 때에는 정침이 잘 되나 순조 때에는 정침이 어렵다.

159 **굴곡이 없는 협수로를 통과할 때 적절한 시기는?** 을

갑. 역조시일 때 을. 순조시일 때

병. 게류시일 때 정. 와류시일 때

해설 **협수로를 통과하는 시기**

- 일반원칙 : 낮에 조류가 약한 시기에 통과
- 굴곡이 없는 곳 : 순조 시에 통과
- 굴곡이 심한 곳 : 역조 시에 통과

160 **선박 상호간의 영향으로 추월 및 마주칠 때의 설명으로 옳지 않은 것은?** 병

갑. 상호 간섭 작용을 막기 위해 저속으로 한다.

을. 소형선은 선체가 작아서 쉽게 끌려들 수 있다.

병. 상호 간섭 작용을 막기 위해 상대선과의 거리를 작게 한다.

정. 추월할 때에는 추월선과 추월 당하는 선박은 선수나 선미의 고압 부분끼리 마주치면 서로 반발한다.

해설

상호 간섭 작용을 막기 위해 상대선과의 거리를 크게 한다.

161 **〈보기〉의 등질에 대한 설명으로 알맞지 않은 것을 고르시오.** 정

보기

Fl(3)WRG.15s 21m 15-11M

갑. 21m : 평균해수면상의 등고 21m이다.

을. 15s : 3회의 섬광을 15초에 1주기로 비춘다.

병. Fl(3) : 빛이 일정한 간격으로 3회의 섬광을 보인다.

정. WRG : 지정된 영역 안에서 서로 다른 백, 홍, 청등이 비춘다.

해설 **WRG**

지정된 영역 안에서 서로 다른 백, 홍, 녹 등이 비춘다.

162 〈보기〉의 (　　)안에 들어갈 말로 옳은 것을 고르시오. 정

보기

선체가 수면 아래에 잠겨 있는 깊이를 나타내는 (　　)는 선체의 선수부와 중앙부 및 선미부의 양쪽 현측에 표시되어 있다.

갑. 길이　　을. 건현
병. 트림　　정. 흘수

해설

- 흘수 : 선체가 수면 아래에 잠겨 있는 깊이를 나타내며, 선체의 선수부, 중앙부, 선미부의 양쪽 현측에 표시
- 건현 : 선체 중앙부 상갑판의 선측상면에서 만재흘수선까지의 수직거리
- 트림 : 선수흘수와 선미흘수의 차이

163 〈보기〉의 (　　)안에 들어갈 말로 옳은 것을 고르시오. 병

보기

선체가 세로 길이 방향으로 경사져 있는 정도를 그 경사각으로써 표현하는 것보다 선수흘수와 선미흘수의 차이로써 나타내는 것이 미소한 경사 상태까지 더욱 정밀하게 표현할 수 있는 방법이다. 이와 같이 길이 방향의 선체 경사를 나타내는 것을 (　　)이라 한다.

갑. 길이　　을. 건현
병. 트림　　정. 흘수

해설 트림(Trim)

선수흘수와 선미흘수의 차, 길이 방향의 선체 경사를 나타내는 것

164 〈보기〉의 (　　)안에 들어갈 말로 옳은 것을 고르시오. 병

보기

(　　)이란, 선박이 물 위에 떠 있는 상태에서 외부로부터 힘을 받아 경사하려고 할 때의 저항, 또는 경사한 상태에서 그 외력을 제거하였을 때 원래의 상태로 돌아오려고 하는 힘을 말한다.

갑. 감항성　　을. 만곡부
병. 복원력　　정. 이븐킬

해설 복원력

선박이 외부로부터 힘을 받아 경사하려고 할 때, 경사한 상태에서 그 외력을 제거하였을 때 원래의 상태로 돌아오려고 하는 힘이며, 선박의 안정 상태를 판단하는 기준이 된다.

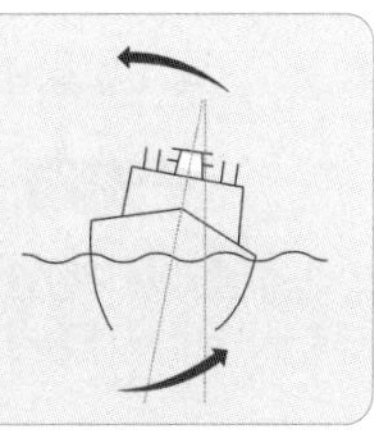

165 **〈보기〉의 (　　)안에 들어갈 말로 옳은 것을 고르시오.** 정

보기

선체가 앞으로 나아가면서 물을 배제한 수면의 빈 공간을 주위의 물이 채우려고 유입하는 수류로 인하여, 주로 뒤쪽 선수미선상의 물이 앞쪽으로 따라 들어오는데 이것을 (　　)라고 한다.

갑. 배출류　　　　을. 흡입류
병. 횡압류　　　　정. 추적류(반류)

해설

선체가 앞으로 추진되면서 주로 뒤쪽 선수미선상의 물이 수면의 빈 공간 주위로 물이 채워지면서 앞쪽으로 따라 들어오는 것을 반류 또는 추적류라고 한다.

- 배출류 : 프로펠러의 뒤쪽으로 흘러나가는 수류
- 흡입류 : 앞쪽에서 프로펠러에 빨려드는 수류

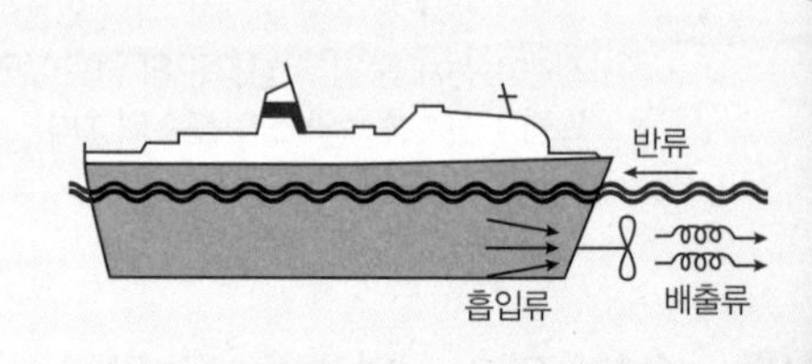

166 **〈보기〉의 (　　)안에 들어갈 말로 옳은 것을 고르시오.** 정

보기

스크루 프로펠러가 회전하면서 물을 뒤로 차 밀어 내면, 그 반작용으로 선체를 앞으로 미는 추진력이 발생하게 된다. 이와 같이 스크루 프로펠러가 360도 회전하면서 선체가 전진하는 거리를 (　　)라 한다.

갑. 종거　　　　을. 횡거
병. 리치　　　　정. 피치

해설

- 종거 : 전타위치에서 선수가 90도 회두했을 때까지의 원침로선상에서의 전진거리
- 횡거 : 전타를 처음 시작한 위치에서 선체회두가 90도 된 곳까지의 원침로에서 직각방향으로 잰 거리
- 리치 : 전타를 시작한 최초의 위치에서 최종선회지름의 중심까지의 거리를 원침로선상에서 잰 거리

167 **〈보기〉의 (　　)안에 들어갈 말로 옳은 것을 고르시오.** 을

보기

직진 중인 선박이 전타를 행하면, 초기에 수면 상부의 선체는 (㉠)경사하며, 선회를 계속하면 선체는 각속도로 정상 선회를 하며 (㉡)경사 하게 된다.

갑. ㉠ 내방, ㉡ 내방　　　　을. ㉠ 내방, ㉡ 외방
병. ㉠ 외방, ㉡ 내방　　　　정. ㉠ 외방, ㉡ 외방

해설

- 외방경사 : 선체가 회전할 때 무게중심이 회전방향의 반대쪽으로 기우는 현상
- 내방경사 : 선체가 회전할 때 무게중심이 회전방향 쪽으로 기우는 현상

168 닻의 역할로 옳지 않은 것은? 정

갑. 선박을 임의의 수면에 정지 또는 정박시킨다.
을. 좁은 수역에서 선회하는 경우에 이용된다.
병. 부두에 접안 및 이안 시에 보조 기구로 사용된다.
정. 침로유지에 사용된다.

해설
침로유지는 키(Rudder)의 역할이다.

169 모터보트로 야간 항해 시 항법과 관계가 적은 것은? 병

갑. 기본적인 항법규칙을 지킨다.
을. 양 선박이 마주치면 우현 변침한다.
병. 기적과 기관을 사용해서는 안 된다.
정. 다른 선박의 등화를 발견하면 확인하고 자선의 조치를 취한다.

170 레저기구가 다른 레저기구를 추월하며 지날 때 나타나는 현상으로 옳지 않은 것은? 정

갑. 레저기구 주위의 압력 변화로 두 선박 사이에 당김, 밀어냄, 회두 작용이 일어난다.
을. 소형 레저기구는 보다 큰 레저기구에 흡착되는 경향이 많다.
병. 이러한 작용은 충돌 사고의 원인이 되기도 한다.
정. 소형 레저기구가 훨씬 작은 영향을 받는다.

해설
소형 레저기구가 훨씬 큰 영향을 받는다.

171 수로 둑의 영향에 대한 설명으로 옳지 않은 것은? 을

갑. 수로의 중앙을 항행할 때에는 별 영향을 받지 않는다.
을. 둑에서 가까운 선수 부분은 둑으로부터 흡인 작용을 받는다.
병. 둑에서 가까운 선수 부분은 둑으로부터 반발 작용을 받는다.
정. 수로의 중앙을 항행할 때에는 좌우의 수압 분포가 동일하다.

해설
둑에서 가까운 선수 부분은 둑으로부터 반발 작용을 받고, 선미 부분은 흡인 작용을 받는다.

172 동력수상레저기구의 야간 항해 시 주의사항으로 옳은 것은? 병

갑. 모든 등화는 밖으로 비치도록 한다.

을. 레이더에 의하여 관측한 위치를 가장 신뢰한다.

병. 다소 멀리 돌아가는 일이 있더라도 안전한 침로를 택하는 것이 좋다.

정. 등부표 등은 항해 물표로서 의심할 필요가 없다.

173 레저기구의 운항 전 연료유 확보에 대한 설명으로 옳지 않은 것은? 을

갑. 예비 연료도 추가로 확보해야 한다.

을. 일반적으로 1마일(mile) 당 연료 소모량은 속력에 비례한다.

병. 연료 소모량을 알면 필요한 연료량을 구할 수 있다.

정. 기존 운항 기록을 통하여 속력에 따른 연료 소모량을 알 수 있다.

해설

레저기구 운항 전에 그동안 축적된 자선의 속력에 따른 연료 소비량을 확인하여 운항에 필요한 양의 연료를 확보하여야 하며, 예비 연료량은 총 소비량의 25% 정도 확보하는 것이 일반적이다.

※ 연료 소모량은 속력의 제곱에 비례하나 운항 당일 일기와 조류상태에 따라 다름에 주의하여야 한다.

174 "선체가 파도를 받으면 동요한다." 다음 중 선박의 복원력과 가장 밀접한 관계가 있는 운동은? 갑

갑. 롤링(rolling) 을. 서지(surge)

병. 요잉(yawing) 정. 피칭(pitching)

해설 롤링

X축을 기준으로 좌우 교대로 회전하려는 운동으로, 복원력과 밀접한 관계에 있다.

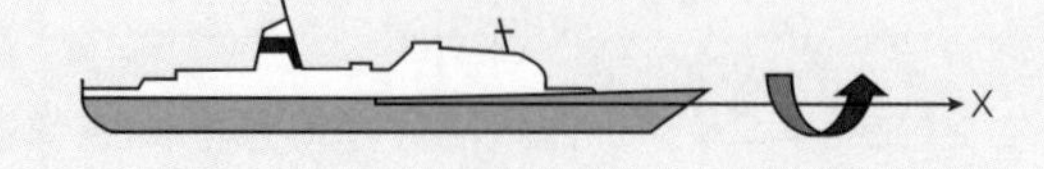

75 모터보트가 전복될 위험이 가장 큰 경우는? 을

갑. 기관 공전이 생길 때
을. 횡요주기와 파랑의 주기가 일치할 때
병. 조류가 빠른 수역을 항해할 때
정. 선수 동요를 일으킬 때

해설

횡요주기가 파랑의 주기와 일치하게 되면 횡요각이 점점 커지게 된다.

76 〈보기〉의 설명으로 옳은 것을 고르시오. 병

보기

선수가 좌우 교대로 선회하려는 왕복 운동이며, 선박의 보침성과 깊은 관계가 있다.

갑. 롤링(rolling)
을. 서지(surge)
병. 요잉(yawing)
정. 피칭(pitching)

해설 요잉

Z축을 기준으로 하여 선수가 좌우 교대로 선회하려는 왕복 운동, 선박의 보침성과 깊은 관계가 있다. 보침성이 불량한 선박은 협수로 통과나 다른 선박과의 근접 통과 시의 조종 등에 어려움이 많다.

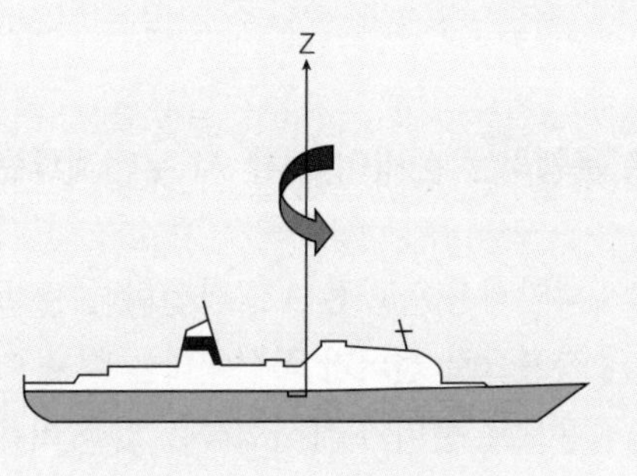

77 〈보기〉의 설명으로 옳은 것을 고르시오. 을

보기

선체가 횡동요 중에 옆에서 돌풍을 받든지 또는 파랑 중에서 대각도 조타를 하면 선체는 갑자기 큰 각도로 경사하게 된다.

갑. 동조 횡동요
을. 러칭
병. 브로칭
정. 슬래밍

해설 러칭

횡동요 중에 옆에서 돌풍을 받거나 또는 파랑 중 대각도 조타를 하여 선체가 갑자기 큰 각도로 경사되는 현상
※ 동조 횡동요 : 선체의 횡동요 주기가 파도의 주기와 일치하여 횡동요각이 점점 커지는 현상
※ 슬래밍 : 거친 파랑 중을 항행하는 선박이 길이 방향으로 크게 동요하게 되어 선저가 수면 상으로 올라와서 떨어지면서 수면과의 충돌로 인해 선수 선저의 평평한 부분에 충격 작용하는 현상을 말한다.

178 **〈보기〉의 설명으로 옳은 것을 고르시오.** 병

보기

브로칭 현상이 발생하면 파도가 갑판을 덮치고 대각도의 선체 횡경사가 유발되어 선박이 전복될 위험이 있다.

갑. 동조 횡동요　　　을. 러칭
병. 브로칭　　　정. 슬래밍

해설

177번 해설 참조

179 **황천 항해 중 선박조종법으로 옳지 않은 것은?** 정

갑. 라이 투(Lie to)　　　을. 히브 투(Heave to)
병. 스커딩(Scudding)　　　정. 브로칭(Broaching)

해설 브로칭(Broaching)

선박이 파도를 선미로부터 받으면서 항주할 때에 선체 중앙이 파도의 파정이나 파저에 위치하면 급격한 선수 동요에 의해 선체는 파도와 평행하게 놓이는 수가 있으며, 이런 현상을 브로칭(broaching)이라 부른다. 이때에는 파도가 갑판을 덮치고 선체의 대각도 횡경사가 유발되어 전복될 위험이 높다.

180 **우회전 프로펠러로 운행하는 선박이 계류 시 우현계류보다 좌현계류가 더 유리한 이유는?** 갑

갑. 후진 시 배출류의 측압작용으로 선미가 좌선회하는 것을 이용한다.
을. 후진 시 횡압력의 작용으로 선미가 좌선회하는 것을 이용한다.
병. 후진 시 반류의 작용으로 선미가 좌선회하는 것을 이용한다.
정. 후진 시 흡수류의 작용으로 선수가 우회두하는 것을 이용한다.

해설

입항 시, 계류 시에는 배출류의 측압작용과 횡압력의 작용으로 후진을 하면 선수가 우회두, 선미는 좌회두하므로 타를 이용하지 않아도 쉽게 접안을 할 수 있다. 접안 시 좌현계류가 쉬운 것은 전진 시 횡압력이 작용하고, 후진 시 측압작용 때문이다.

181 **〈보기〉의 설명으로 옳은 것을 고르시오.** 병

보기

황천으로 항행이 곤란할 때, 풍랑을 선미 쿼터(quarter)에서 받으며, 파에 쫓기는 자세로 항주하는 방법이며, 이 방법은 선체가 받는 충격 작용이 현저히 감소하고, 상당한 속력을 유지할 수 있으나, 보침성이 저하되어 브로칭 현상이 일어날 수도 있다.

갑. 라이 투　　　을. 빔 엔드　　　병. 스커딩　　　정. 히브 투

해설

- 라이 투(Lie to) : 기관을 정지하고 선체를 풍하로 표류하도록 하는 방법(대형선에서만 사용)
- 스커딩(Scudding) : 풍랑을 선미 쿼터(quarter)에서 받으며, 파에 쫓기는 자세로 항주하는 방법이며, 선체가 받는 충격 작용이 현저히 감소하고, 상당한 속력을 유지할 수 있으나, 보침성이 저하되어 브로칭 현상이 일어날 수도 있다.(※브로칭 : 선박이 파도를 선미로부터 받으며 항주할 때 선체 중앙이 파도의 마루나 오르막에 위치함으로써 선체가 파도와 평행하게 놓이는 현상으로 전복의 위험이 있다)
- 히브 투(Heave to) : 선수를 풍랑 쪽으로 향하게 하여 조타가 가능한 최소의 속력으로 전진하는 방법

182 〈보기〉의 설명으로 가장 옳은 신호 방법은? 병

보기

본선은 조난 중이다. 즉시 지원을 바란다.

갑. AC　　을. DC　　병. NC　　정. UC

해설 조난신호

무선전화로 '메이데이'라고 3회, 약 1분 간격 1회의 발포, 기타의 폭발에 의한 신호, 무중신호기에 의한 연속 음향의 신호, 적색의 불꽃을 내는 로켓 또는 유탄에 의한 신호, 무선전신, 모스부호인 '··· — — — ···'의 신호, 선박 위의 발염에 의한 신호, 낙하산이 달린 적색의 염화 로켓, 오렌지색 연기의 발연신호, 좌우로 편 팔을 반복하여 천천히 올리고 내리는 신호

183 킥(Kick) 현상에 대한 설명으로 옳지 않은 것은? 정

갑. 원침로에서 횡 방향으로 무게중심이 이동한 거리로 선미 킥은 배 길이의 1/4~1/7 정도이다.
을. 장애물을 피할 때나 인명구조 시 유용하게 사용한다.
병. 선속이 빠른 선박과 타효가 좋은 선박은 커지며, 전타 초기에 현저하게 나타난다.
정. 선회 초기 선체는 원침로보다 안쪽으로 밀리면서 선회한다.

해설

선회 초기 선체는 원침로보다 바깥으로 밀리면서 선회를 한다.

184 선박에 설치된 레이더의 기능으로 볼 수 없는 것은? 을

갑. 거리측정　　을. 풍속측정
병. 방위측정　　정. 물표탐지

해설 레이더(Radio Detection and Raging)

전자파를 발사하여 그 반사파를 측정함으로써 물표를 탐지하고, 물표까지의 거리 및 방향을 파악하는 계기이다.

185 〈보기〉의 신호방법으로 옳은 것은?

갑

보기

피하라 : 본선은 조종이 자유롭지 않다.

갑. D 을. E 병. F 정. G

해설

D : 본선은 조종이 자유롭지 않다(피하라).
E : 본선은 우현으로 변침하고 있다.
F : 본선을 조종할 수 없다. 통신을 원한다.
G : 본선은 도선사가 필요하다(어선의 경우, 본선은 어망을 올리고 있다).

186 〈보기〉의 신호방법으로 옳은 것은?

갑

보기

본선에 불이 나고, 위험 화물을 적재하고 있다. 본선을 충분히 피하라.

갑. J 을. K 병. L 정. M

해설

J : 본선에 불이 났다. 위험 화물을 적재하고 있다. 본선을 충분히 피하라.
K : 귀선과 통신하고자 한다.
L : 귀선은 즉시 정지하라.
M : 본선은 정지하고 있다. 대수속력은 없다.

187 〈보기〉의 신호방법으로 옳은 것은?

을

보기

본선의 기관은 후진중이다.

갑. T 을. S 병. V 정. W

해설

T : 본선은 2척 1쌍의 트롤 어로 작업중이다. 본선을 피하라.
S : 본선의 기관은 후진중이다.
V : 본선은 지원을 바란다.
W : 본선은 의료지원을 바란다.

88 **운항 중 보트가 얕은 모래톱에 올라앉은 경우 제일 먼저 취해야 하는 조치는?** 정

갑. 선체의 파손 확인 을. 조수간만 확인

병. 배의 위치를 확인 정. 기관(엔진)을 정지

해설

보트가 모래톱에 좌주 시 냉각 시스템과 추진장치(프로펠러, 프로펠러샤프트 등) 손상 원인이 되므로 기관(엔진)을 즉시 정지하여야 한다.

89 **〈그림〉은 "의료수송 식별표시"이다. 설명으로 가장 옳지 않은 것은?** 갑

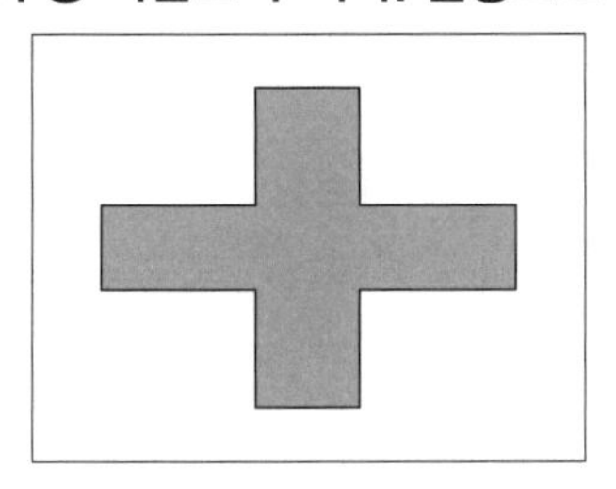

갑. 단독으로 사용하여야 한다.

을. 단독 또는 공동으로 사용할 수 있다.

병. 선측, 선수, 선미 또는 갑판상에 백색바탕에 적색으로 할 것

정. 제네바협정에서 정한 의료수송에 종사함으로 보호받을 수 있는 선박의 식별표시이다.

해설

제네바협정에서 정한 의료수송에 종사함으로써 보호받을 수 있는 선박에 단독 또는 공동으로 사용할 수 있다.

90 **〈그림〉의 문자기로 가장 옳은 것은?** 정

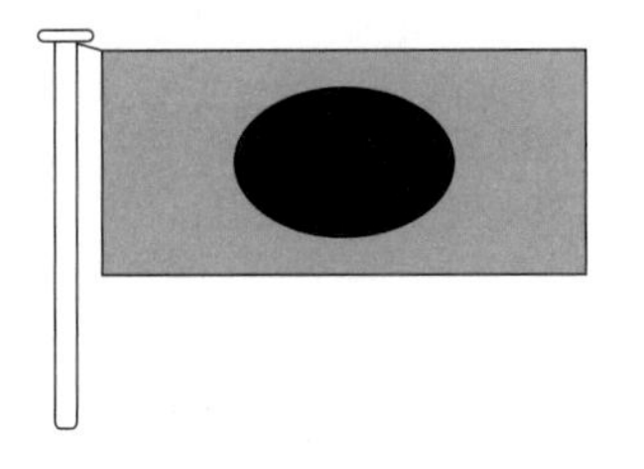

갑. A 을. B 병. H 정. I

해설

부록 | 그림 참조

191 모터보트 상호간의 흡인·배척 작용을 설명한 내용으로 옳지 않은 것은? 병

갑. 접근거리가 가까울수록 흡인력이 크다.

을. 추월시가 마주칠 때보다 크다.

병. 저속항주시가 크다.

정. 수심이 얕은 곳에서 뚜렷이 나타난다.

해설 **두 선박간의 상호작용의 영향**

- 접근거리가 가까울수록 흡인력이 크다.
- 추월시가 마주칠 때보다 크다.
- 고속항주시가 크다.
- 배수량과 속력이 클 때 강하게 나타난다.
- 대소 양 선박 간에는 소형선에 영향이 크며, 흘수가 작은 선박에 영향이 크다.
- 수심이 얕은 곳에서 뚜렷이 나타난다.

192 지문에서 설명하는 인명구조 방법으로 가장 옳은 것은? 정

보기

1. 사람이 물에 빠진 시간 및 위치가 명확하지 못하고 시계가 제한되어 사람을 확인할 수 없을 때 사용한다.
2. 한쪽으로 전타하여 원침로에서 약 60도 정도 벗어날 때까지 선회한 다음 반대쪽으로 전타하여 원침로로부터 180도 선회하여 전 항로로 돌아가는 방법이다.

갑. 지연 선회법

을. 전진 선회법

병. 반원2회 선회법

정. 윌리암슨즈 선회법

193 상대선에서 본선과 같은 주파수대의 레이더를 사용하고 있을 때 나타나는 현상은? 병

갑. 맹목구간

을. 해면반사

병. 간섭현상

정. 기상장해현상

해설

인접한 선박이 본선과 같은 주파수대의 레이더를 사용하고 있다면 점들이 원 모양 또는 나선형으로 나타나는 간섭현상이 나타난다.

- 선박의 구조물 등으로 레이더 전파가 차단되어 물표를 탐지할 수 없는 구간을 맹목구간(Blind sector)이라 한다.
- 레이더 전파가 해수에 반사되어 돌아온 반사파로 인해 밝은 점으로 나타나는 것을 해면반사라 한다.

194 모터보트 운항 중 우현 쪽으로 사람이 빠졌을 때 가장 먼저 해야 할 일은? 을

갑. 좌현변침

을. 우현변침

병. 기관후진

정. 기관전진

해설

우현 쪽으로 사람이 빠졌다면 익수자가 프로펠러에 휘감기지 않도록 즉시 우현변침 한다.

195 로프의 규격은 보통 무엇으로 표시하는가? 을

갑. 로프의 길이　　을. 로프의 직경

병. 로프의 무게　　정. 로프의 꼬임수

해설

로프의 직경(지름)을 mm 또는 원주를 인치로 표시한다.

196 선박 'A호'는 20노트(knot)의 속력으로 3시간 30분 동안 항해하였다면, 선박 'A호'의 항주 거리는? 정

갑. 50해리　　을. 60해리

병. 65해리　　정. 70해리

해설

선박의 속력의 단위는 노트(knot)로 나타내며, 1노트는 1시간에 1해리를 항주할 때의 속력과 같다. 그러므로 선박이 총 항주한 거리는 선박의 속력x시간이므로 20노트x3.5시간 = 70해리가 된다.

197 나침로 198°, 자차 4°W, 편차 3°E이고 풍향은 SE(남동) 풍압차 3°일 때 진침로는? 을

갑. 202°　　을. 200°

병. 197°　　정. 194°

해설

나침로(나침 방위)를 진침로(진방위)로 고치는 것을 침로 개정이라 한다. 자차의 부호가 편동(E)이면 나침 방위에 더하고, 편서(W)면 빼준다. 편차도 자차와 같이 부호가 편동(E)이면 자침로에 더하고, 편서(W)면 빼준다. 풍압차가 있을 때에는 선박이 우현으로 밀리면 풍압차에 E 부호를 붙여 주고 시침로에 더한다. 따라서 198°(나침로)−4°W(자차)+3°E(편차)+3°(풍압차) = 200°(진침로)

198 시계가 제한된 상황에서 항행 시 주의사항으로 옳지 않은 것은? 병

갑. 낮이라 할지라도 반드시 등화를 켠다.

을. 상황에 적절한 무중신호를 실시한다.

병. 기관을 정지하고 닻을 투하한다.

정. 엄중한 경계를 실시하고, 필요시 경계원을 증가 배치한다.

해설

시계가 제한되면 규정된 등화를 켜고, 무중신호를 발하며, 안전한 속력으로 감속하고, 경계를 강화한다.

199 교차방위법을 실시하기 위해 물표를 선정할 때 주의사항으로 옳지 않은 것은? 을

갑. 위치가 정확하고 잘 보이는 목표를 선정한다.

을. 다수의 물표를 선정하는 것이 좋다.

병. 먼 목표보다 가까운 목표를 선정한다.

정. 두 물표 선정 시에는 교각이 30° 미만인 것을 피한다.

해설 교차방위법

두 군데 이상의 물표의 방위를 재어 그 교차점을 현재의 위치로 추정하는 방법으로, 다수의 물표를 선정하는 것은 좋지 않다.

200 동력수상레저기구로 물에 빠진 사람을 구조할 경우 선수방향으로부터 풍파를 받으며 접근하는 이유로 가장 적당한 것은? 병

갑. 익수자가 수영하기 쉽다.

을. 익수자를 발견하기 쉽다.

병. 동력수상레저기구의 조종이 쉽다.

정. 구명부환을 던지기가 쉽다.

해설

선수 방향으로부터 풍파를 받으며 접근하면 선박의 조종이 용이하다.

201 다음 중 상대선박과 충돌위험이 가장 큰 경우는? 갑

갑. 방위가 변하지 않을 때

을. 거리가 변하지 않을 때

병. 방위가 빠르게 변할 때

정. 속력이 변하지 않을 때

해설

방위가 변하지 않을 때 상대선박과 점점 거리가 가까워지면 충돌한다.

202 선박의 등화 및 형상물에 관한 규정으로 옳지 않은 것은? 정

갑. 등화의 점등시간은 일몰 시부터 일출 시까지이다.

을. 낮이라도 시계가 흐린 경우 점등한다.

병. 형상물은 주간에 표시한다.

정. 다른 선박이 주위에 없을 때는 등화를 켜지 않는다.

해설

선박이 주위에 없더라도 규정된 등화를 켜야 한다.

203 동력수상레저기구를 운항할 때 높은 파도를 넘는 방법으로 가장 적당한 것은? 을

갑. 파도 방향과 선체가 평행이 되도록 한다.

을. 파도를 선수 20˚~30˚ 방향에서 받도록 한다.

병. 파도 방향과 직각이 되도록 한다.

정. 파도와 관계없이 정면에서 바람을 받도록 한다.

해설 히브 투(Heave to)

풍랑을 선수 좌우현 25°~35°로 받으며, 저속 운항 방법이다.

204 등대의 광달거리의 설명으로 가장 옳지 않은 것은? 정

갑. 관측안고가 높을수록 길어진다.

을. 등고가 높을수록 길어진다.

병. 광력이 클수록 길어진다.

정. 날씨와는 관계없다.

해설

등대의 광달거리는 날씨와 관계있다.

205 컴퍼스(나침의)의 자차가 생기는 원인이 아닌 것은? 을

갑. 선수 방위가 변할 때

을. 선수를 여러 방향으로 잠깐 두었을 때

병. 선체가 심한 충격을 받았을 때

정. 지방 자기의 영향을 받을 때

해설

자차는 선수를 동일한 방향으로 장시간 두었을 때 변화한다.

206 모터보트로 얕은 수로를 항해하기에 가장 적당한 선체 트림상태는? 병

갑. 선수트림

을. 선미트림

병. 선수미 등흘수

정. 약간의 선수트림

해설 선체트림

선수와 선미가 물에 잠긴 정도가 달라 선체가 앞이나 뒤로 기울어진 상태를 말한다. 수심이 얕은 구역을 항해할 경우, 등흘수(Even Keel)상태로 항해하는 것이 효율적이다.

207 **동력수상레저기구를 조종할 때 확인해야 할 계기로 옳지 않은 것은?** 정

갑. 엔진 회전속도(RPM) 게이지　　을. 온도(TEMP) 게이지

병. 압력(PSI) 게이지　　정. 축(SHAFT) 게이지

해설

축 게이지는 기관 내부의 회전력 전달 부속으로 조종할 때 확인이 곤란하다.

208 **자기 컴퍼스(Magnetic compass)의 특징으로 옳지 않은 것은?** 병

갑. 구조가 간단하고 관리가 용이하다.

을. 전원이 필요 없다.

병. 단독으로 작동이 불가능하다.

정. 오차를 지니고 있으므로 반드시 수정해야 한다.

해설

자석을 자유로이 회전할 수 있는 회전대 위에 놓아두면 지구 자기장이 방향을 가리키게 된다는 원리를 이용하여 만든 것으로 단독으로 작동이 가능하며, 전원이 필요 없다.

209 **모터보트를 현측으로 접안하고자 한다. 선수미 방향을 기준으로 진입각도가 가장 적당한 것은?** 을

갑. 계류장과 평행하게　　을. 약 20°~30°

병. 약 45°~60°　　정. 직각

해설

계류장의 측면과 선수미 방향이 약 20~30도 정도 진입 접안하는 것이 가장 적당하다.

210 **모터보트 운항 시 속력을 낮추거나 정지해야 할 경우로 옳지 않은 것은?** 을

갑. 농무에 의한 시정 제한

을. 다른 보트가 추월을 시도하는 경우

병. 좁은 수로에서 침로만을 변경하기 어려운 경우

정. 진행 침로 방향에 장애물이 있을 때

해설

다른 보트가 추월을 시도하는 경우 가급적 자신의 침로와 속력을 유지한다.

211 수심이 얕은 해역을 항해할 때 발생하는 현상으로 옳지 않은 것은? 정

갑. 조종성능 저하　　을. 속력감소

병. 선체 침하 현상　　정. 공기 저항 증가

해설

공기 저항 증가는 고속으로 항해할수록 증가한다.

212 육상에 계선줄을 연결하여 계류할 경우, 계선줄의 길이를 결정하는데 우선 고려하여야 할 사항으로 가장 적당한 것은? 을

갑. 수심　　을. 조수간만의 차

병. 흘수　　정. 선체트림

해설

계선줄을 연결하여 계류할 경우, 조수간만의 차를 우선 고려하여야 한다.

213 〈보기〉는 무엇에 관한 설명인가? 갑

보기

- 항행하는 수로의 좌우측 한계를 표시하기 위해 설치된 표지
- B지역은 좌현 부표의 색깔이 녹색으로 표시됨
- 좌현 부표는 이 부표의 위치가 항로의 왼쪽 한계에 있음을 의미하며 부표의 오른쪽이 가항 수역임을 의미함

갑. 측방표지　　을. 방위표지

병. 특수표지　　정. 고립장애표지

해설

- 방위표지: 장애물을 중심으로 주위를 4개 상한으로 나누어 설치한 표지로 방향에 따라 동, 서, 남, 북 방위표지라 부른다.
- 특수표지: 항행원조가 주목적이 아닌 다른 목적으로 계획된 것으로 특별한 구역 또는 지물을 표시하는 표지시설이다.
- 고립 장애표지: 암초나 침선 등 고립된 장애물 위에 설치하는 표지이다.

214 레이더에서는 여러 주변 장치로부터 다양한 정보를 받아 화면상에 표시한다. 레이더에 연결되는 주변장치로 옳지 않은 것은? 정

갑. 자이로컴퍼스　　을. GPS

병. 선속계　　정. VHF

해설

VHF는 통신기기이다.

215 프로펠러가 수면 위로 노출되어 공회전하는 현상은? 을

갑. 피칭 을. 레이싱
병. 스웨잉 정. 롤링

해설

레이싱(racing) 현상은 프로펠러가 공기중에 무부하 상태에서 회전되는 것으로서 과부화로 인한 기관손상 및 프로펠러 자체 손상이 있을 수 있다.

pitch

roll

heave

216 좁은 수로에서 선박 조종 시 주의해야 할 내용으로 옳지 않은 것은? 갑

갑. 회두시 대각도 변침 을. 인근 선박의 운항상태를 지속 확인
병. 닻 사용 준비상태를 계속 유지 정. 안전한 속력 유지

해설

협수로에서는 수로의 폭이 좁아 선수미선과 조류의 방향을 일치시켜 조종하고, 회두 시 소각도로 여러 차례 변침해야 한다.

217 선박이 전진 중 횡방향에서 바람을 받으면 선수는 어느 방향으로 향하나? 병

갑. 변화 없이 지속유지 을. 바람이 불어가는 방향
병. 바람이 불어오는 방향 정. 풍하방향

해설

선박이 전진 중 횡방향에서 바람을 받으면 선체는 선속과 바람의 힘을 합친 방향으로 진행하면서 선미가 풍하 쪽으로 밀림으로써 선수는 바람이 불어오는 풍상방향으로 향한다.

218 이안 거리(해안으로부터 떨어진 거리)를 결정할 때 고려해야 할 사항으로 옳지 않은 것은? 정

갑. 선박의 크기 및 제반 상태
을. 항로의 교통량 및 항로 길이
병. 해상, 기상 및 시정의 영향
정. 해도의 수량 및 정확성

해설

'선위 측정 방법' 및 정확성이 이안거리를 결정할 때 고려해야 할 사항이다.

219 모터보트를 조종할 때 주의할 사항으로 적당하지 않은 것은? 정

갑. 좌우를 살피며 안전속력을 유지한다.
을. 움직일 수 있는 물건은 고정한다.
병. 자동 정지줄은 항상 몸에 부착한다.
정. 교통량이 많은 해역은 최대한 신속하게 이탈한다.

해설

교통량이 많은 해역에서는 주위를 세심히 살피고 안전한 속력을 유지해야 한다.

220 동력수상레저기구 두 대가 근접하여 나란히 고속으로 운항할 때 어떤 현상이 일어나는가? 병

갑. 수류의 배출작용 때문에 멀어진다.
을. 평행하게 운항을 계속하면 안전하다.
병. 흡인작용에 의해 서로 충돌할 위험이 있다.
정. 상대속도가 0에 가까워 안전하다.

해설

나란히 근접 운항시 파도 등에 의한 서로 잡아당기는 '흡인작용'으로 충돌위험이 있다.

221 수상오토바이에 대한 설명으로 옳지 않은 것은? 을

갑. 핸들과 조종자의 체중이동으로 방향을 변경한다.
을. 선체의 안전성이 좋아 전복할 위험이 적다.
병. 후진장치가 없는 것도 있다.
정. 선외기 보트에 비해 낮은 수심에서 운항할 수 있다.

해설

수상오토바이의 추진기는 물분사(water jet) 방식으로써 선체가 수중에 잠기는 깊이가 얕아 낮은 수심에서 운항할 수 있으나 이물질을 제트펌프로 흡입하여 기관이 정지되는 경우에 유의하여야 한다. 선체의 크기가 작아 조종이 숙달되지 않으면 쉽게 전복될 수도 있다.

222 레이더 플로팅을 통해 알 수 있는 타선 정보로 옳지 않은 것은? 갑

갑. 선박 형상
을. 진속력
병. 진침로
정. 최근접 거리

해설

레이더 플로팅을 통해 레이더 화면상에서 수동, 또는 자동으로 포착한 물표 영상을 연속적으로 추적하여 상대 선박의 진방위, 진속력, 최근접 거리, 최근접 시간 등의 정보가 표시된다.

223 **항해 중 선박이 충돌하였을 때의 조치로 옳지 않은 것은?** 정

갑. 주기관을 정지시킨다.

을. 두 선박을 밀착시킨 상태로 밀리도록 한다.

병. 절박한 위험이 있을 때는 음향신호 등으로 구조를 요청한다.

정. 선박을 후진시켜 두 선박을 분리한다.

해설

다른 선박의 현측에 자선의 선수가 충돌했을 때는 기관을 후진시키지 말고, 주기관을 정지시킨 후, 두 선박을 밀착시킨 상태로 밀리도록 한다. 만약 선박을 후진시켜 두 선박을 분리시키면, 대량의 침수로 인해 침몰의 위험이 더 커질 수 있다.

224 **선박의 조난신호에 관한 사항으로 옳지 않은 것은?** 정

갑. 조난을 당하여 구원을 요청하는 경우에 사용하는 신호이다.

을. 조난신호는 국제해사기구가 정하는 신호로 행하여야 한다.

병. 구원 요청 이외의 목적으로 사용해서는 안 된다.

정. 유사시를 대비하여 정기적으로 조난신호를 행하여야 한다.

해설

조난신호는 국제해상충돌예방규칙에 의하며, 구원 요청 이외의 목적으로 사용해서는 안된다.

225 **고무보트를 운항하기 전에 확인할 사항으로 옳지 않은 것은?** 병

갑. 공기압을 점검한다.

을. 기관(엔진)부착 정도를 확인한다.

병. 흔들림을 방지하기 위해 중량물을 싣는다.

정. 연료를 점검한다.

해설

흔들림을 방지하기 위하여 중량물을 싣는 경우가 있을 수 있지만 운항전 확인사항으로 볼 수 없다.

226 **대지속력을 잘 설명하는 것은?** 정

갑. 선박이 항해 중 수면과 이루는 속력

을. 상대속력이라고 한다.

병. 조류의 영향을 별로 받지 않는다.

정. 목적지의 도착예정시간(ETA)을 구할 때 사용한다.

해설

대수속력이란 물 위를 움직이는 선박의 속력을 말하며, 목적지의 도착예정시간(ETA)을 구할 때 대지속력으로 계산한다.

227 선박자동식별장치(AIS)에 대한 설명으로 옳지 않은 것은? 

갑. 레이더로 식별이 어려운 전파 장애물의 뒤쪽에 위치하는 선박도 식별할 수 있으나, 시계가 좋지 않은 경우에는 식별이 불가능하다.
을. VTS(선박교통관제)에 정보를 제공하여 선박 통항 관제를 원활하게 하는 데에 있다.
병. 정적정보에는 선명, 선박길이, 선박 종류 등이 포함된다.
정. 선박 상호간에 선명, 침로, 속력 등을 교환하여 항행 안전을 도모하는 데에 있다.

해설
시계가 좋지 않은 경우에도 상대선의 선명, 침로, 속력 등의 식별 가능하므로 선박 충돌방지에 효과적이다.

228 선박 침수 시 조치로 옳지 않은 것은? 갑

갑. 즉각적인 퇴선조치
을. 침수원인 확인 후 응급조치
병. 수밀문을 밀폐
정. 모든 수단을 이용하여 배수

해설
선박이 침수하는 것만으로 즉각적 퇴선은 올바르지 않다. 침수의 원인과 침수량 등을 확인하여 응급조치하고, 수밀문을 밀폐시키고 모든 방법을 동원하여 배수한다.

229 시정이 제한된 상태에 대한 설명으로 옳지 않은 것은? 정

갑. 안개 속
을. 침로 전면에 안개덩이가 있는 때
병. 눈보라가 많이 내리는 때
정. 해안선이 복잡하여 시야가 막히는 경우

해설 제한된 시계
안개·연기·눈·비·모래바람 등으로 시야 확보가 곤란한 상태를 말한다. 해안선이 복잡한 상태는 시정이 제한된 상태로 볼 수 없다.

230 유속 5노트의 해류를 뒤에서 받으며, GPS로 측정한 선속이 15노트라면, 대수속력(S)과 대지속력(V)은 얼마인가? 갑

갑. S=10노트, V=15노트
을. S=10노트, V=10노트
병. S=20노트, V=5노트
정. S=15노트, V=15노트

해설
선박이 수면상을 지나는 속력을 대수속력이라고 하며, 선박이 외력 등의 영향으로 인하여 움직이지 않는 지면에 대하여 나타나는 속력을 대지속력이라 한다. GPS는 대지속력을 측정하므로, 15노트는 대지속력이 되며, 대지속력(15노트)에서 외력(5노트)을 빼면 10노트는 대수속력이 된다.

231 **보트나 부이에 국제신호서상 A기가 게양되어 있을 때, 깃발이 뜻하는 의미는?** 갑

갑. 스쿠버 다이빙을 하고 있다.
을. 낚시를 하고 있다.
병. 수상스키를 타고 있다.
정. 모터보트 경기를 하고 있다.

해설

A(알파기)는 '본선은 잠수부를 내리고 있으니 저속으로 피하라'는 뜻이다.

232 **선외기 등을 장착한 활주형 선박에서 운항 중 선회하는 경우 선체경사는?** 정

갑. 외측경사
을. 내측경사
병. 외측경사 후 내측경사
정. 내측경사 후 외측경사

해설

활주중인 선체는 타각을 준 쪽인 안쪽으로 경사(내방, 안쪽)되며, 선회를 계속하면 선체는 정상 선회(외방, 바깥쪽)한다.

233 **모터보트를 계류장에 접안할 때 주의사항으로 옳지 않은 것은?** 정

갑. 타선의 닻줄 방향에 유의한다.
을. 선측 돌출물을 걷어 들인다.
병. 외력의 영향이 작을 때 접안이 쉽다.
정. 선미접안을 먼저 한다.

해설

선수를 먼저 접안한다.

234 **모터보트의 조타설비에 대한 설명으로 맞는 것은?** 병

갑. 무게를 측정하기 위한 설비
을. 크기를 측정하기 위한 설비
병. 운항 방향을 제어하는 설비
정. 강도를 측정하기 위한 설비

해설 조타설비

운항 방향을 제어하는 설비, 키를 이용하여 변침하거나 침로를 유지할 때 필요한 장치

235 **모터보트의 현재 위치 측정방법으로 가장 정확한 방법은?** 갑

갑. 위성항법장치(GPS)
을. 어군탐지기
병. 해안선
정. 수심측정기

해설

- 위성항법장치(GPS) : 현재의 위치 확인 측정에 이용되는 항해 장비이다.
- 어군탐지기 : 선저에서 해저를 향해 초음파를 발사하고 어군에 부딪혀 반사되는 것으로 물고기의 존재와 수량을 파악하는 장치이다.
- 수심측정기 : Tranduser를 통하여 발사한 음향이 해저에 부딪혀 돌아오는 속도로서 수심을 측정하는 장비이다.

36 선체의 가장 넓은 부분에 있어서 양현 외판의 외면에서 외면까지의 수평거리는? 갑

갑. 전폭　　을. 전장

병. 건현　　정. 수선장

해설 **구전폭(Extreme breadth)**

선박의 폭을 나타내는 것으로 선체의 가장 넓은 부분의 현측 바깥쪽 면에서 반대쪽 현의 바깥쪽까지의 수평거리를 말한다. 선박의 측정 시 선체의 길이, 폭, 깊이 등으로 제원이 결정된다.

37 항해 시 변침 목표물로서 옳지 않은 것은? 을

갑. 등대　　을. 부표

병. 입표　　정. 산꼭대기

해설

부표는 위치가 이동되기 때문에 부적당하다.

- 등대(Lighthouse) : 선박에게 육상의 특정한 위치를 표시하기 위해 설치된 탑과 같이 생긴 구조물
- 부표(Buoy) : 암초, 얕은 수심 등의 위험이나 항행금지 지점을 표시하기 위해 설치되는 구조물
- 입표(Beacon) : 암초, 노출암 등의 위치를 표시하기 위해 설치하는 항로표지

38 시정이 제한된 상태에서 지켜야 할 것으로 옳은 것은? 갑

갑. 안전속력　　을. 최저속력

병. 안전묘박　　정. 제한속력

해설 **안전속력**

충돌을 피하기 위하여 적절하고 효과적인 동작을 취하거나 당시의 상황에 알맞은 거리에서 선박을 멈출 수 있는 속력이다. 안전한 속력을 결정할 때에는 시계상태, 해상교통량의 밀도, 선박의 정지거리·선회성능 그 밖의 조종성능 등의 사항을 고려하여야 한다.

39 선박에서 상대방위란 무엇인가? 갑

갑. 선수를 기준으로 한 방위

을. 물표와 물표사이의 방위각 차

병. 나북을 기준으로 한 방위

정. 진북을 기준으로 한 방위

해설

선수 방향을 기준으로 한 방위로써, 선수를 기준으로 하여 시계 방향으로 360도까지 측정하거나 좌현 또는 우현쪽으로 각각 180도까지 측정한 방위이다.

240 **안전한 항해를 하기 위해서는 변침 지점과 물표를 미리 선정해 두어야 한다. 이때 주의사항으로 옳지 않은 것은?** 갑

갑. 변침 후 침로와 거의 평행 방향에 있고 거리가 먼 것을 선정한다.

을. 변침하는 현측 정횡 부근의 뚜렷한 물표를 선정한다.

병. 곶, 등부표 등은 불가피한 경우가 아니면 이용하지 않는다.

정. 물표가 변침 후의 침로 방향에 있는 것이 좋다.

해설

변침물표는 변침 시 자선의 위치를 파악하는 기준이 되며, 변침 후 물표가 침로 방향에 있으며, 거리가 가까운 것을 선정한다.

241 **자이로컴퍼스(Gyro compass)의 특징 및 작동법에 관한 설명으로 옳지 않은 것은?** 병

갑. 자이로컴퍼스는 고속으로 회전하는 회전체를 이용하여 진북을 알게 해주는 장치이다.

을. 스페리식 자이로컴퍼스를 사용하고자 할 때에는 4시간 전에 기동하여야 한다.

병. 자이로컴퍼스는 자기컴퍼스와 다르게 어떠한 오차도 없다.

정. 방위를 간단히 전기신호로 바꿀 수 있어 여러 개의 리피터 컴퍼스를 동작시킬 수 있다.

해설

자이로컴퍼스는 자기 컴퍼스에서 나타나는 편차나 자차는 없지만, 위도 오차, 속도 오차, 가속도 오차 등을 가지고 있으므로 항해 중 오차의 유무를 확인하여야 한다.

242 **항해 중 임의물표의 방위를 측정하여 선박의 위치를 구하고자 한다. 선위 측정에 필요한 항해장비는?** 을

갑. 음향 측심기(Echo sounder)

을. 자기 컴퍼스(Magnetic Compass)

병. 육분의(Sextant)

정. 도플러 로그(Doppler log)

해설

- 음향 측심기(Echo sounder) : 음파를 빔 형태로 해저에 발사, 해저에 반사되어 돌아오는 반사파의 소요 시간을 측정하여 수심 측정
- 자기 컴퍼스(Magnetic Compass) : 지구자장의 방향을 고려하여 북쪽을 나타내는 항해계기
- 육분의(Sextant) : 천체를 이용하여 위치를 산출할 때 천체의 고도를 측정하는 항해계기
- 도플러 로그(Doppler log) : 송신된 신호와 수신된 신호 사이의 주파수 변화량에 의해 속도 측정

243 레이더 화면의 영상을 판독하는 방법에 대한 설명으로 가장 옳지 않은 것은? 갑

갑. 상대선의 침로와 속력 변경으로 인해 상대방위가 변화하고 있다면 충돌의 위험이 없다고 가정한다.

을. 다른 선박의 침로와 속력에 대한 정보는 일정한 시간 간격을 두고 계속적인 관측을 해야 한다.

병. 해상의 상태나 눈, 비로 인해 영상이 흐려지는 부분이 생길 수 있다는 것도 알고 있어야 한다.

정. 반위 변화가 거의 없고 거리가 가까워지고 있으면 상대선과 충돌의 위험성이 있다는 것이다.

해설

상대선의 침로와 속력 변경으로 인해 상대방위가 변화하고 있다면 충돌의 위험이 없다고 가정해서는 안 된다. 컴퍼스 방위와 거리를 서로 관련시켜서 판단해야 한다.

244 초단파(VHF) 통신설비를 갖춘 수상레저기구의 무선통신 방법으로 가장 옳은 것은? 병

갑. 송신 전력은 가능한 최대 전력으로 사용해야 한다.

을. 중요한 단어나 문장을 반복해서 말하는 것이 좋다.

병. 채널 16은 조난, 긴급, 안전 호출용으로만 사용되어야 한다.

정. 조난 통신을 청수한 때에는 즉시 채널을 변경한다.

해설

채널 16은 조난, 긴급, 안전 호출용으로만 사용되어야 하고, 조난 통신을 청수한 때에는 다른 모든 통신을 중단하고 계속 청수해야 한다. 송신 전에 그 채널이 사용 중인지 확인해야 하며, 수신국의 특별한 요청이 없는 한 단어나 구문을 반복하지 말아야 한다.

245 위성항법장치(GPS) 플로터에 대한 설명으로 가장 옳지 않은 것은? 갑

갑. GPS 플로터의 모든 해도는 선위확인 등 안전한 항해를 위한 목적으로 사용할 수 있다.

을. GPS 위성으로부터 정보를 수신하여 자선의 위치, 시간, 속도 등이 표시된다.

병. 표시된 데이터로 선박항해에 필요한 정보를 제공한다.

정. 화면상에 각 항구의 해도와 경위도선, 항적 등을 표시할 수 있다.

해설

GPS 플로터의 전자해도는 간이 전자해도로서 항해 보조용으로 제작된 것이 많으며, 안전한 항해를 위해서는 반드시 국가기관의 승인을 받은 정규해도를 사용해야 한다.

246 **모터보트가 저속으로 항해할 때 가장 크게 작용하는 선체저항은?** 갑

갑. 마찰저항　　　을. 조파저항

병. 조와저항　　　정. 공기저항

해설

- 마찰저항 : 선체가 물에 부딪혀 선박의 진행을 방해하는 힘을 말하며, 선체 표면의 거칠기와 오손의 영향을 받는다. 마찰저항은 선체 전 저항의 70~80% 정도에 이르며, 선저를 깨끗하게 해주면 마찰저항을 줄일 수 있다.
- 조파저항 : 선체 표면의 수직방향으로 작용하는 저항으로 선박의 운항으로 발생하는 파도의 영향으로 선체 주변 압력분포가 바뀌게 되는 것에 기인한다. 조파저항을 감소시키기 위해 구상선수를 채택한다.
- 조와저항 : 선체로부터 떨어져나가 형성된 소용돌이로 인해 발생한 저항이다. 즉, 속도차에 의해 선미 부근에서 와류가 생겨 선체는 전방으로부터 후방으로 힘을 받게 되는 저항이다.
- 공기저항 : 선박의 구조물이 공기의 흐름과 부딪혀서 생기는 저항이다.

247 **모터보트에 승선 및 하선을 할 때 주의사항으로 옳지 않은 것은?** 을

갑. 부두에 있는 사람이 모터보트를 붙잡아 선체가 움직이지 않도록 한 후 승선한다.

을. 모터보트의 선미쪽 부근에서 1명씩 자세를 낮추어 조심스럽게 타고 내려야 한다.

병. 승선할 때에는 모터보트와 부두 사이의 간격이 안전하게 승선할 수 있는지 확인한다.

정. 승선 위치는 전후좌우의 균형을 유지하도록 가능한 낮은 자세를 취한다.

해설

모터보트의 중앙부 부근에서 1명씩 자세를 낮추어 조심스럽게 타고 내려야 한다.

248 **소형 모터보트의 중, 고속에서의 직진과 정지에 대한 설명으로 가장 옳지 않은 것은?** 을

갑. 키는 사용한 만큼 반드시 되돌려야 하고, 침로 수정은 침로선을 벗어나기 전에 한다.

을. 침로유지를 위한 목표물은 가능한 가까운 쪽에 있는 목표물을 선정한다.

병. 키를 너무 큰 각도로 돌려서 사용하는 것보다 필요한 만큼 사용한다.

정. 긴급 시를 제외하고는 급격한 감속을 해서는 안 된다.

해설

침로유지를 위한 목표물은 가능한 한 먼 쪽에 있는 목표물을 설정하고 그 목표물과 선수가 계속 일직선이 되도록 조정해야 한다.

249 **모터보트의 선회 성능에 대한 설명으로 가장 옳지 않은 것은?** 정

갑. 속력이 느릴 때 선회 반경이 작고 빠를 때 크다.

을. 선회 시는 선체 저항의 증가로 속력은 떨어진다.

병. 타각이 클 때보다 작을 때 선회 반경이 크다.

정. 프로펠러가 1개인 경우 좌우의 선회권의 크기는 차이가 없다.

해설

추진 장치가 1개인 프로펠러는 우회전이 일반적이다. 따라서 우현 선회 시 선회권이 작고, 좌현 선회 시 선회권의 반경은 크다.

50 모터보트에서 사람이 물에 빠졌을 때 인명구조 방법으로 가장 옳지 않은 것은? 갑

갑. 익수자 발생 반대 현측으로 선수를 돌린다.

을. 익수자 쪽으로 계속 선회 접근하되 미리 정지하여 타력으로 접근한다.

병. 익수자가 선수에 부딪히지 않아야 하고 발생 현측 1미터 이내에서 구조할 수 있도록 조정한다.

정. 선체 좌우가 불안정할 경우 익수자를 선수 또는 선미에서 끌어올리는 것이 안전하다.

해설

익수자 발생 현측으로 선수를 돌려야 한다.

51 모터보트를 조종할 때 활주 상태에 대한 설명으로 가장 옳은 것은? 병

갑. 정지된 상태에서 속도전환 레버를 조작하여 전진 또는 후진하는 것

을. 속력을 증가시키면 양력이 증가되어 가벼운 선수 쪽에 힘이 미치게 되어 선수가 들리는 상태

병. 모터보트의 속력과 양력이 증가되어 선수 및 선미가 수면과 평행상태가 되는 것

정. 선회 초기에 선미는 타를 작동하는 반대 방향으로 밀려나는 것

해설

- 활주상태 : 속력과 양력이 증가되어 선수미가 수면과 평행을 이루며 물 위를 질주하는 상태
- 반활주상태 : 모터보트가 출발할 때 양력이 증가되면서 가벼운 선수가 들리는 상태

52 〈보기〉의 그림이 의미하는 것은? 

갑. 비상집합장소 을. 강하식탑승장치

병. 비상구조선 정. 구명뗏목

해설 비상집합장소(muster station)

선박의 비상 상황 발생 시 탈출이 용이한 곳으로 지정된 집합장소이다. 이곳에서 안전장구를 착용하고 구조를 받거나 선박에서 탈출이 용이한 곳이다.

253 **여객이나 화물을 운송하기 위하여 쓰이는 용적을 나타내는 톤수는?** 을

갑. 총톤수　　　　을. 순톤수

병. 배수톤수　　　　정. 재화중량톤수

해설 **순톤수(Net Tonnage)**

순수하게 여객이나 화물의 운송을 위하여 제공되는 실제의 용적을 나타내기 위하여 사용되는 지표로서, 항만 시설 사용료 등의 산정 기준이며, 화물 적재 장소의 용적에 대한 톤수와 여객 정원수에 따른 톤수의 합으로 나타낼 수 있다.

254 **바람이나 조류가 모터보트의 움직임에 미치는 영향에 관한 설명 중 가장 올바른 것은?** 을

갑. 바람과 조류는 모두 모터보트를 이동만 시킨다.

을. 바람은 회두를 일으키고 조류는 모터보트를 이동시킨다.

병. 바람은 모터보트를 이동시키고 조류는 회두를 일으킨다.

정. 바람과 조류는 모두 회두만을 일으킨다.

해설

바람에 의해서도 모터보트가 떠밀리기도 하지만 주로 선수를 편향시켜 회두를 일으키고, 조류는 조류가 흘러오는 반대방향으로 모터보트를 밀리게 한다.

255 **모터보트를 조종할 때 조류의 영향을 설명한 것 중 가장 옳지 않은 것은?** 병

갑. 선수 방향의 조류는 타효가 좋다.

을. 선수 방향의 조류는 속도를 저하시킨다.

병. 선미 방향의 조류는 조종 성능이 향상된다.

정. 강조류로 인한 보트 압류를 주의해야 한다.

해설

선미 방향의 조류는 조종성능이 저하된다.

256 **다른 동력수상레저기구 또는 선박을 추월하려는 경우에는 추월당하는 기구의 진로를 방해하여서는 안 된다. 이 때 두 선박 간의 관계에 대한 설명으로 가장 옳지 않은 것은?** 정

갑. 운항규칙상 2미터 이내로 근접하여 운항하면 안 된다.

을. 가까이 항해 시 두 선박 간에 당김, 밀어냄, 회두 현상이 일어난다.

병. 선박의 상호간섭작용이 충돌 사고의 원인이 된다.

정. 선박 크기가 다를 경우 큰 선박이 훨씬 큰 영향을 받는다.

해설

두 선박이 서로 가깝게 마주치거나 추월할 때 선박 주위에 압력 변화로 당김, 밀어냄, 회두 현상이 발생할 우려가 있다. 이를 선박의 상호간섭작용이라고 하며, 충돌사고의 원인이 된다. 선박의 크기가 다른 경우 소형선이 특히 주의해야 한다.

257 **평수구역을 항해하는 총톤수 2톤 이상의 소형선박에 반드시 설치해야 하는 무선통신 설비는?** 갑

갑. 초단파대 무선설비
을. 중단파(MF/HF) 무선설비
병. 위성통신설비
정. 수색구조용 레이더 트렌스폰더(SART)

258 **황천으로 항해가 곤란할 때 바람을 선수 좌·우현 25~35도로 받으며 타효가 있는 최소한의 속력으로 전진하는 것을 무엇이라고 하는가?** 갑

갑. 히브 투(heave to)
을. 스커딩(scudding)
병. 라이 투(lie to)
정. 브로칭 투(Broaching to)

해설

히브 투는 황천 시 선체의 동요를 줄여 바람을 선수 좌·우현 25~35도로 받으며 최소속력으로 항해하는 방법이다. 선수의 파로 인한 충격과 해수가 갑판으로 올라오거나 속도가 너무 느리면 정횡방향으로 파를 받을 우려가 있다.

259 **야간에 항해 시 주의사항으로 가장 옳지 않은 것은?** 을

갑. 양 선박이 정면으로 마주치면 서로 오른쪽으로 변침하여 피한다.
을. 다른 선박을 피할 때에는 소각도로 변침한다.
병. 기본적인 항법 규칙을 철저히 이행한다.
정. 적법한 항해등을 점등한다.

해설

야간에는 등화만으로 다른 선박이나 물표를 확인해야 하므로 적법한 항해등을 점등하고, 기본적인 항법 규칙을 철저히 이행하여야 한다. 항법의 적용에 있어 다른 선박을 피할 때에는 대각도로 변침한다.

260 **풍랑을 선미 좌·우현 25~35도에서 받으며, 파에 쫓기는 자세로 항주하는 것을 무엇이라고 하는가?** 을

갑. 히브 투
을. 스커딩
병. 라이 투
정. 러칭

해설 스커딩

풍랑을 선미로 받으며 파에 쫓기는 자세로 항주 하는 것으로서 선체가 받는 충격이 현저히 감소되어, 상당한 속력을 유지할 수 있으나 선미 추파에 의하여 해수가 갑판을 덮칠 수 있다.

261 계류 중인 동력수상레저기구 인근을 통항하는 선박 또는 동력수상레저기구가 유의하여야 할 내용으로 옳지 않은 것은? 병

갑. 통항 중인 레저기구는 가급적 저속으로 통항한다.
을. 계류 중인 레저기구는 계선줄 등을 단단히 고정한다.
병. 통항 중인 레저기구는 가능한 접안선 가까이 통항한다.
정. 계류 중인 레저기구는 펜더 등을 보강한다.

해설

통항 중인 레저기구는 가능한 한 접안선으로부터 멀리 떨어져서 저속으로 통항한다.

262 동력수상레저기구 화재 시 소화 작업을 하기 위한 조종방법으로 가장 옳지 않은 것은? 정

갑. 선수부 화재 시 선미에서 바람을 받도록 조종한다.
을. 상대 풍속이 0이 되도록 조종한다.
병. 선미 화재 시 선수에서 바람을 받도록 조종한다.
정. 중앙부 화재 시 선수에서 바람을 받도록 조종한다.

해설

화재가 확산되지 않도록, 상대풍속이 0이 되도록 선박을 조종해야 한다. 따라서, 선수 화재 시 선미에서, 선미 화재 시 선수에서, 중앙부 화재 시 정횡에서 바람을 받도록 조종해야 한다.

263 동력수상레저기구는 위험물 운반선 부근을 통항 시 멀리 떨어져서 운항하여야 한다. 위험물 운반선의 국제 문자 신호기로 옳은 것은? 을

갑. A기(왼쪽 흰색 바탕 | 오른쪽 파랑색 바탕 〈 모양)
을. B기(빨간색 바탕 기류, 오른쪽 〈 모양)
병. Q기(노란색 바탕 사각형 기류)
정. H기(왼쪽 흰색 바탕 | 오른쪽 빨간색 바탕 사각형 기류)

해설

- A기 : 잠수부를 내림
- B기 : 위험물 운반선
- Q기 : 검역허가 요청
- H기 : 도선사 승선 중

264 해양사고가 발생하였을 경우 수상레저기구를 구조정으로 활용한 인명구조 방법으로 가장 옳지 않은 것은? 갑

갑. 가능한 조난선의 풍상쪽 선미 또는 선수로 접근한다.
을. 접근할 때 충분한 거리를 유지하며 계선줄을 잡는다.
병. 구조선의 풍하 현측으로 이동하여 요구조자를 옮겨 태운다.
정. 조난선에 접근 시 바람에 의해 압류되는 것을 주의한다.

해설

구조정은 조난선의 풍하쪽 선미 또는 선수에 접근하여 충분한 거리를 유지하면서 계선줄을 잡은 다음, 구명튜브 등을 활용하여 조난선의 풍하 현측으로 이동하여 요구조자를 옮겨 태운다. 조난선 접근 시 바람에 의해 압류되는 것을 주의하여야 한다.

265 바다에 사람이 빠져 수색 중인 선박을 발견하였다. 이 선박에 게양되어 있는 국제 기류 신호는 무엇인가? 정

갑. F기(흰색 바탕에 마름모꼴 빨간색 모양 기류)

을. H기(왼쪽 흰색 바탕 | 오른쪽 빨간색 바탕 사각형 기류)

병. L기(왼쪽 위 노란색, 아래 검정색 | 오른쪽 상단 검정색, 아래 노란색)

정. O기(왼쪽 아래 노란색, 오른쪽 위 빨간색 사선 모양 기류)

해설

- F : 본선은 조종할 수 없다.
- H : 수로 안내인이 승선하고 있다.
- L : 귀선은 즉시 정선하라.
- O : 바다에 사람이 빠졌다.

266 동력수상레저기구 운항 중 전방의 선박에서 단음 1회의 음향신호 또는 단신호 1회의 발광신호를 인식하였다. 이에 대한 설명으로 가장 옳은 것은? 갑

갑. 우현 변침 중이라는 의미

을. 좌현 변침 중이라는 의미

병. 후진 중이라는 의미

정. 정지 중이라는 의미

해설

- 우현 변침중 : 단음 1회(기류 E기)
- 좌현 변침중 : 단음 2회(기류 I기)
- 후진 중 : 단음 3회(기류 S기)

※ 단음 1회를 인식한 선박은 우현으로 변침 협조 동작을 취해준다.

267 동력수상레저기구 운항 중 조난을 당하였다. 조난 신호로서 가장 옳지 않은 것은? 정

갑. 야간에 손전등을 이용한 모르스 부호(SOS) 신호

을. 인근 선박에 좌우로 벌린 팔을 상하로 천천히 흔드는 신호

병. 초단파(VHF) 통신 설비가 있을 때 메이데이라는 말의 신호

정. 백색 등화의 수직 운동에 의한 신체 동작 신호

해설

- 백색 등화의 수직 운동에 의한 신체 동작 신호 : 이곳은 상륙하기에 좋은 장소이다.
- 백색 등화의 수평 운동에 의한 신체 동작 신호 : 이곳은 상륙하기 위험한 장소이다.

268 해상에서 선박이 항해한 거리를 나타낼 때 사용하는 단위는? 병

갑. 노트
을. 미터
병. 해리
정. 피트

해설

해상에서 거리를 나타내는 단위를 해리라 하며, 속도의 단위를 노트로 사용한다. 흔히 선체의 길이를 피트로 부르는 경우가 많다.

269 연안항해에서 선위를 측정할 때 가장 부정확한 방법은? 정

갑. 한 목표물의 레이더 방위와 거리에 의한 방법
을. 레이더 거리와 실측 방위에 의한 방법
병. 둘 이상 목표물의 레이더 거리에 의한 방법
정. 둘 이상 목표물의 레이더 방위에 의한 방법

해설

둘 이상 목표물의 레이더 방위에 의한 선위 측정은 정확도가 떨어진다.

270 선박이 우현쪽으로 둑에 접근할 때 선수가 받는 영향은? 병

갑. 우회두한다.
을. 흡인된다.
병. 반발한다.
정. 영향이 없다.

271 전타 선회 시 제일 먼저 생기는 현상은? 갑

갑. 킥(Kick)
을. 종거
병. 선회경
정. 횡거

해설

킥 현상은 전타 선회 시 무게중심이 횡방향으로 이동하면서 선미가 밀리는 현상으로 선회 시작과 동시 제일 먼저 발생하고 이후 원 침로를 유지한다.

272 조석과 조류에 대한 설명으로 옳지 않은 것은? 병

갑. 조석으로 인한 해수의 주기적인 수평운동을 조류라 한다.
을. 조류가 암초나 반대 방향의 수류에 부딪혀 생기는 파도를 급조라 한다.
병. 좁은 수로 등에서 조류가 격렬하게 흐르면서 물이 빙빙도는 것을 반류라 한다.
정. 같은 날의 조석이 그 높이와 간격이 같지 않은 현상을 일조부등이라 한다.

해설

조류가 격렬하게 흐르면서 물이 빙빙도는 것을 와류라 한다.

273 음향표지 또는 무중신호에 대한 설명으로 옳지 않은 것은? 갑

갑. 밤에만 작동한다.

을. 사이렌이 많이 쓰인다.

병. 공중음신호와 수중음신호가 있다.

정. 일반적으로 등대나 다른 항로표지에 부설되어 있다.

해설

음향표지 또는 무중신호는 낮과 밤, 모두 작동한다.

274 우리나라의 우현표지에 대한 설명으로 옳은 것은? 정

갑. 우측항로가 일반적인 항로임을 나타낸다.

을. 공사구역 등 특별한 시설이 있음을 나타낸다.

병. 고립된 장애물 위에 설치하여 장애물이 있음을 나타낸다.

정. 항행하는 수로의 우측 한계를 표시함으로, 표지 좌측으로 항행해야 안전하다.

해설 **우현표지**

수로의 우측 한계를 표시한다. 표지 좌측으로 항행해야 안전하다. 우현표지는 홍색이며 두표는 원추형, Fl(2+1)R 이외의 리듬을 갖는다.

275 두 지점 사이의 실제 거리와 해도에서 이에 대응하는 두 지점 사이의 거리의 비는? 갑

갑. 축척 을. 지명 병. 위도 정. 경도

276 점장도에 대한 설명으로 옳지 않은 것은? 병

갑. 항정선이 직선으로 표시된다.

을. 침로를 구하기에 편리하다.

병. 두 지점간의 최단거리를 구하기에 편리하다.

정. 자오선과 거등권은 직선으로 나타낸다.

해설 **점장도**

직선으로 그어진 항정선을 따라 달리는 항법을 점장위도항법이라 한다. 먼 거리를 항해할 때 연료의 절감과 항해 거리를 단축하는 경제적인 운항 방법이다. 자오선과 거등권은 직선으로 나타내며, 침로와 두 지점 사이의 최단 거리를 구하기에 편리하지 않다.

277 해사안전법상 안전수역표지에 대한 설명으로 옳지 않은 것은? 병

갑. 두표는 하나의 적색구이다.

을. 모든 주위가 가항 수역이다.

병. 등화는 3회 이상의 황색 섬광등이다.

정. 중앙선이나 수로의 중앙을 나타낸다.

해설

등화는 황색이 아닌 백색 섬광등이다.

278 비상위치지시용 무선표지설비(EPIRB)에 대한 설명으로 옳지 않은 것은? 병

갑. 선박이 침몰할 때 떠올라서 조난신호를 발신한다.

을. 위성으로 조난신호를 발신한다.

병. 조타실 안에 설치되어 있어야 한다.

정. 자동작동 또는 수동작동 모두 가능하다.

해설 비상위치지시용무선표지설비(EPIRB)

선교(Top bridge)에 설치되어 선박이 침몰했을 때 자동으로 부상하여 COSPAS-SARSAT 위성을 통해 조난신호를 전송한다.

279 복원력이 증가함에 따라 나타나는 영향에 대한 설명으로 옳지 않은 것은? 정

갑. 화물이 이동할 위험이 있다.

을. 승무원의 작업능률을 저하시킬 수 있다.

병. 선체나 기관 등이 손상될 우려가 있다.

정. 횡요 주기가 길어진다.

해설

복원력이 증가함에 따라 횡요 주기가 짧아진다.

280 좁은 수로나 항만의 입구 등에 2~3개의 등화를 앞뒤로 설치하여 그 중시선에 의해 선박을 인도하도록 하는 것은? 을

갑. 부등

을. 도등

병. 임시등

정. 가등

해설

- 부등 : 등표의 설치가 필요한 위험한 지역이지만 설치가 불가하거나 설치를 하여도 보수하기 어려운 위험한 구역에 그곳으로부터 가까운 곳의 등대에 강력한 투광기를 설치하여 위험 구역을 비추는 등화
- 임시등 : 보통 선박의 출입이 많지 않은 항만이나 하구 등에 출입항선이 있을 때 또는 어로기 등 선박의 출입이 일시적으로 많아질 때 임시로 점등되는 등화
- 가등 : 등대를 개축할 때 긴급조치로 가설되는 등화

281 다음 중 기관의 배기가스가 흰색이 되는 원인은? 갑

갑. 연료유 중에 수분이 혼입되었을 경우

을. 냉각수가 부족한 경우

병. 기관에 과부하가 걸렸을 경우

정. 베어링 등의 운동부가 발열되었을 경우

해설

연료유에 수분이 혼입된 경우 배기가스 색이 흰색으로 나타난다.

282 내연기관의 열효율을 높이기 위한 조건 중 옳지 않은 것은? 을

갑. 배기로 배출되는 열량을 적게 한다.

을. 압축압력을 낮춘다.

병. 용적효율을 좋게 한다.

정. 연료분사를 좋게 한다.

해설 내연기간의 열효율을 높이기 위한 조건

- 연소 전에 압축압력을 높인다.
- 연소가 상사점에서 일어나게 한다.
- 연료분사 상태를 좋게 한다.
- 연소기간을 짧게 한다.
- 공연비를 좋게 한다.
- 용적효율을 좋게 한다.

283 4행정 사이클 기관에서 크랭크축을 회전시켜 동력을 발생시키는 행정은? 병

갑. 흡입행정 을. 압축행정

병. 폭발행정 정. 배기행정

해설

4행정 사이클 기관에서 실제 연소에 의해 동력을 발생하는 행정은 폭발행정이고, 나머지 행정은 이때 발생한 동력을 플라이휠에 저장하여 관성으로 움직이게 된다.

284 디젤기관의 압축압력이 저하하는 원인으로 옳지 않은 것은? 정

갑. 실린더 라이너의 마모가 클 때

을. 피스톤 링의 마모, 절손 또는 고착되었을 때

병. 배기밸브와 밸브시트의 접촉이 안 좋을 때

정. 배기밸브 타펫 간격(tappet clearance)이 너무 클 때

해설

디젤기관의 압축압력이 저하하는 원인은 배기밸브 타펫(tappet) 간격과는 무관하다. 타펫 간격은 밸브 스템(valve stem) 상부와 로커 암(rocker arm) 사이의 간격을 의미하는데, 타펫 간격이 너무 좁을 경우, 밸브 스템이 팽창하여 로커 암과 접촉하면 밸브가 완전히 닫히지 않아 압축압력이 누출되기도 한다.

285 엔진의 냉각수 계통에서 자동온도조절기(서모스텟)의 역할 중 가장 옳지 않은 것은? 정

갑. 과열 및 과냉각을 방지한다.

을. 오일의 열화방지 및 엔진의 수명을 연장시킨다.

병. 냉각수의 소모를 방지한다.

정. 냉각수의 녹 발생을 방지한다.

해설

자동온도조절기란 기관의 효율을 높이고 과냉과 과열로 인한 기관의 손상 및 예방을 위한 센서로서 엔진의 수명을 연장시키는 역할을 한다. 녹 발생 방지와는 관계 없다.

286 디젤엔진 연소실 내에 연료분사가 되지 않는 원인으로 옳지 않은 것은? 정

갑. 연료유 관내의 프라이밍이 불충분할 때

을. 연료 여과기의 오손이 심할 때

병. 연료탱크 내에 물이 들어가거나 연료탱크의 밸브가 잠겼을 때

정. 공기탱크 압력이 낮아졌을 때

해설

연료분사와 공기탱크 압력은 무관하다.

287 가솔린기관 배기가스 소음을 줄이는 방법으로 옳지 않은 것은? 을

갑. 배기가스의 팽창

을. 배기가스의 노즐을 통한 분출

병. 배기가스의 냉각

정. 배기가스의 팽창과 냉각

해설

소음작용은 냉각, 팽창, 저항, 공명, 흡수, 간섭 등이 있다. 배기가스 배출 소음을 줄이는 방법으로 고온고압의 가스 온도와 압력을 낮추고, 맥동현상을 감쇄시키는데 있다.

288 멀티테스터기로 직접 측정할 수 없는 것은? 정

갑. 직류전압

을. 직류전류

병. 교류전압

정. 유효전력

해설 멀티테스터

멀티테스터로 직류전압, 직류전류, 저항 등 전기량을 측정할 수 있다.

289 추진기 날개면이 거칠어졌을 때 추진기 성능에 미치는 영향으로 옳지 않은 것은? 갑

갑. 추력이 증가한다.
을. 소요 토크가 증가한다.
병. 날개면에 대한 마찰력이 증가한다.
정. 캐비테이션을 유발한다.

해설

추진기의 날개면이 거칠어지면 추력이 감소한다.

290 디젤기관의 취급불량에 의한 크랭크축의 손상원인 중 가장 옳지 않은 것은? 을

갑. 과부하운전, 노킹의 발생
을. 장시간 저속운전
병. 축 중심의 부정, 유간극의 부정
정. 시동시의 충격, 장시간 위험회전수에서 운전

해설

장시간 저속운전은 불완전연소의 원인이 된다.

291 가솔린 엔진의 녹킹과 조기점화에 관한 설명으로 옳지 않은 것은? 갑

갑. 녹킹과 조기점화는 서로 인과관계는 있으나 그 현상은 전혀 다르다.
을. 혼합기가 점화플러그 이외의 방법에 의해 점화되는 것을 조기점화라 한다.
병. 가솔린 엔진의 녹킹은 혼합기의 자연발화에 의하여 일어난다.
정. 조기점화는 연료의 종류로 억제한다.

해설

- 가솔린 엔진의 녹킹 : 점화시기가 너무 빠르거나 늦을 때 엔진 내부온도에 의해 먼저 폭발되는 혼합기의 자연발화에 의하여 일어난다.
- 조기점화(과조착화) : 혼합기가 점화플러그, 배기밸브 등의 고온 부분이 점화원이 되어, 정상적인 불꽃이 도달하기 이전에 점화되는 것

292 디젤기관에서 짙은 흑색(검정색) 배기색이 나타나는 원인으로 옳지 않은 것은? 갑

갑. 소기(흡기) 압력이 너무 높을 때
을. 분사시기와 분사상태가 불량하여 불완전 연소가 일어날 때
병. 과부하 운전을 하고 있을 때
정. 연소에 필요한 공기량이 부족할 때

해설 **배기색이 흑색이 될 때의 원인**

- 분사시기와 분사상태가 불량하여 불완전 연소가 일어날 때
- 과부하 운전을 하고 있을 때
- 연소에 필요한 공기량이 부족할 때
- 흡배기 밸브 누설
- 소음기 오손
- 소기(흡기) 압력이 낮을 때

293 디젤기관에서 연료소비율이란? 병

갑. 기관이 1시간에 소비하는 연료량

을. 연료의 시간당 발열량

병. 기관이 1시간당 1마력을 얻기 위해 소비하는 연료량

정. 기관이 1실린더당 1시간에 소비하는 연료량

해설 연료소비율

일정한 일을 하기 위해 엔진이 얼마나 많은 연료를 사용해야 하는지 나타내는 수치이다. 즉, 기관이 1시간당 1마력을 얻기 위해 소비하는 연료량이다. (단위 : g/PS.h)

294 가솔린 기관에서 노크와 같이 연소화염이 매우 고속으로 전파하는 현상을 무엇이라 하는가 갑

갑. 데토네이션(Detonation)

을. 와일드 핑(Wild ping)

병. 럼블(Rumble)

정. 케비테이션(Cavitation)

해설

- 와일드 핑(Wild ping) : 노킹과 과조 착화가 동시에 일어나는 현상
- 럼블(Rumble) : 연소실이 깨끗하지 않을 때 생기는 것으로 노크음과 다르게 둔하고 강한 충격음이 발생한다.

295 내연기관을 장기간 저속으로 운전하는 것이 곤란한 이유로 옳지 않은 것은? 정

갑. 실린더 내 공기압축의 불량으로 불완전 연소가 일어난다.

을. 연소온도와 압력이 낮아 열효율이 낮아진다.

병. 연료분사펌프의 작동이 불량하여 연료분사상태가 불량해진다.

정. 크랭크축의 회전속도가 느려 흡기 및 배기 밸브의 개폐시기가 불량해진다.

해설

내연기관을 장기간 저속으로 운전하면 압축 불량으로 불완전 연소가 일어나고, 연소온도와 압력이 낮아 열효율이 낮아진다. 또한 연료분사펌프의 작동이 불량하여 연료분사상태가 불량해진다. 흡기 및 배기 밸브 개폐시기에 영향을 미치지는 않는다.

296 엔진 시동 중 회전수가 급격하게 높아질 때 점검할 사항으로 옳지 않은 것은? 정

갑. 거버너 위치 등을 점검

을. 한꺼번에 많은 연료가 공급되는지를 확인

병. 시동 전 가연성 가스를 배제했는지를 확인

정. 냉각수 펌프의 정상 작동여부를 점검

해설

엔진회전수 증가와 냉각수는 관련이 없다. 엔진의 급속한 회전은 연료 분사량과 관련 있다.

97 과급(supercharging)이 기관의 성능에 미치는 영향에 대한 설명 중 옳은 것은 모두 몇 개인가? 병

① 평균 유효압력을 높여 기관의 출력을 증대시킨다.
② 연료소비율이 감소한다.
③ 단위 출력 당 기관의 무게와 설치 면적이 작아진다.
④ 미리 압축된 공기를 공급하므로 압축 초의 압력이 약간 높다.
⑤ 저질 연료를 사용하는 데 불리하다.

갑. 2개 을. 3개 병. 4개 정. 5개

해설

⑤ 저질 연료를 사용하는 데 유리하다.

98 윤활유 소비량이 증가되는 원인으로 옳지 않은 것은? 갑

갑. 연료분사 밸브의 분사상태 불량
을. 펌핑 작용에 의한 연소실 내에서의 연소
병. 열에 의한 증발
정. 크랭크케이스 혹은 크랭크축 오일리테이너의 누설

해설

연료분사 밸브의 분사상태 불량은 윤활유 소모량과 관계없다.

99 연료유 연소성을 향상시키는 방법으로 옳지 않은 것은? 정

갑. 연료유를 미립화한다. 을. 연료유를 가열한다.
병. 연소실을 보온한다. 정. 냉각수 온도를 낮춘다.

해설

냉각수 온도를 높여야 연소가 잘 되어 연소성이 향상된다.

100 플라이휠의 주된 설치목적은? 갑

갑. 크랭크축 회전속도의 변화를 감소시킨다.
을. 기관의 과속을 방지한다.
병. 기관의 부착된 부속장치를 구동한다.
정. 축력을 증가시킨다.

해설 플라이휠

크랭크축과 함께 회전하는 원형의 휠로서 크랭크축 회전속도의 변화를 감소시키는 역할을 한다. 회전 동력이 증감해도 일정한 속도로 회전하려는 관성을 축적해 두었다가 다음 회전력이 약해졌을 때 관성력으로 회전속도를 유지한다.

301 **프로펠러의 공동현상(Cavitation)이 발생되는 원인으로 옳지 않은 것은 모두 몇 개인가**

을

① 날개 끝이 얇을 때
② 날개 끝 속도가 고속일 때
③ 프로펠러가 수면에 가까울 때
④ 날개의 단위 면적당 추력이 과다할 때
⑤ 프로펠러와 선체와의 간격이 좁을 때

갑. 0개 을. 1개 병. 2개 정. 3개

해설

① 날개 끝이 두꺼울 때

302 **기관실 빌지의 레벨 검출기로 많이 사용되는 것은?**

을

갑. 토클 스위치 을. 플로트 스위치
병. 셀렉트 스위치 정. 리미트 스위치

해설 **플로트 스위치**

빌지의 유량에 따라 플로트가 작동하여 신호를 보내어 레벨을 검출한다.

303 **릴리프 밸브(relief valve)의 설명 중 맞는 것은?**

갑

갑. 압력을 일정치로 유지한다. 을. 압력을 일정치 이상으로 유지한다.
병. 유체의 방향을 제어한다. 정. 유량을 제어한다.

해설 **릴리프 밸브**

압력이 설정값에 도달하면 유체를 우회시켜 압력을 일정치로 유지한다.

304 **프로펠러에 관한 설명 중 옳지 않은 것은?**

을

갑. 프로펠러의 직경은 날개수가 증가함에 따라 작아진다.
을. 전개면적비가 작을수록 프로펠러 효율은 감소한다.
병. 프로펠러의 날개는 공동현상에 의하여 손상을 받을 수 있다.
정. 가변피치 프로펠러의 경우는 회전수 여유를 주지 않는다.

해설

프로펠러 날개의 면적이 작아지면 추진기의 효율이 좋아지지만 너무 작아지면 공동 현상을 일으킬 우려가 있다.

305 **기관(엔진) 시동 후 점검사항으로 옳지 않은 것은?** 병

갑. 기관(엔진)의 상태를 점검하기 위해 모든 계기를 관찰한다.

을. 연료, 오일 등의 누출 여부를 점검한다.

병. 기관(엔진)의 시동모터를 점검한다.

정. 클러치 전·후진 및 스로틀레버 작동상태를 점검한다.

해설

병의 내용은 시동 전 점검사항이다.

306 **선외기 가솔린기관(엔진)이 시동되지 않아 연료계통을 점검하고자 한다. 유의사항으로 옳지 않은 것은?** 갑

갑. 프라이머 밸브(primer valve)를 제거한다.

을. 연료필터(Fuel filter)에 불순물 또는 물이 차 있지 않은지 확인한다.

병. 연료계통 내에 누설되는 곳이 있는지 확인한다.

정. 연료탱크의 출구밸브 및 공기변(air vent)이 닫혀있는지 확인한다.

해설

프라이머 밸브는 연료 탱크에서 엔진으로 공급되는 연료의 압력을 유지하고 연료를 기화기에 원활하게 공급해 주는 중요한 장치이다. 시동 전 초기 프라이머 밸브를 펌핑하여 연료 라인에 연료를 채워 준다.

307 **프로펠러에 의해 발생하는 축계 진동의 원인으로 옳지 않은 것은?** 병

갑. 날개 피치의 불균일

을. 프로펠러 날개의 수면노출

병. 프로펠러 하중의 증가

정. 공동현상의 발생

해설

프로펠러 하중은 진동에 영향을 주지 않는다.

308 **수상오토바이의 추진방식은?** 을

갑. 원심펌프에 의한 추진방식

을. 임펠러 회전에 의한 워터제트 분사방식

병. 프로펠러 회전에 의한 공기분사방식

정. 임펠러 회전에 의한 공기분사방식

해설 **워터제트 분사방식**

임펠러의 회전력으로 유도관으로 빨아들여 압축하여 노즐을 통하여 선미로 분출하여 추진하는 방식

309 **전기기기의 절연상태가 나빠지는 경우로 옳지 않은 것은?** 정

갑. 습기가 많을 때
을. 먼지가 많이 끼었을 때
병. 과전류가 흐를 때
정. 절연저항이 클 때

해설

절연저항이 클 때 절연상태가 나빠지는 것은 아니다.

310 **내연기관의 냉각수 온도가 높을 때 나타나는 현상으로 옳지 않은 것은?** 갑

갑. 노킹(knocking)이 발생한다.
을. 피스톤링이 고착된다.
병. 실린더의 마모가 증가된다.
정. 윤활유 사용량이 증가된다.

해설

냉각수 온도가 높으면 착화지연이 짧게 되므로 오히려 노킹(knocking) 발생을 방지한다.

311 **선외기(outboard) 기관(엔진)의 시동 전 점검사항으로 옳지 않은 것은?** 정

갑. 엔진오일의 윤활방식이 자동 혼합장치일 경우 잔량을 확인한다.
을. 연료탱크의 환기구가 열려있는가를 확인한다.
병. 비상정지스위치가 RUN에 있는지 확인한다.
정. 엔진내부의 냉각수를 확인한다.

해설

선외기 기관(엔진)은 냉각수가 엔진 내부에 따로 없고 외부의 해수나 담수를 바로 흡입하여 냉각하는 시스템이다. 따라서 엔진 내부 냉각수가 없어 시동 후 냉각수 확인구를 통해 점검 가능하다.

312 **가솔린 기관에서 윤활유 압력저하가 되는 원인으로 옳지 않은 것은?** 정

갑. 오일팬 내의 오일량 부족
을. 오일여과기 오손
병. 오일에 물이나 가솔린의 유입
정. 오일온도 하강

해설

오일온도가 하강하면 점도가 증가하여 압력이 상승한다.

13 불꽃점화기관에서 불꽃(스파크)을 튀기기 위하여 고전압을 발생시키는 장치는? 병

갑. 케이블　　을. 카브레터

병. 점화코일　　정. 점화플러그

해설 점화코일

자력선의 상호 유도작용에 의하여 고전압을 발생시킨다.

14 수상오토바이 운행 중 갑자기 출력이 떨어질 경우 점검해야 할 곳은? 병

갑. 냉각수 압력을 점검한다.　　을. 연료혼합비를 점검한다.

병. 물 흡입구에 이물질 부착을 점검한다.　　정. 임펠러의 피치를 점검한다.

해설

우선적으로 흡입구에 이물질이 있는지 확인해야 한다.

15 모터보트 운행 중 갑자기 선체가 심하게 떨림 현상이 나타날 때 즉시 점검해야 하는 곳으로 옳지 않은 것은? 갑

갑. 크랭크축 균열 상태를 확인한다.

을. 프로펠러의 축계(shaft) 굴절여부를 확인한다.

병. 프로펠러의 파손상태를 점검한다.

정. 프로펠러에 로프가 감겼는지 확인한다.

해설

크랭크축 균열 상태로 떨림을 감지하기 어려우며, 운항 중 즉시 점검이 곤란하다. 기관의 분해 수리 시 점검이 가능하다.

16 냉각수펌프로 주로 사용되는 원심펌프에서 호수(프라이밍)를 하는 목적은? 병

갑. 흡입수량을 일정하게 유지시키기 위해서

을. 송출량을 증가시키기 위해서

병. 기동 시 흡입 측에 국부진공을 형성시키기 위해서

정. 송출측 압력의 맥동을 줄이기 위해서

해설

원심펌프는 시동할 때에 먼저 펌프 내에 물을 채워야(호수) 한다. 따라서 펌프의 설치 위치가 흡입측 수면보다 낮은 경우에는 공기 빼기 콕(Air vent cock)만 있으면 되지만, 흡입측 수면보다 높으면 물을 채우기 위하여 풋밸브(foot valve), 호수밸브(priming valve) 및 공기 빼기 콕을 설치해야 한다.

317 **추운 지역에서 냉각수 펌프를 장시간 사용하지 않을 때의 일반적인 조치로 가장 바람직한 방법은?** 갑

갑. 반드시 물을 빼낸다.

을. 펌프 케이싱에 그리스를 발라준다.

병. 펌프 내에 그리스를 넣어둔다.

정. 펌프를 분해하여 둔다.

해설

추운 곳에서 장시간 두면 펌프케이싱 등 동파 위험이 있으므로 물을 배출하는 것이 좋다.

318 **선외기(outboard) 엔진에서 주로 사용되는 냉각방식은?** 정

갑. 냉매가스식

을. 공랭식

병. 부동액냉각식

정. 담수 또는 해수냉각식

해설

선외기 엔진의 냉각방식은 직접수냉식으로서 시동과 동시에 임펠러의 회전에 의하여 외부의 물(담수 또는 해수)을 흡입하여 기관을 냉각한 후 배출하는 방식이다.

319 **수상오토바이 운항 중 기관(엔진)이 정지된 경우 즉시 점검해야 할 사항으로 옳지 않은 것은?** 정

갑. 몸에 연결한 스톱스위치(비상정지)를 확인한다.

을. 연료잔량을 확인한다.

병. 임펠라가 로프나 기타부유물에 걸렸는지 확인한다.

정. 엔진의 노즐 분사량을 확인한다.

해설

엔진의 노즐 분사량은 엔진 회전수 변동이 심하거나 진동이 동반될 때 확인한다.

320 **윤활유의 기본적인 역할로서 옳지 않은 것은?** 병

갑. 감마작용

을. 냉각작용

병. 산화작용

정. 청정작용

해설 **윤활유의 역할**

감마, 냉각, 청정, 응력분산, 밀봉, 방식작용 등

321 **전기가 통하는 것은 도체, 통하지 않는 것은 부도체라고 한다. 〈보기〉 중 부도체는 몇 개인가?** 갑

① 금속	② 해수	③ 전해액	④ 백금
⑤ 유리	⑥ 고무	⑦ 운모	

갑. 3개　　을. 4개　　병. 5개　　정. 6개

해설

- ① 금속 ② 해수 ③ 전해액 ④ 백금 : 전기가 잘 통하는 도체
- ⑤ 유리 ⑥ 고무 ⑦ 운모 : 전기가 통하지 않는 부도체

322 **실린더 윤활의 목적으로 옳지 않은 것은?** 정

갑. 연소가스의 누설을 방지하기 위하여
을. 과열을 방지하기 위하여
병. 마찰계수를 감소시키기 위하여
정. 연료펌프 고착을 방지하기 위하여

해설

실린더 윤활과 연료펌프 고착 방지는 관련이 없다.

323 **클러치의 동력전달 방식에 따른 구분에 해당되지 않는 것은?** 정

갑. 마찰클러치
을. 유체클러치
병. 전자클러치
정. 감속클러치

해설

클러치는 동력전달방식에 따라 마찰클러치, 유체클러치, 전자클러치 등으로 구분한다.

324 **내연기관의 피스톤 링(Piston ring)이 고착되는 원인으로 옳지 않은 것은?** 갑

갑. 실린더 냉각수의 순환량이 과다할 때
을. 링과 링홈의 간격이 부적당할 때
병. 링의 장력이 부족할 때
정. 불순물이 많은 연료를 사용할 때

해설

냉각수의 순환량이 많으면 실린더의 온도는 낮아지므로 피스톤 링이 고착되는 원인과 거리가 멀다.

325 선체에 해초류 등이 번식할 때 커지는 저항은? 을

갑. 조파저항　　을. 마찰저항
병. 공기저항　　정. 와류저항

해설
선체에 해초류 등이 번식하면 해초류가 마찰력을 유발하여 선박의 속력이 떨어진다.

326 선체의 형상이 유선형일수록 가장 적어지는 저항은? 을

갑. 와류저항　　을. 조와저항
병. 공기저항　　정. 마찰저항

해설
유선형일수록 선미에서 와류현상이 적게 발생하므로 조와저항이 가장 감소한다.

327 기어(gear) 케이스에 물이 혼합되면 오일의 색깔은 어떻게 되는가? 병

갑. 붉은색　　을. 녹색
병. 회색　　정. 흑색

해설
오일과 물이 혼합되면 회색으로 변한다. 다만, 혼합된 오일과 물은 움직임이 없는 상태에서 시간이 지나면서 물은 가라앉고 오일은 물위에 떠 있게 되어 동절기에 물과 오일이 혼합된 상태로 빙점에 다다르면 기관 본체 파손이 있을 수 있다.

328 가솔린 기관(엔진)이 과열되는 원인으로서 옳지 않은 것은? 정

갑. 냉각수 취입구 막힘　　을. 냉각수 펌프 임펠러의 마모
병. 윤활유 부족　　정. 점화시기가 너무 빠름

해설
점화시기가 너무 빠르면 출력이 떨어지게 된다. 엔진이 과열되는 직접적인 원인으로 볼 수 없다.

329 수상오토바이 출항 전 반드시 점검하여야 할 사항으로 옳지 않은 것은? 을

갑. 선체 드레인 플러그가 잠겨 있는지 확인한다.
을. 예비 배터리가 있는 것을 확인한다.
병. 오일량을 점검한다.
정. 엔진룸 누수 여부를 확인한다.

해설
출항 전에 배터리 충전상태 확인이 필요하나 예비 배터리 확보가 필요하진 않다.

330 프로펠러 효율에 관한 설명 중 옳지 않은 것은? 정

갑. 일정한 전달 마력에 대해서 프로펠러의 회전수가 낮을수록 효율이 좋다.
을. 후방 경사 날개는 선체와의 간극이 크게 되므로 효율이 좋다.
병. 강도가 허용하는 한 날개 두께를 얇게 하면 효율이 좋다.
정. 보스비가 크게 되면 일반적으로 효율이 좋다.

해설

보스의 외경은 가능한 한 작으면 효율이 좋다.

331 선외기 4행정 기관(엔진) 진동 발생 원인으로 옳지 않은 것은? 정

갑. 점화플러그 작동이 불량할 때
을. 실린더 압축압력이 균일하지 않을 때
병. 연료분사밸브의 분사량이 균일하지 않을 때
정. 냉각수펌프 임펠러가 마모되었을 때

해설

냉각수펌프 임펠러가 마모된 경우, 냉각수 공급 불량에 따른 엔진 과열이 발생하며, 진동과는 관계가 없다.

332 수상오토바이 배기냉각시스템의 플러싱(관내 청소) 절차로 맞는 것은? 을

갑. 냉각수 호스연결 → 냉각수 공급 → 엔진기동 → 엔진운전(약 5분) 후 정지 → 냉각수 차단
을. 냉각수 호스연결 → 엔진기동 → 냉각수 공급(약 5분) → 냉각수 차단 → 엔진정지
병. 냉각수 호스연결 → 엔진기동 → 냉각수 공급(약 5분) → 엔진정지 → 냉각수 차단
정. 엔진기동 → 냉각수 호스연결 → 냉각수 공급 → 엔진기동(약 5분) → 엔진정지 → 냉각수 차단

해설

선외기 플러싱의 경우에는 냉각수 공급 후 엔진 가동이나, 수상오토바이의 경우에는 엔진 가동 후 냉각수 공급, 냉각수 차단 후 엔진 정지에 주의가 필요하다.

333 내연기관에서 피스톤(piston)의 주된 역할 중 가장 옳지 않은 것은? 

갑. 새로운 공기(소기)를 실린더 내로 흡입 및 압축
을. 상사점과 하사점 사이의 직선 왕복운동
병. 고온고압의 폭발 가스압력을 받아 연접봉을 통해 크랭크샤프트에 회전력 발생
정. 회전운동을 통해 외부로 동력을 전달

해설

연접봉(커넥팅로드)은 피스톤의 동력을 크랭크축에 전달하고, 크랭크축이 피스톤의 왕복운동을 크랭크축 회전운동으로 바꿔 동력을 외부로 전달한다.

334 **선외기 가솔린엔진의 연료유에 해수가 유입되었을 때 엔진에 미치는 영향으로 옳지 않은 것은?** 정

갑. 연료유 펌프 고장원인이 된다.

을. 시동이 잘 되지 않는다.

병. 해수 유입 초기에 진동과 엔진 꺼짐 현상이 발생한다.

정. 윤활유가 오손된다.

해설

연료유에 해수가 유입되면 연료공급펌프 및 분사밸브가 고장나며, 윤활유 오손과는 관련이 없다.

335 **모터보트 속력이 떨어지는 직접적인 원인으로 옳지 않은 것은?** 정

갑. 수면 하선체에 조패류가 많이 붙어 있을 때

을. 선체가 수분을 흡수하여 무게가 증가했을 때

병. 선체 내부 격실에 빌지량이 많을 때

정. 냉각수 압력이 낮을 때

해설

냉각수의 압력정도는 기관을 적정 온도로 유지시켜 보트가 정상 속도를 유지시키는 역할을 하지만, 보트 속력을 떨어트리는 직접적인 원인으로 보기에는 가장 거리가 멀다.

336 **윤활유의 취급상 주의사항으로 옳지 않은 것은?** 정

갑. 이물질이나 물이 섞이지 않도록 한다.

을. 점도가 적당한 윤활유를 사용한다.

병. 여름에는 점도가 높은 것, 겨울에는 점도가 낮은 것을 사용한다.

정. 고온부와 저온부에서 함께 쓰는 윤활유는 온도에 따른 점도 변화가 큰 것을 사용한다.

해설

온도에 따른 점도 변화가 적은 것이 좋다. 즉, 윤활유의 점도지수가 커야 한다.

337 **수상오토바이 출력저하 원인으로 옳지 않은 것은?** 병

갑. Wear ring(웨어링) 과다 마모

을. Impeller(임펠러) 손상

병. 냉각수 자동온도조절밸브 고장

정. 피스톤링 과다마모

해설

냉각수 자동온도조절밸브 고장은 기관이 과열되는 것을 감지하지 못하여 기관이 과열 또는 과냉될 수 있다. 기관이 과열되면 알람센서가 경고음을 울리거나 한계온도까지 상승하면 기관이 스스로 정지되는 기능도 있다. 센서의 오작동이 있을 수 있으니 주의가 요구된다.

338 가솔린 기관의 연료가 구비해야 할 조건에 들지 않는 것은? 

갑. 내부식성이 크고, 저장 시에 안정성이 있어야 한다.

을. 옥탄가가 높아야 한다.

병. 휘발성(기화성)이 작아야 한다.

정. 연소 시 발열량이 커야 한다.

해설

가솔린 기관에서 사용되는 연료는 옥탄가가 높아야 하며, 연소 시에 발열량이 크고, 기화성이 좋아야 하며, 내부식성이 크고 저장시 안전성이 있어야 한다.

339 선외기 프로펠러에 손상을 주는 요인으로 옳지 않은 것은? 병

갑. 캐비테이션(공동현상)이 발생할 때

을. 프로펠러가 공회전할 때

병. 프로펠러가 기준보다 깊게 장착되어 있을 때

정. 전기화학적인 부식이 발생할 때

해설

프로펠러가 기준보다 깊게 장착되어 수면하에 충분히 잠겨 있으면 공회전이나 캐비테이션 발생 등의 손상 가능성이 낮다.

340 가솔린기관에 비해 디젤기관이 갖는 특성으로 옳은 것은? 병

갑. 시동이 용이하다.

을. 운전이 정숙하다.

병. 압축비가 높다.

정. 마력당 연료소비율이 높다.

해설

디젤기관은 압축열에 의한 압축점화 방식을 취하기 때문에 가솔린기관에 비해 행정이 길어 압축비가 2배 이상 높다.

341 가솔린기관 진동발생 원인으로 가장 옳지 않은 것은? 갑

갑. 배기가스 온도가 높을 때

을. 기관이 노킹을 일으킬 때

병. 위험회전수로 운전하고 있을 때

정. 베어링 틈새가 너무 클 때

해설

배기가스 온도가 높은 것은 불완전연소와 배기밸브 누설 등의 원인이다.

342 **윤활유의 점도에 대한 설명으로 옳은 것은?** 갑

갑. 윤활유의 온도가 올라가면 점도는 낮아진다.

을. 점도가 너무 높으면 유막이 얇아져 내부의 마찰이 감소한다.

병. 점도가 높으면 마찰이 적어 윤활계통의 순환이 개선된다.

정. 점도가 너무 낮으면 시동은 곤란해지나 출력이 올라간다.

해설

윤활유의 온도가 올라가면 점도는 낮아지므로, 윤활유는 온도 변화에 따른 점도의 변화가 적은 것을 사용하여야 한다.

343 **디젤기관에서 피스톤 링 플러터(Flutter) 현상의 영향으로 옳은 것은?** 정

갑. 윤활유 소비가 감소한다.

을. 기관의 효율이 높아진다.

병. 압축압력이 높아진다.

정. 블로바이 현상이 나타난다.

해설 **링 플러터**

기관의 회전수가 고속이 되면 관성력이 크게 되고 링이 링 홈에서 진동을 일으켜 실린더 벽 또는 홈의 상·하면으로부터 뜨는 현상으로 가스 누설이 급격이 증가한다.

344 **프로펠러 축에 슬리브(sleeve)를 씌우는 주된 이유는?** 정

갑. 윤활을 양호하게 하기 위하여

을. 진동을 방지하기 위하여

병. 회전을 원활하게 하기 위하여

정. 축의 부식과 마모를 방지하기 위하여

해설

해수에 의한 부식이 발생되지 않도록 슬리브를 가열 끼우기 하거나, 축에 비틀림 진동이 생기지 않도록 하거나, 프로펠러의 보스 부분의 수밀을 완전히 하여 해수의 침입이 없도록 한다.

345 **모터보트 기관(엔진) 시동불량 시 점검사항으로 옳지 않은 것은?** 병

갑. 자동정지 스위치 확인

을. 연료유량 확인

병. 냉각수량 확인

정. 점화코일용 퓨즈(Fuse) 확인

해설

냉각수량은 기관(엔진) 온도와 관련 있으며, 기관(엔진) 시동성과는 관련이 없다.

346 모터보트 시동 전 점검사항으로 옳지 않은 것은? 정

갑. 배터리 충전상태를 확인한다.
을. 연료탱크 에어벤트를 개방한다.
병. 엔진오일 및 연료유량 점검
정. 냉각수 검수구에서 냉각수 확인

해설

냉각수 확인은 모터보트 시동 후 점검사항이다.

347 연료 소모량이 많아지고, 출력이 떨어지는 직접적인 원인으로 맞는 것은? 갑

갑. 피스톤 및 실린더 마모가 심할 때
을. 윤활유 온도가 높을 때
병. 냉각수 압력이 낮을 때
정. 연료유 공급압력이 높을 때

해설

피스톤 및 실린더 마모가 심하면 출력이 약해지고 연료소모량이 증가한다.

348 모터보트의 전기설비 중에 설치되어 있는 퓨즈(Fuse)에 대한 설명 중 옳지 않은 것은? 정

갑. 전원을 과부하로부터 보호한다.
을. 부하를 과전류로부터 보호한다.
병. 과전류가 흐를 때 고온에서 녹아 전기회로를 차단한다.
정. 허용 용량 이상의 크기로 사용할 수 있다.

해설

퓨즈는 전류의 허용 용량 이상의 크기로 사용할 경우 녹아서 전기회로를 차단한다.

349 고속 내연기관에서 알루미늄 합금 피스톤을 많이 쓰는 이유로 가장 옳은 것은? 을

갑. 값이 싸다.
을. 중량이 가볍다.
병. 강인하다.
정. 대량생산이 가능하다.

해설

무거운 것보다 가벼운 것을 사용할수록 연료소비율이 줄어들기 때문이다.

350 **모터보트 선외기에 과부하 운전이 장시간 지속되었을 때 기관(엔진)에 미치는 영향으로 맞지 않는 것은?** 갑

갑. 연료분사 압력이 낮아진다.
을. 피스톤 및 피스톤링의 마멸이 촉진된다.
병. 흡·배기밸브에 카본이 퇴적되어 소기효율이 떨어진다.
정. 배기가스가 배출량이 많아진다.

해설
과부하 운전과 연료분사 압력은 관련이 없다.
※ 과부하 운전이 지속되면 기관(엔진)에 치명적인 손상을 입히므로 가능한 한 과부하 운전을 피한다.

수상레저안전법

351 **수상레저안전법상 수상레저사업에 이용되는 동력수상레저기구의 정기검사 기간은?** 갑

갑. 1년　　을. 2년　　병. 3년　　정. 5년

해설
검사대상 동력수상레저기구 중 수상레저사업에 이용되는 동력수상레저기구는 1년마다, 그 밖의 동력수상레저기구는 5년마다 정기검사를 받아야 한다.

352 **수상레저안전법상 수상레저사업 등록 유효기간 내 갱신신청서 제출기간으로 맞는 것은?** 을

갑. 등록의 유효기간 종료일 당일까지
을. 등록의 유효기간 종료일 5일 전까지
병. 등록의 유효기간 종료일 10일 전까지
정. 등록의 유효기간 종료일 1개월 전까지

해설
등록을 갱신하려는 자는 등록의 유효기간 종료일 5일전까지 수상레저사업 갱신 신청서를 관할해양경찰서장 또는 시장·군수·구청장에게 제출하여야 한다.

353 수상레저 일반조종면허시험 필기시험 중 법규과목과 관련 없는 것은? 갑

갑. 선박안전법

을. 해양환경관리법

병. 해사안전법

정. 선박의 입항 및 출항 등에 관한 법률

해설

수상레저안전법, 수상레저기구의 등록 및 검사에 관한 법률(수상레저기구 등록법), 선박의 입항 및 출항 등에 관한 법률(선박입출항법), 해사안전기본법, 해상교통안전법, 해양환경관리법, 전파법이 있다. 선박안전법은 해당되지 않는다.

354 수상레저안전법상 동력수상레저기구를 조종하는 중 술에 취한 상태에 있다고 인정할만한 상당한 이유가 있는 자가 관계공무원의 측정에 응하지 아니한 자의 처벌은? 병

갑. 1년 이하의 징역

을. 1년 이하의 징역 또는 500만 원 이하의 벌금

병. 1년 이하의 징역 또는 1000만 원 이하의 벌금

정. 1000만 원 이하의 벌금

해설 (벌금) 1년 이하의 징역 또는 1천만원 이하의 벌금

- 면허증을 빌리거나 빌려주거나 이를 알선한 자
- 조종면허를 받지 아니하고 동력수상레저기구를 조종한 자
- 술에 취한 상태에서 동력수상레저기구를 조종한 자
- 술에 취한 상태라고 인정할 만한 상당한 이유가 있는데도 관계공무원의 측정에 따르지 아니한 자
- 약물복용 등으로 인하여 정상적으로 조종하지 못할 우려가 있는 상태에서 동력수상레저기구를 조종한 자
- 등록 또는 변경등록을 하지 아니하고 수상레저사업을 한 자
- 수상레저사업 등록취소 후 또는 영업정지기간에 영업을 한 수상레저사업자

355 수상레저안전법상 주의보가 발효된 구역에서 관할 해양경찰에게 운항신고 후 활동 가능한 수상레저기구는? 갑

갑. 윈드서핑

을. 카약

병. 워터슬레이드

정. 모터보트

해설 수상레저활동자가 지켜야 하는 운항규칙

기상특보 중 풍랑·호우·대설·강풍주의보가 발효된 구역에서 파도 또는 바람만을 이용하여 활동이 가능한 수상레저기구를 운항하려고 관할 해양경찰관서에 그 운항신고(수상레저기구의 종류, 운항시간, 운항자의 성명 및 연락처 등)를 한 경우에는 가능하다.

356 **수상레저안전법상 해양경찰청장의 권한을 위임받은 관청에 대한 연결이 옳지 않은 것은?** 병

갑. 해양경찰서장 : 면허증의 발급

을. 해양경찰서장 : 조종면허의 취소·정지처분

병. 지방해양경찰청장 : 조종면허를 받으려는 자의 수상안전교육

정. 지방해양경찰청장 : 수상레저안전관리의 시행계획의 수립·시행에 필요한 지도·감독

해설 권한의 위임

- 지방해양경찰청장 : 수상레저안전관리의 시행계획의 수립·시행에 필요한 지도·감독
- 해양경찰서장 : 면허증의 발급, 조종면허의 취소·정지처분, 과태료의 부과·징수
- 시장·군수·구청장 : 과태료의 부과·징수

357 **수상레저안전법상 다른 수상레저기구의 진로를 횡단하는 운항규칙으로 적절한 방법은?** 정

갑. 속력이 상대적으로 느린 기구가 진로를 피한다.

을. 속력이 상대적으로 빠른 기구가 진로를 피한다.

병. 다른 기구를 왼쪽에 두고 있는 기구가 진로를 피한다.

정. 다른 기구를 오른쪽에 두고 있는 기구가 진로를 피한다.

해설 운항규칙

진로를 횡단하는 경우 충돌의 위험이 있을 때에는 다른 수상레저기구를 오른쪽에 두고 있는 수상레저기구가 진로를 피하여야 한다.

358 **수상레저안전법상 동력수상레저기구 소유자가 수상레저기구를 등록해야 하는 기관은?** 갑

갑. 소유자 주소지를 관할하는 시장·군수·구청장

을. 기구를 주로 매어두는 장소를 관할하는 기초자치단체장

병. 소유자 주소지를 관할하는 해양경찰서장

정. 기구를 주로 매어두는 장소를 관할하는 해양경찰서장

해설 등록

동력수상레저기구를 취득한 주소지를 관할하는 시장·군수·구청장에게 동력수상레저기구를 취득한 날부터 1개월 이내에 등록신청을 하여야 한다.

359 수상레저기구등록법상 동력수상레저기구 안전검사가 면제되지 않는 경우는? 

갑. 시험운항허가를 받아 운항하는 동력수상레저기구

을. 검사대행기관에 안전검사를 신청한 후 입거, 상가 또는 거선의 목적으로 국내항 간을 운항하는 동력수상레저기구

병. 우수제조사업장으로 인증받은 사업장에서 제조된 동력수상레저기구로 안전검사를 신청하지 않고 운항하는 동력수상레저기구

정. 안전검사를 받는 기간 중에 시운전을 목적으로 운항하는 동력수상레저기구

해설

우수제조사업장, 우수정비사업장 제도는 폐지되었다.

360 수상레저안전법에 따라 조종면허의 효력을 1년 이내의 범위에서 정지시킬 수 있는 사유에 해당하는 것은? 

갑. 거짓이나 그 밖의 부정한 방법으로 조종면허를 받은 경우

을. 면허증을 다른 사람에게 빌려주어 조종하게 한 경우

병. 조종면허 효력정지 기간에 조종을 한 경우

정. 술에 취한 상태에서 조종을 한 경우

해설 조종면허의 취소·정지

- 면허취소 : 거짓이나 부정한 방법 면허취득, 정지기간 중 조종, 술에 취한 상태 조종
- 면허정지 : 면허증을 빌려주어 조종한 경우 1차 적발 시 3개월 정지, 2차 적발 시 6개월 정지, 3차 적발 시 취소

361 수상레저안전법에 따른 수상의 정의로 올바른 것은? 정

갑. 기수의 수류 또는 수면

을. 바다의 수류나 수면

병. 담수의 수류 또는 수면

정. 해수면과 내수면

해설 정의

수상이란 해수면과 내수면을 말한다.
- 해수면 : 바다의 수류나 수면
- 내수면 : 하천, 댐, 호수, 늪, 저수지, 그 밖에 인공으로 조성된 담수나 기수의 수류 또는 수면

362 **수상레저안전법상 다음 수상레저기구 중 동력수상레저기구는 모두 몇 개인가?** 을

① 수상오토바이	② 고무보트	③ 스쿠터	④ 수상스키
⑤ 호버크래프트	⑥ 패러세일	⑦ 조정	⑧ 카약

갑. 3개　　을. 4개　　병. 5개　　정. 6개

해설 정의

동력수상레저기구는 모터보트, 세일링요트(돛과 기관이 설치된 것을 말한다), 수상오토바이, 고무보트, 스쿠터, 호버크래프트이다.

363 **수상레저안전법상 수상레저사업자 및 그 종사자의 고의 또는 과실로 사람을 사상한 경우 처분으로 가장 옳은 것은?** 을

갑. 6월 이내의 기간을 정하여 영업의 전부 또는 일부의 정지를 명하여야 한다.

을. 수상레저사업의 등록을 취소하거나 3개월의 범위에서 영업의 전부 또는 일부의 정지를 명할 수 있다.

병. 수상레저사업의 등록을 취소하거나 6개월 이내의 기간을 정하여 영업의 전부 또는 일부의 정지를 명할 수 있다.

정. 수상레저사업의 등록을 취소하여야 한다.

해설 수상레저사업의 등록취소 등

수상레저사업자 또는 그 종사자의 고의 또는 과실로 사상을 한 경우 해양경찰서장 또는 시장·군수·구청장은 수상레저사업의 등록을 취소하거나 3개월의 범위에서 영업의 전부 또는 일부의 정지를 명할 수 있다.

364 **수상레저안전법상 외국인에 대한 조종면허의 특례 중 옳지 않은 것은?** 정

갑. 수상레저활동을 하려는 외국인이 국내에서 개최되는 국제경기대회에 참가하여 수상레저기구를 조종하는 경우에는 조종면허를 받지 않아도 된다.

을. 국제경기대회 개최일 10일 전부터 국제경기대회 기간까지 특례가 적용된다.

병. 국내 수역에만 특례가 적용된다.

정. 4개국 이상이 참여하는 국제경기대회에 특례가 적용된다.

해설 외국인에 대한 조종면허의 특례

국제경기대회 종류 및 규모 : 2개국 이상이 참여하는 국제경기대회

365 수상레저안전법상 조종면허에 관한 설명 중 옳지 않은 것은? 

갑. 조종면허를 받으려는 자는 해양경찰청장이 실시하는 면허시험에 합격하여야 한다.

을. 면허시험은 필기시험·실기시험으로 구분하여 실시한다.

병. 조종면허를 받으려는 자는 면허시험 응시원서를 접수한 후부터 해양경찰청장이 실시하는 수상안전교육을 받아야 한다.

정. 조종면허의 효력은 조종면허를 받으려는 자가 면허시험에 최종 합격할 날부터 발생한다.

해설 **면허증 발급**

조종면허의 효력은 면허증을 본인이나 그 대리인에게 발급한 때부터 발생한다.

366 수상레저안전법상 주취 중 조종금지에 대한 설명 중 옳지 않은 것은? 

갑. 술에 취한 상태의 기준은 혈중알콜농도 0.03% 이상으로 한다.

을. 술에 취하였는지 여부를 측정한 결과에 불복하는 수상레저활동자에 대해서는 해당 수상레저 활동자의 동의를 받아 혈액채취 등의 방법으로 다시 측정할 수 있다.

병. 술에 취한 상태에서 동력수상레저기구를 조종한 자는 1년 이하의 징역 또는 1천만원 이하의 벌금에 처하고, 조종면허의 효력을 정지할 수 있다.

정. 술에 취한 상태라고 인정할 만한 상당한 이유가 있는데도 관계공무원의 측정에 따르지 아니한 자는 1년 이하의 징역 또는 1천만원 이하의 벌금에 처하고, 조종면허를 취소하여야 한다.

해설 **주취 중 조종 금지**

술에 취한 상태에서 동력수상레저기구를 조종한 자는 1년 이하의 징역 또는 1천만원 이하의 벌금에 처하고, 조종면허를 취소하여야 한다.

367 수상레저안전법상 면허시험 종사자의 교육시간에 관한 것이다. 박스의 ( )안의 수치를 합한 시간은? 을

> 해양경찰청장은 교육대상자별로 1년에 한번 정기교육을 실시하며, 교육 대상자가 종사하는 기관별로 이수해야 하는 시간은 면허시험 면제교육기관과 시험 대행기관은 (①)시간 이상, 안전교육 위탁기관은 (②)시간 이상으로 한다.

갑. 30　　을. 29　　병. 28　　정. 27

해설 **종사자에 대한 교육**

- 면허시험 면제교육기관, 시험 대행기관 : 21시간 이상
- 안전교육 위탁기관 : 8시간 이상

368 **수상레저안전법상 옳지 않은 것은?** 정

갑. 등록을 갱신하려는 자는 등록의 유효기간 종료일 5일전까지 수상레저사업 등록·갱신등록 신청서를 관할 해양경찰서장 또는 시장·군수·구청장에게 제출하여야 한다.

을. 과태료의 부과·징수, 재판 및 집행 등의 절차에 관한 사항은 「질서위반행위규제법」에 따른다.

병. 내수면이란 하천, 댐, 호수, 늪, 저수지, 그 밖의 인공으로 조성된 담수나 기수의 수류 또는 수면을 말한다.

정. 수상레저 일반조종면허시험 필기시험 법규과목으로는 「수상레저안전법」, 「선박의 입항 및 출항등에 관한 법률」, 「해사안전법」, 「선박안전법」이 있다.

해설 **필기시험의 시험과목**

수상레저안전법, 수상레저기구의 등록 및 검사에 관한 법률(수상레저기구 등록법), 선박의 입항 및 출항 등에 관한 법률(선박입출항법), 해사안전기본법, 해상교통안전법, 해양환경관리법, 전파법이 있다. 선박안전법은 해당되지 않는다.

369 **수상레저안전법상 인명안전장비의 착용에 대한 내용이다. (　　)안에 들어갈 단어가 알맞은 것은?** 갑

> 인명안전장비에 관하여 특별한 지시를 하지 아니하는 경우에는 구명조끼를 착용하며, 서프보드 또는 패들보드를 이용한 수상레저활동의 경우에는 (㉠)를 착용하여야 하며, 워터슬레드를 이용한 수상레저활동 또는 래프팅을 할 때에는 구명조끼와 함께 (㉡)를 착용하여야 한다.

갑. ㉠ 보드리쉬, ㉡ 안전모
을. ㉠ 구명장갑, ㉡ 드로우백
병. ㉠ 구명슈트, ㉡ 구명장갑
정. ㉠ 구명줄, ㉡ 노

해설 **안전장비의 착용**

서프보드 또는 패들보드를 이용한 수상레저활동을 할 경우에는 보드리쉬를, 워터슬레드를 이용한 수상레저활동 또는 래프팅을 할 때에는 구명조끼와 함께 안전모를 착용하여야 한다.

370 **수상레저안전법상 면허시험의 공고내용으로 옳지 않은 것은?** 을

갑. 시험의 날짜, 시간 및 장소
을. 시험 합격기준
병. 응시자격
정. 제출서류 및 제출기한

해설 **면허시험의 공고**

조종면허를 위한 시험의 실시를 공고하려는 때에는 관보 또는 일간신문에 싣거나, 수상레저종합정보시스템, 지방해양경찰청 및 해양경찰서의 게시판에 게시하여야 한다.

- 시험의 날짜, 시간 및 장소
- 시험과목(※시험 합격기준은 게시하지 않아도 됨)
- 응시자격
- 제출서류 및 제출기한
- 그 밖에 면허시험을 실시하기 위하여 필요한 사항

371 수상레저안전법상 항해구역을 평수구역으로 지정받은 동력수상레저기구를 이용하여 항해구역을 연해구역 이상으로 지정받은 동력수상레저기구와 500미터 이내의 거리에서 동시에 이동하려고 할 때, 운항신고 내용으로 옳지 않은 것은? 정

갑. 수상레저기구의 종류

을. 운항시간

병. 운항자의 성명 및 연락처

정. 보험가입증명서

해설 **수상레저활동자가 지켜야 할 운항수칙**

운항신고 : 수상레저기구의 종류, 운항시간, 운항자의 성명 및 연락처 등의 신고(보험가입증명서는 신고대상 아님)를 하여 해양경찰서장이 허용한 경우

※ 등록대상의 동력수상레저기구는 등록기간동안 보험에 가입하여야 한다. 단, 운항 신고 시마다 보험가입증명서가 신고 대상은 아니다.

372 수상레저안전법상 수상레저사업에 이용되는 인명구조용 장비에 대한 설명 중 옳지 않은 것은? 병

갑. 구명조끼는 탑승정원의 110퍼센트 이상에 해당하는 수의 구명조끼를 갖추어야 하고 탑승정원의 10퍼센트는 소아용으로 한다.

을. 비상구조선은 비상구조선임을 표시하는 주황색 깃발을 달아야 한다.

병. 영업구역이 3해리 이상인 경우에는 수상레저기구에 사업장 또는 가까운 무선국과 연락할 수 있는 통신장비를 갖추어야 한다.

정. 탑승정원이 13명 이상인 동력수상레저기구에는 선실, 조타실 및 기관실에 각각 1개 이상의 소화기를 갖추어야 한다.

해설 **수상레저사업 등록기준**

영업구역이 2해리 이상인 경우에는 수상레저기구에 해당 사업장 또는 가까운 무선국과 연락할 수 있는 통신장비를 갖추어야 한다.

373 수상레저안전법상 수상레저사업에 이용하는 비상구조선의 수에 대한 설명으로 옳지 않은 것은? 병

갑. 수상레저기구가 30대 이하인 경우 1대 이상의 비상구조선을 갖춰야 한다.
을. 수상레저기구가 31대 이상 50대 이하인 경우 2대 이상의 비상구조선을 갖춰야 한다.
병. 수상레저기구가 31대 이상인 경우 30대를 초과하는 30대마다 1대씩 더한 수 이상의 비상구조선을 갖춰야 한다.
정. 수상레저기구가 51대 이상인 경우 50대를 초과하는 50대마다 1대씩 더한 수 이상의 비상구조선을 갖춰야 한다.

해설 **수상레저사업 등록기준**

30대 이하 구조선 1대, 31대에서 50대 구조선 2대, 51대 이상인 경우 50대를 초과하는 수마다 1대씩 더한 수의 비상구조선

374 수상레저안전법상 해양경찰청장이 조종면허를 취소해야 하는 사유가 아닌 것은? 병

갑 거짓이나 그 밖의 부정한 방법으로 조종면허를 받은 경우
을. 조종면허 효력정지 기간에 조종을 한 경우
병. 조종 중 고의 또는 과실로 사람을 사상한 경우
정. 조종면허를 받을 수 없는 사람이 조종면허를 받은 경우

해설

조종 중 고의 또는 과실로 사람을 사상한 경우, 조종면허 효력 정지에 해당됨.

375 수상레저안전법상 운항규칙에 대한 내용 중 ( )안에 들어갈 단어가 알맞은 것은? 을

다른 수상레저기구 등과 정면으로 충돌할 위험이 있을 때에는 음성신호·수신호 등 적당한 방법으로 상대에게 이를 알리고 (㉠)쪽으로 진로를 피해야 하며, 다른 수상레저기구의 진로를 횡단하여 충돌의 위험이 있을 때에는 다른 수상레저기구를 (㉡)에 두고 있는 수상레저기구가 진로를 피해야 한다.

갑. ㉠ 우현 ㉡ 왼쪽
을. ㉠ 우현 ㉡ 오른쪽
병. ㉠ 좌현 ㉡ 왼쪽
정. ㉠ 좌현 ㉡ 오른쪽

해설 **수상레저활동자가 지켜야 하는 운항수칙**

다른 수상레저기구와 정면으로 충돌할 위험이 있을 때에는 음성신호·수신호 등 적당한 방법으로 상대에게 이를 알리고 우현 쪽으로 진로를 피해야 하며, 다른 수상레저기구의 진로를 횡단하는 경우에는 충돌의 위험이 있을 때에는 다른 수상 레저기구를 오른쪽에 두고 있는 수상레저기구가 진로를 피해야 한다.

376 수상레저안전법상 조종면허의 결격사유 관련 개인정보를 해양경찰청장에게 통보할 의무가 없는 사람은? 병

갑. 병무청장
을. 보건복지부장관
병. 경찰서장
정. 시장·군수·구청장

해설 조종면허의 결격사유 관련 개인정보의 통보 등 – 대통령령으로 정하는 기관의 장

- 병무청장
- 보건복지부장관
- 특별시장, 광역시장, 특별자치시장, 도지사 및 특별자치도지사, 시장·군수·구청장
- 육군참모총장, 해군참모총장, 공군참모총장 또는 해병대사령관

377 수상레저기구등록법상 정원 또는 운항구역을 변경하려는 경우 받아야 하는 안전검사는? 을

갑. 정기검사
을. 임시검사
병. 신규검사
정. 중간검사

해설

- 신규검사 : 등록대상 동력수상레저기구 등록을 하려는 경우 실시하는 검사
- 정기검사 : 일정 기간마다 정기적으로 실시하는 검사(일반 5년, 사업자 1년)
- 임시검사 : 정원, 운항구역, 구조, 설비, 장치를 변경하려는 경우 실시하는 검사

378 수상레저안전법상 동력수상레저기구 일반조종면허 실기시험 사행 시 감점사항으로 맞는 것은? 정

갑. 첫 번째 부이로부터 시계방향으로 진행한 경우
을. 부이로부터 3미터 이상으로 접근한 경우
병. 3개의 부이와 일직선으로 침로를 유지한 경우
정. 사행 중 갑작스러운 핸들조작으로 선회가 부자연스러운 경우

해설 실기시험의 채점기준 및 운항코스

사행 중 핸들 조작 미숙으로 선체가 심하게 흔들리거나 선체 후미에 급격한 쏠림이 발생하는 경우, 선회가 부자연스러운 경우 감점 3점에 해당한다.

379 수상레저안전법상 일반조종면허 실기시험 중 실격사유로 옳지 않은 것은? 병

갑. 3회 이상의 출발 지시에도 출발하지 못한 경우
을. 속도전환레버 및 핸들 조작 미숙 등 조종능력이 현저히 부족하다고 인정되는 경우
병. 계류장과 선수 또는 선미가 부딪힌 경우
정. 이미 감점한 점수의 합계가 합격기준에 미달함이 명백한 경우

해설 실기시험의 채점기준 및 운항코스

계류장과 선수 또는 선미가 부딪힌 경우 감점사항

380 **수상레저안전법상 동력수상레저기구끼리 알맞게 짝지어진 것은?** 병

갑. 수상오토바이, 조정
을. 워터슬레이드, 수상자전거
병. 스쿠터, 호버크래프트
정. 모터보트, 서프보드

해설 **수상레저기구의 종류**

- 동력수상레저기구 : 모터보트, 세일링요트(돛과 기관이 설치된 것), 수상오토바이, 고무보트, 스쿠터, 호버크래프트, 수륙양용기구
- 무동력수상레저기구 : 수상스키, 패러세일, 조정, 카약, 카누, 워터슬레드, 수상자전거, 서프보드, 노보트, 무동력요트, 윈드서핑, 웨이크보드, 공기주입형고정형튜브, 플라이보드, 패들보드

381 **수상레저안전법상 면허시험에서 부정행위를 하여 시험의 중지 또는 무효의 처분을 받은 사람은 그 처분이 있는 날부터 (　　)년간 면허시험에 응시할 수 없다. (　　)안에 알맞은 것은?** 병

갑. 6개월
을. 1년
병. 2년
정. 3년

해설 **부정행위자에 대한 제재**

해당 시험의 중지 또는 무효의 처분을 받은 자는 그 처분이 있는 날부터 2년간 면허시험에 응시할 수 없다.

382 **수상레저안전법상 조종면허 응시원서의 제출 등에 대한 내용으로 옳지 않은 것은?** 을

갑. 시험면제대상은 해당함을 증명하는 서류를 제출해야 한다.
을. 응시원서의 유효기간은 접수일로부터 6개월이다.
병. 면허시험의 필기시험에 합격한 경우에는 그 합격일로부터 1년까지로 한다.
정. 응시표를 잃어버렸을 경우 다시 발급받을 수 있다.

해설 **응시원서의 제출 등**

응시원서의 유효기간은 접수일부터 1년까지로 하되, 면허시험의 필기시험에 합격한 경우에는 그 합격일부터 1년까지로 한다.

383 **수상레저안전법상 수상레저 활동을 하는 자는 수상레저기구에 동승한 자가 사망·실종 또는 중상을 입은 경우 지체없이 사고 신고를 하여야 한다. 이때 신고를 받는 행정기관의 장으로 옳지 않은 것은?** 병

갑. 경찰서장
을. 해양경찰서장
병. 시장·군수·구청장
정. 소방서장

해설 **사고의 신고 등**

수상레저활동을 하는 자는 수상레저기구에 동승한 자가 사고로 사망·실종 또는 중상을 입은 경우, 지체없이 해양경찰관서나 경찰관서 또는 소방관서 등 관계 행정 기관에 신고하여야 한다.

384 수상레저안전법에 규정된 수상레저활동자의 준수사항으로 옳지 않은 것은? 을

갑. 정원초과금지　　　　을. 과속금지

병. 면허증 휴대　　　　정. 주취 중 조종금지

해설

다이빙대·계류장, 교량, 기타 위험구역으로 지정된 구역으로부터 20m 이내에서는 10노트 이하의 속력으로 운항하여야 하며, 마리나항만 및 항로 등에서 정한 안전속도로 운항하여야 한다. 그밖의 장소에서는 속도에 제한을 두고 있지 아니하므로 과속의 금지는 해당 사항이 아니다.

385 수상레저기구등록법상 시험운항 허가에 대한 내용 중 옳지 않은 것은? 정

갑. 시험운항 구역이 내수면인 경우 관할하는 시장·군수·구청장에게 신청해야 한다.

을. 시험운항 허가 관서의 장은 시험운항을 허가하는 경우에는 시험운항 허가증을 내줘야 한다.

병. 시험운항 허가 운항구역은 출발지로부터 직선거리로 10해리 이내이다.

정. 시험운항 허가 기간은 10일로 한다.

해설 시험운항의 허가

시험운항 허가 기간 : 7일(해뜨기 전 30분부터 해진 후 30분까지로 한정한다.)

386 수상레저안전법상 무동력 수상레저기구를 이용하여 수상에서 노를 저으며 급류를 타거나 유락행위를 하는 수상레저 활동은? 병

갑. 윈드서핑　　　　을. 스킨스쿠버

병. 래프팅　　　　정. 페러세일

387 수상레저안전법상 정의로 옳지 않은 것은? 을

갑. 웨이크보드는 수상스키의 변형된 형태로 볼 수 있다.

을. 강과 바다가 만나는 부분의 기수는 해수면으로 분류된다.

병. 수면비행선은 수상레저사업장에서 수상레저기구로 이용할 수 있지만, 선박법에 따라 등록하고, 선박직원법에서 정한 면허를 가지고 조종해야 한다.

정. 수상레저안전법상의 세일링요트는 돛과 마스트로 풍력을 이용할 수 있고, 기관(엔진)도 설치된 것을 말한다.

해설 정의

"해수면"이란 바다의 수류나 수면을 말한다. 강과 바다가 만나는 기수는 내수면에 해당한다.

388 수상레저안전법상에서 명시한 적용배제 사유로 옳지 않은 것은? 병

갑. 「낚시관리 및 육성법」에 따른 낚시어선업 및 그 사업과 관련된 수상에서의 행위를 하는 경우

을. 「유선 및 도선 사업법」에 따른 유·도선 사업 및 그 사업과 관련된 수상에서의 행위를 하는 경우

병. 「관광진흥법」에 의한 유원시설업 및 그 사업과 관련된 수상에서의 행위를 하는 경우

정. 「체육시설의 설치·이용에 관한 법률」에 따른 체육시설업 및 그 사업과 관련된 수상에서의 행위를 하는 경우

해설 **적용 배제**

- 「유선 및 도선 사업법」에 따른 유·도선 사업 및 그 사업과 관련된 수상에서의 행위를 하는 경우
- 「체육시설의 설치·이용에 관한 법률」에 따른 체육시설업 및 그 사업과 관련된 수상에서의 행위를 하는 경우
- 「낚시관리 및 육성법」에 따른 낚시어선업 및 그 사업과 관련된 수상에서의 행위를 하는 경우

389 수상레저안전법상 수상안전교육과목에 포함되지 않는 것은? 정

갑. 수상레저안전에 관한 법령

을. 수상에서의 안전을 위하여 필요한 사항

병. 수상레저기구의 사용 및 관리에 관한 사항

정. 수상환경보존에 관한 사항

해설 **수상안전교육**

수상레저안전 관계법령, 수상레저기구의 사용·관리, 수상상식, 수상구조

390 수상레저안전법상 수상레저활동을 하는 사람이 지켜야 할 운항규칙으로 옳지 않은 것은 무엇인가? 병

갑. 모든 수단에 의한 적절한 경계

을. 기상특보가 예보된 구역에서의 활동금지

병. 다른 수상레저기구와 마주치는 경우 왼쪽으로 진로변경

정. 다른 수상레저기구와 동일방향 진행 시 2m 이내 접근 금지

해설

다른 수상레저기구와 마주치는 경우 오른쪽으로 진로 변경하여야 한다.

391 수상레저안전법상 야간에 수상레저활동자가 갖추어야 할 장비로 옳지 않은 것은? 을

갑. 통신기기 을. 레이더

병. 위성항법장치(GPS) 정. 등이 부착된 구명조끼

해설 야간운항장비

항해등, 나침반, 야간조난 신호장비, 통신기기, 전등, 구명부환, 소화기, 자기점화등, 위성항법장치, 등이 부착된 구명조끼

392 수상레저안전법상 등록대상 동력수상레저기구의 변경등록과 관련된 설명으로 옳지 않은 것은? 정

갑. 소유자의 이름 또는 법인의 명칭에 변경이 있는 때에 변경등록을 하여야 한다.

을. 매매·증여 등에 따른 소유권의 변경이 있는 때에 변경등록을 하여야 한다.

병. 구조·장치를 변경하였을 경우 변경등록을 하여야 한다.

정. 구조·장치를 변경하였을 경우 등록기관(지방자치단체)의 변경승인이 필요하다.

해설 변경등록 등

변경이 발생한 날부터 30일 이내에 시장·군수·구청장에게 변경등록을 신청하여야 한다. 등록기관(지방자치단체)에 변경승인이 필요하진 않다.

393 수상레저안전법상 수상레저기구 등록대상으로 옳지 않은 것은? 정

갑. 총톤수 15톤인 선외기 모터보트

을. 총톤수 15톤인 세일링요트

병. 추진기관 20마력인 수상오토바이

정. 추진기관 20마력인 고무보트

해설 등록의 대상

- 수상오토바이
- 총톤수(「선박법」제3조제1항제2호에 따른 총톤수를 말한다.) 20톤 미만의 선내기 또는 선외기인 모터보트
- 30마력 이상의 고무보트(공기를 넣으면 부풀어 접어서 운반할 수 있는 고무보트 제외)
- 총톤수 20톤 미만의 세일링요트

※ 20톤 이상의 동력수상레저기구는 '선박법'에 따라 등록이 가능하다.

394 수상레저안전법상 수상레저사업장에서 갖춰야 할 구명조끼에 대한 설명으로 옳지 않은 것은? 갑

갑. 승선정원만큼 갖춰야 한다.

을. 소아용은 승선정원의 10%만큼 갖추어야 한다.

병. 사업자는 이용객이 구명조끼를 착용토록 조치하여야 한다.

정. 구명자켓 또는 구명슈트를 포함한다.

해설

구명조끼는 수상레저기구 승선정원의 110% 이상을 갖춰야 하며, 승선정원의 10%는 소아용으로 갖추어야 한다.

395 **수상레저안전법상 원거리 수상레저 활동의 신고 내용 중 옳지 않은 것은?** 정

갑. 출발항으로부터 10해리 이상 떨어진 곳에서 수상레저활동을 하려는 자는 해양경찰관서나 경찰관서에 신고하여야 한다.

을. 수상레저활동을 하는 자는 수상레저기구에 동승한 자가 사고로 사망·실종 또는 중상을 입은 경우에는 지체 없이 해양경찰관서나 경찰관서 또는 소방관서 등 관계 행정기관에 신고하여야 한다.

병. 원거리 수상레저활동을 하려는 자는 원거리 수상레저활동 신고서를 해양경찰관서 또는 경찰관서에 제출(인터넷 또는 팩스를 이용한 제출을 포함)하여야 한다.

정. 선박안전 조업규칙에 따라 신고를 별도로 한 경우에도 원거리 수상레저활동 신고를 하여야 한다.

해설 **원거리 수상레저활동의 신고 등**

출발항으로부터 10해리 이상 떨어진 곳에서 수상레저활동을 하려는 자는 해양경찰관서나 경찰관서에 신고하여야 한다. 다만, 「선박의 입항 및 출항 등에 관한 법률」 제4조에 따른 출입 신고를 하거나 「선박안전 조업규칙」 제15조에 따른 출항·입항 신고를 한 선박인 경우에는 그러하지 아니하다.

396 **수상레저안전법상 동력수상레저기구 조종면허 중, 제1급 조종면허를 가진 자의 감독 하에 수상레저활동을 하는 경우로서 다음의 요건을 충족할 때 무면허 조종이 가능한 경우로서 옳지 않은 것은?** 정

갑. 해당 수상레저기구에 다른 수상레저기구를 견인하고 있지 않을 경우

을. 수상레저사업장 안에서 탑승정원이 4인 이하인 수상레저기구를 조종하는 경우

병. 면허시험과 관련하여 수상레저기구를 조종하는 경우

정. 수상레저기구가 4대 이하인 경우

해설 **무면허조종이 허용되는 경우**

동시 감독하는 수상레저기구가 3대 이하인 경우

397 **수상레저안전법상 무동력 수상레저기구끼리 짝지어진 것으로 옳은 것은?** 정

갑. 세일링요트, 패러세일

을. 고무보트, 노보트

병. 수상오토바이, 워터슬레이드

정. 워터슬레이드, 서프보드

해설 **정의**

- 동력수상레저기구 : 모터보트, 세일링요트(돛과 기관이 설치), 수상오토바이, 고무보트, 스쿠터, 공기부양정(호버크래프트), 수륙 양용기구
- 무동력수상레저기구 : 수상스키, 패러세일, 조정, 카약, 카누, 워터슬레이드, 수상자전거, 서프보드, 노보트, 무동력요트, 윈드서핑

398 수상레저안전법상 동력수상레저기구의 등록사항 중 변경사항에 해당되지 않는 것은? 병

갑. 소유권의 변경이 있는 때

을. 기구의 명칭에 변경이 있는 때

병. 수상레저기구의 그 본래의 기능을 상실한 때

정. 구조나 장치를 변경한 때

> 해설 **변경등록 등**
>
> 수상레저기구의 그 본래의 기능을 상실한 때는 말소신고 대상이다. 변경사항 발생 시 변경이 발생한 날부터 30일 이내에 시장·군수·구청장에게 변경등록을 신청하여야 한다.

399 수상레저안전법상 수상레저기구의 직권말소에 대한 설명으로 옳지 않은 것은? 병

갑. 1개월 이내의 기간을 정하여 소유자에게 말소등록 하도록 최고한다.

을. 말소등록을 한 때에는 소유자에게 그 사실을 통지하여야 한다.

병. 직권말소 통지를 받은 소유자는 지체 없이 등록증을 파기하여야 한다.

정. 부득이한 경우는 등록증을 반납하지 않을 수 있다.

> 해설 **말소등록의 신청**
>
> 직권말소 통지를 받은 소유자는 부득이한 사유 등이 있는 경우를 제외하고는 지체없이 해당 등록증을 반납하여야 한다.

400 수상레저안전법상 동력수상레저기구 등록·검사 대상에 대한 설명으로 가장 옳지 않은 것은? 정

갑. 등록대상과 안전검사 대상은 동일하다.

을. 무동력 요트는 등록 및 검사에서 제외된다.

병. 모든 수상오토바이는 등록·검사 대상에 포함된다.

정. 책임보험가입 대상과 등록대상은 동일하다.

> 해설 **등록의 대상**
>
> 수상레저사업에 이용되는 기구가 등록대상에 해당되지 않는 무동력기구라 하더라도 책임보험가입 대상이다.

401 수상레저안전법상 다음 중 등록대상 동력수상레저기구의 보험가입기간으로 가장 옳은 것은? 병

갑. 소유자의 필요시에 가입

을. 등록 후 1년까지만 가입

병. 등록기간 동안 계속하여 가입

정. 사업등록에 이용할 경우에만 가입

> 해설 **보험가입기간**
>
> 등록대상기구는 등록기간 동안 계속 가입하여야 한다. 사업용의 경우, 사업기간동안 가입하여야 한다.

402 **수상레저안전법상 등록대상 동력수상레저기구의 등록 절차로 옳은 것은?** 정

갑. 안전검사 – 등록 – 보험가입(필수)

을. 안전검사 – 등록 – 보험가입(선택)

병. 등록 – 안전검사 – 보험가입(선택)

정. 안전검사 – 보험가입(필수) – 등록

해설 등록절차

(등록대상에 대한 소유사실 증명필요) 안전검사 → 보험가입 → 소유자 주소지 관할 시군 구청장에 등록 → 등록증과 번호판 수령 → 등록대상 기구의 번호판에 부착, 번호판 뒤에 검사필증 부착 필요

403 **수상레저안전법상 수상레저사업자가 영업구역 안에서 금지사항으로 옳지 않은 것은?** 을

갑. 영업구역을 벗어나 영업하는 행위

을. 보호자를 동반한 14세 미만자를 수상레저기구에 태우는 행위

병. 수상레저기구에 정원을 초과하여 태우는 행위

정. 수상레저기구 안으로 주류를 반입토록 하는 행위

해설 사업자의 안전점검 등 조치

14세 미만자는 보호자 동반 시 탑승가능하다.

404 **수상레저안전법상 수상레저사업 등록 시 영업구역이 2개 이상의 해양경찰서 관할 또는 시·군·구에 걸쳐있는 경우 사업등록은 어느 관청에서 해야 하는가?** 정

갑. 수상레저사업장 소재지를 관할하는 관청

을. 수상레저사업장 주소지를 관할하는 관청

병. 영업구역이 중복되는 관청 간에 상호 협의하여 결정

정. 기구를 주로 매어두는 장소를 관할하는 관청

해설

수상레저사업에 사용되는 수상레저기구를 주로 매어두는 장소를 관할하는 해양경찰서장 또는 시장·군수·구청장에게 등록한다.

405 수상레저안전법상 수상레저활동 안전을 위한 안전점검에 대한 설명으로 옳지 않은 것은? 을

갑. 기간을 정하여 당해 수상레저기구 사용정지를 명할 수 있다
을. 수상레저사업자에 대한 정비 및 원상복구 명령은 구두로 한다.
병. 수상레저기구 및 선착장 등 수상레저 시설에 대한 안전점검을 실시한다.
정. 점검결과에 따라 정비 또는 원상복구를 명할 수 있다.

해설 **안전점검**

(정비 및 원상복구의 명령) 수상레저활동 안전을 위한 점검결과에 따라 원상복구를 명할 경우 해당 서식에 의한 원상복구 명령서에 의한다.

406 수상레저안전법상 인명안전장비의 설명으로 옳지 않은 것은? 갑

갑. 서프보드 이용자들은 구명조끼 대신 보드리쉬(리쉬코드)를 착용할 수 있다.
을. 구명조끼 대신에 부력 있는 슈트를 착용해서는 안된다.
병. 래프팅을 할 때는 구명조끼와 함께 안전모(헬멧)를 착용해야 한다.
정. 해양경찰서장 또는 시·군·구청장이 안전장비의 착용기준을 조정한 때에는 수상레저 활동자가 보기 쉬운 장소에 그 사실을 게시하여야 한다.

해설 **인명안전장비의 착용**

서프보드 이용자들은 보드리쉬를 착용하여야 한다.

407 수상레저안전법상 야간 수상레저활동 시 갖춰야 할 장비로 바르게 나열된 것은? 병

갑. 항해등, 나침반, 전등, 자동정지줄
을. 소화기, 통신기기, EPIRB, 위성항법장치(GPS)
병. 야간 조난신호장비, 자기점화등, 위성항법장치(GPS), 구명부환
정. 등이 부착된 구명조끼, 구명부환, 나침반, EPIRB

해설 **야간 운항장비**

항해등, 나침반, 야간조난신호장비, 통신기기, 전등, 구명튜브(구명부환), 소화기, 자기점화등, 위성항법장치, 등이 부착된 구명조끼

408 수상레저안전법의 제정 목적으로 가장 적당하지 않은 것은? 

갑. 수상레저사업의 건전한 발전을 도모
을. 수상레저활동의 안전을 확보
병. 수상레저활동으로 인한 사상자의 구조
정. 수상레저활동의 질서를 확보

409 **수상레저안전법상 동력수상레저기구 조종면허 중, 제2급 조종면허를 취득한 자가 제1급 조종면허를 취득한 경우 조종 면허의 효력관계를 맞게 설명한 것은?** 을

갑. 제1급과 제2급 모두 유효하다.

을. 제2급 조종면허의 효력은 상실된다.

병. 제1급 조종면허의 효력은 상실된다.

정. 제1급과 제2급 조종면허 모두 유효하며, 각각의 갱신기간에 맞게 갱신만 하면 된다.

해설 조종면허

일반조종면허의 경우 제2급 조종면허를 취득한 자가 제1급 조종면허를 취득한 때에는 제2급 조종면허의 효력은 상실된다.

410 **수상레저안전법상 동력수상레저기구 조종면허의 종류로 옳지 않은 것은?** 병

갑. 제1급 조종면허

을. 제2급 조종면허

병. 소형선박조종면허

정. 요트조종면허

해설 조종면허

- 일반조종면허 : 제1급 조종면허, 제2급 조종면허
- 요트조종면허

※ 소형선박조종사는 해기사면허이다.

411 **수상레저안전법상 수상레저활동자가 착용하여야 할 인명안전장비 종류를 조정할 수 있는 권한이 없는 자는?** 을

갑. 해양경찰서장

을. 경찰서장

병. 구청장

정. 시장·군수

해설 인명안전장비의 착용

해양경찰서장 또는 시장·군수·구청장은 수상레저 활동자가 착용하여야 할 인명안전장비 종류를 정하여 특별한 지시를 할 수 있다.

412 **수상레저안전법에 규정된 수상레저기구로 옳지 않은 것은?** 을

갑. 스쿠터

을. 관광잠수정

병. 조정

정. 호버크래프트

해설 수상레저기구

- 동력수상레저기구 : 모터보트, 세일링요트(돛과 기관이 설치), 수상오토바이, 고무보트, 스쿠터, 공기부양정(호버크래프트)
- 무동력수상레저기구 : 수상스키, 패러세일, 조정, 카약, 카누, 워터슬레드, 수상자전거, 서프보드, 노보트, 무동력요트, 윈드서핑, 웨이크보드, 카이트보드, 케이블수상스키, 케이블웨이크보드, 공기주입형고정용튜브, 물추진형보드, 패들보드, 래프팅

413 수상레저안전법상 제1급 조종면허를 받을 수 있는 나이의 기준으로 옳은 것은? 병

갑. 14세 이상　　을. 16세 이상
병. 18세 이상　　정. 19세 이상

해설 조종면허의 결격사유 등

18세 미만인 사람은 일반조종면허 제1급을 받을 수 없다.

414 일정한 거리 이상에서 수상레저활동을 하고자 하는 자는 해양경찰관서에 신고하여야 한다. 다음 중 신고 대상으로 맞는 것은? 정

갑. 해안으로부터 5해리 이상　　을. 출발항으로부터 5해리 이상
병. 해안으로부터 10해리 이상　　정. 출발항으로부터 10해리 이상

해설 원거리 수상레저활동의 신고 등

출발항으로부터 10해리 이상 떨어진 곳에서 수상레저활동을 하려는 자는 해양경찰관서에 신고하여야 한다.

415 수상레저안전법상 등록대상 수상레저기구를 보험에 가입하지 않았을 경우 수상레저안전법상 과태료는 얼마인가? 을

갑. 30만원
을. 10일 이내 1만원, 10일 초과 시 1일당 1만원 추가, 최대 30만원까지
병. 10일 이내 5만원, 10일 초과 시 1일당 1만원 추가, 최대 50만원까지
정. 50만원

해설 과태료의 부과기준

보험 등에 가입하지 않은 경우 10일 이내 1만원, 10일 초과 시마다 1일당 1만원 추가, 최대 30만원까지

416 수상레저안전법상 땅콩보트, 바나나보트, 플라잉피쉬 등과 같은 튜브형 기구로서 동력수상레저기구에 의해 견인되는 형태의 기구는? 병

갑. 에어바운스(Air bounce)　　을. 튜브체이싱(Tube chasing)
병. 워터슬레이드(Water sled)　　정. 워터바운스(Water bounce)

해설 워터슬레이드

바나나보트, 땅콩보트, 프라이피쉬 등 동력수상레저기구에 줄을 메여 이끌리는 튜브 소제의 수상레저기구

417 수상레저안전법상 동력수상레저기구 조종면허의 효력발생 시기는? 정

갑. 수상 안전교육을 이수한 때

을. 필기시험 합격일로부터 14일 이후

병. 면허시험에 최종 합격한 날

정. 동력수상레저기구 조종면허증을 본인 또는 대리인에게 발급한 때부터

해설 **면허증 발급**

조종면허의 효력은 면허증을 본인이나 그 대리인에게 발급한 때부터 발생한다.

418 수상레저안전법상 풍력을 이용하는 수상레저기구로 옳지 않은 것은? 갑

갑. 케이블 웨이크보드(Cable wake-board)

을. 카이트보드(Kite-board)

병. 윈드서핑(Wind surfing)

정. 딩기요트(Dingy yacht)

해설 **케이블 웨이크보드**

웨이크보드는 모터보트가 견인하는 방식이지만 케이블웨이크보드는 수변에 설치된 전주와 전동모터, 회전하는 와이어 케이블에 의하여 보드를 신고 수면위를 질주하는 수상레저 활동이다.

419 동력수상레저기구 조종면허를 가진 자와 동승하여 무면허로 조종할 경우 면허를 소지한 사람의 요건으로 옳지 않은 것은? 정

갑. 제1급 일반조종면허를 소지할 것

을. 술에 취한 상태가 아닐 것

병. 약물을 복용한 상태가 아닐 것

정. 면허 취득 후 2년이 경과한 사람일 것

해설 **무면허조종이 허용되는 경우**

1급 조종면허를 소지하고, 술에 취하거나 약물을 복용하지 않은 상태에서 동승한 경우 가능하다.

420 수상레저안전법상 동력수상레저기구 조종면허를 받아야 조종할 수 있는 동력수상레저기구의 추진기관 최대출력 기준은? 을

갑. 3마력 이상
을. 5마력 이상
병. 10마력 이상
정. 50마력 이상

해설 조종면허 대상·기준 등

최대출력 5마력 이상인 동력수상레저기구

421 수상레저안전법상 수상레저활동 금지구역에서 수상레저기구를 운항한 사람에 대한 과태료 부과기준은 얼마인가? 병

갑. 30만원
을. 40만원
병. 60만원
정. 100만원

해설 과태료의 부과기준

수상레저활동 금지구역에서 운항한 사람의 과태료는 60만원이다.

422 수상레저안전법에 대한 설명으로 옳지 않은 것은? 정

갑. 수상레저활동은 수상에서 수상레저기구를 이용하여 취미·오락·체육·교육 등의 목적으로 이루어지는 활동이다.
을. 수상레저안전법에서 정한 래프팅(rafting)이란 무동력 수상레저기구를 이용하여 계곡이나 하천에서 노를 저으며 급류 또는 물의 흐름을 타는 수상레저활동을 말한다.
병. 동력수상레저기구의 기관이 5마력 이상이면 동력수상레저기구 조종면허가 필요하다.
정. 선박법에 따라 항만청에 등록된 선박으로 레저활동을 하는 것은 수상레저기구로 볼 수 없다.

해설

20톤 이상의 수상레저기구는 선박법에 따라 지방해양수산청에 등록하여야 한다. 따라서 20톤 이상 동력수상레저기구가 선박법에 따라 항만청에 등록된 경우 수상레저기구로 봐야 한다.

423 수상레저안전법의 제정 목적으로 가장 옳지 않은 것은? 병

갑. 수상레저사업의 건전한 발전을 도모
을. 수상레저활동의 안전을 확보
병. 수상레저활동으로 인한 사상자의 구조
정. 수상레저활동의 질서를 확보

해설 목적

수상레저활동의 안전과 질서를 확보하고 수상레저사업의 건전한 발전을 도모함을 목적으로 2000. 2. 9 수상레저안전법이 시행되었다.

424 **수상레저안전법상 수상레저기구 등록번호판에 관한 설명으로 옳은 것은?** 병

갑. 뒷면에만 부착한다.

을. 앞면과 뒷면에 부착한다.

병. 옆면과 뒷면에 부착한다.

정. 번호판은 규격에 맞지 않아도 된다.

> **해설** **동력수상레저기구의 등록번호판**
>
> 동력수상레저기구의 소유자는 등록번호판 2개를 동력수상레저기구의 옆면과 뒷면에 견고하게 부착하여야 한다.

425 **수상레저안전법상 수상안전교육에 관한 내용으로 옳지 않은 것은?** 정

갑. 안전교육 대상자는 동력수상레저기구 조종면허를 받고자 하는 자 또는 갱신하고자 하는 자이다.

을. 수상안전교육 시기는 동력수상레저기구 조종면허를 받으려는 자는 조종면허시험 응시원서를 접수한 후부터, 동력수상레저기구 조종면허를 갱신하려는 자는 조종면허 갱신기간 이내이다.

병. 수상안전교육 내용은 수상안전에 관한 법령, 수상레저기구의 사용과 관리에 관한 사항 수상상식 및 수상구조, 그 밖의 수상안전을 위하여 필요한 사항이다.

정. 수상안전교육시간은 3시간이고 최초 면허시험 합격 전의 안전교육 유효기간은 5개월이다.

> **해설** **수상안전교육**
>
> 응시원서 접수 이후 안전교육은 받을 수 있으나 최초 면허시험 합격 전의 안전교육 유효기간은 6개월, 최종 면허시험 이후 1년 이내 안전교육을 받아야 한다.

426 **수상레저안전법상 원거리 수상레저활동 관련 설명으로 옳지 않은 것은?** 병

갑. 출발항으로부터 10해리 이상 떨어진 곳에서 활동할 경우 신고하여야 한다.

을. 선박안전 조업규칙에 의한 신고를 별도로 한 경우에는 원거리 수상레저활동 신고의무의 예외로 본다.

병. 출발항으로부터 5해리 이상 떨어진 곳에서 활동할 경우 신고하여야 한다.

정. 원거리 수상레저활동은 해양경찰관서 또는 경찰관서에 신고한다.

> **해설** **원거리수상레저활동의 신고 등**
>
> 출발항으로부터 10해리 이상 떨어진 곳에서 활동할 경우 신고하여야 한다. 등록 대상 동력수상레저기구가 아닌 수상레저기구로 수상레저활동을 하려는 자는 출발항으로부터 10해리 이상 떨어진 곳에서 수상레저활동을 하여서는 아니 된다. 다만, 안전관리 선박의 동행, 선단의 구성 등 해양수산부령으로 정하는 경우에는 그러하지 아니하다.

427 수상레저안전법상 수상레저사업장에 비치하는 비상구조선에 대한 설명으로 옳지 않은 것은? 병

갑. 비상구조선임을 표시하는 주황색 깃발을 달아야 한다.

을. 비상구조선은 30미터 이상의 구명줄을 갖추어야 한다.

병. 비상구조선은 탑승정원이 4명 이상, 속도가 시속 30노트 이상이어야 한다.

정. 망원경, 호루라기 1개 이상을 갖추어야 한다.

해설 **수상레저사업의 등록기준**

비상구조선은 탑승정원이 3명 이상, 속도가 시속 20노트 이상이어야 한다.
※ 면허시험장의 구조선의 경우 4명 이상, 속도는 20노트 이상이어야 한다.

428 수상레저안전법상 동력수상레저기구 조종면허의 종류와 기준을 바르게 나열한 것은? 을

갑. 제1급 조종면허 : 요트를 포함한 동력수상레저기구를 조종하는 자

을. 제1급 조종면허 : 수상레저사업자 또는 종사자

병. 제2급 조종면허 : 수상레저사업자 및 조종면허시험대행기관 시험관

정. 제2급 조종면허 : 조종면허시험대행기관 시험관

해설 **조종면허 대상·기준 등**

- 1급 조종면허 : 수상레저사업의 종사자, 시험대행기관의 시험관
- 2급 조종면허 : 동력수상레저기구를 조종하려는 사람
- 요트조종면허 : 세일링요트를 조종하려는 사람

429 수상레저안전법상 수상레저 사업등록 시 구비서류로 옳지 않은 것은? 을

갑. 수상레저기구 및 인명구조용 장비 명세서

을. 수상레저기구 수리업체 명부

병. 시설기준 명세서

정. 영업구역에 관한 도면

해설 **수상레저 사업등록 시 구비서류**

[공통] 법인등기사항 증명서(법인의 경우) – 사업자등록증명, 주민등록초본, 외국인등록사실증명 또는 국내거소사실증명
[수상레저기구를 빌려주거나 태워주는 사업] – 영업구역에 관한 도면, 시설기준명세서, 수상레저 사업자와 종사자의 명단 및 해당 면허증 사본, 수상레저기구 및 인명구조용 장비 명세서, 인명구조원 또는 래프팅가이드 명단과 해당 자격증 사본, 공유수면 점·사용허가서 사본
[육상에서 보관하는 서프보드, 윈드서핑, 카이트보드, 패들보드를 빌려주는 사업] – 시설기준명세서, 수상레저기구 명세서

430 수상레저안전법상 수상레저사업장에서 금지되는 행위로 옳지 않은 것은? 갑

갑. 15세인 자를 보호자 없이 태우는 행위
을. 술에 취한 자를 태우는 행위
병. 정신질환자를 태우는 행위
정. 수상레저기구 내에서 주류제공 행위

해설

14세 미만인 사람(보호자를 동반하지 아니한 사람으로 한정)을 태우는 행위는 금지한다.

431 수상레저안전법을 위반한 사람에 대한 과태료 부과 권한이 없는 사람은? 을

갑. 통영시장
을. 영도소방서장
병. 해운대구청장
정. 속초해양경찰서장

해설 과태료

해양경찰청장, 지방해양경찰청장 또는 해양경찰서장, 시장·군수·구청장(서울특별시 한강의 경우에는 서울특별시의 한강 관리 업무를 관장하는 기관의 장)이 부과·징수한다.

432 수상레저안전법상 동력수상레저기구 조종면허 종별 합격기준으로 옳지 않은 것은? 갑

갑. 제1급 조종면허 : 필기 70점, 실기 70점
을. 제1급 조종면허 : 필기 70점, 실기 80점
병. 제2급 조종면허 : 필기 60점, 실기 60점
정. 요트조종면허 : 필기 70점, 실기 60점

해설 합격기준

- 1급 조종면허 : 필기 70점 이상, 실기 80점 이상
- 2급 조종면허 : 필기 60점 이상, 실기 60점 이상
- 요트조종면허 : 필기 70점 이상, 실기 60점 이상

433 수상레저안전법상 동력수상레저기구 조종면허 중, 제2급 조종면허의 필기 또는 실기시험 면제대상으로 옳지 않은 사람은? 갑

갑. 해양경찰관서에서 1년 이상 수난구조업무에 종사한 경력이 있는 사람
을. 소형선박조종사 면허를 가진 사람
병. 대한체육회 가맹 경기단체에서 동력수상레저기구 선수로 등록된 사람
정. 선박직원법에 따라 운항사 면허를 취득한 사람

해설 면허시험의 면제

체육 관련 단체에 동력수상레저기구의 선수로 등록된 사람, 동력수상레저기구 관련 학과를 졸업(해당 면허와 관련된 동력수상레저기구에 관한 과목을 이수하였을 것), 「선박직원법」에 따른 해기사 면허를 가진 사람, 「한국해양소년단연맹 육성에 관한 법률」 또는 국민체육진흥법」에 따른 경기단체에서 동력수상레저기구의 이용 등에 관한 교육·훈련업무에 1년 이상 종사한 사람으로서 해당 단체의 장의 추천을 받은 사람, 제1급 조종면허 필기시험에 합격한 후 제2급 조종면허 실기시험으로 변경하여 응시하려는 사람

434 수상레저안전법상 동력수상레저기구를 등록할 때 등록신청서에 첨부하여 제출하여야 할 서류로 옳지 않은 것은? 정

갑. 안전검사증(사본)
을. 등록할 수상레저기구의 사진
병. 보험가입증명서
정. 등록자의 경력증명서

해설 등록신청서 등

안전검사증(사본), 등록원인을 증명할 수 있는 서류(양도증명서, 제조증명서, 수입신고필증, 매매계약서 등), 동력수상레저기구의 사진, 보험가입증명서, 공유자가 있는 경우 그에 관한 증명서류

435 수상레저안전법상 정원을 초과하여 사람을 태우고 수상레저기구를 조종한 경우 과태료 부과기준은 얼마인가? 을

갑. 50만원
을. 60만원
병. 70만원
정. 100만원

해설 과태료 부과기준

정원을 초과하여 사람을 태우고 수상레저기구를 조종한 경우 과태료 60만원

436 수상레저안전법에 의한 운항규칙으로 옳지 않은 것은? 병

갑. 다이빙대, 교량으로부터 20m 이내의 구역에서는 10노트 이하로 운항해야 한다.
을. 등록대상 동력수상레저기구의 경우에는 안전검사증에 지정된 항해구역을 준수해야 한다.
병. 기상특보 중 경보가 발효된 구역에서도 관할 해양경찰관서에 그 운항신고를 하면 파도 또는 바람만을 이용하여 활동이 가능한 수상레저기구를 이용할 수 있다.
정. 안개 등으로 시정이 0.5km 이내로 제한되는 경우에는 레이더 및 초단파(VHF) 통신설비를 갖추지 아니한 수상레저기구는 운항해서는 안 된다.

해설 수상레저활동자가 지켜야 하는 운항규칙

기상특보 중 주의보가 발효된 구역에서 파도 또는 바람만을 이용하여 활동이 가능한 수상레저기구 운항 시 해양경찰서장 또는 시장·군수·구청장에게 신고 후 가능, 경보가 발효된 구역에서 신고 후 허용한 경우 가능하다.

437 수상레저안전법상 동력수상레저기구 조종면허 시험 중 부정행위자에 대한 제재조치로서 옳지 않은 것은? 정

갑. 당해 시험을 중지시킬 수 있다.
을. 당해 시험을 무효로 할 수 있다.
병. 공무집행방해가 인정될 경우 형사처벌을 받을 수 있다.
정. 1년간 동력수상레저기구조종면허 시험에 응시할 수 없다.

해설 부정행위자에 대한 제재

해당시험의 중지 또는 무효의 처분을 받은 자는 그 처분이 있는 날부터 2년간 면허시험을 응시할 수 없다.

438 **수상레저안전법상 동력수상레저기구 조종면허를 받을 수 없는 경우로 옳지 않은 것은?** 갑

갑. 무면허 조종으로 단속된 날부터 1년이 지난 자

을. 동력수상레저기구 조종면허가 취소된 날부터 1년이 지나지 아니한 자

병. 정신질환자 중 수상레저활동을 수행할 수 없다고 정하는 자

정. 마약중독자 중 수상레저활동을 수행할 수 없다고 정하는 자

해설 **조종면허의 결격 사유 등**

무면허 단속 후 1년이 지나면 조종면허 응시가 가능하여 면허를 받을 수 있다.

439 **수상레저안전법상 수상레저사업장에 대한 안전점검 항목으로 가장 옳지 않은 것은?** 갑

갑. 수상레저기구의 형식승인 여부

을. 수상레저기구의 안전성

병. 사업장 시설·장비 등이 등록기준에 적합한지의 여부

정. 인명구조요원 및 래프팅 가이드의 자격·배치기준 적합여부

해설 **안전점검의 대상**

수상레저기구의 안전성 여부, 시설·장비의 등록기준 적합여부, 자격·배치기준 적합여부, 안전조치 여부, 행위제한 등의 준수여부 등이 있다.
※ 기구의 형식승인 여부는 해당 없음

440 **수상레저안전법상 (　　)안에 알맞은 말은?** 병

> 시·군·구청장은 민사집행법에 따라 (　　)으로부터 압류등록의 촉탁이 있거나 국세징수법이나 지방세징수법에 따라 행정관청으로부터 압류등록의 촉탁이 있는 경우에는 해당 등록원부에 압류등록을 하고 소유자 및 이해관계자 등에게 통지하여야 한다.

갑. 해양수산부　　　　을. 경찰청

병. 법원　　　　정. 해양경찰청

해설 **압류등록**

시장·군수·구청장은 민사집행법에 따라 법원으로부터 압류등록의 촉탁이 있을 경우 해당 등록원부에 압류등록을 하고 소유자 및 이해관계자 등에게 통지하여야 한다.

441 **수상레저안전법상 동력수상레저기구 조종면허 응시표의 유효기간으로 옳은 것은?** 을

갑. 접수일부터 6개월　　　　을. 접수일부터 1년

병. 필기시험 합격일부터 6개월　　　　정. 필기시험 합격일부터 2년

해설 **응시원서의 제출**

응시표의 유효기간은 접수일로부터 1년까지로 하되, 면허시험의 필기시험에 합격한 경우에는 그 필기시험 합격일로부터 1년까지로 한다.

442 수상레저안전법상 동력수상레저기구 등록에 대한 설명으로 옳지 않은 것은? 갑

갑. 등록신청은 주소지를 관할하는 시장·군수·구청장 또는 해경서장에게 한다.

을. 등록대상 기구는 모터보트·세일링요트(20톤 미만), 고무보트(30마력 이상), 수상오토바이이다.

병. 기구를 소유한 날로부터 1개월 이내에 등록신청해야 한다.

정. 소유한 날로부터 1개월 이내 등록을 하지 않은 경우 100만원 과태료 처분 대상이다.

해설 등록

등록신청은 주소지를 관할하는 시장·군수·구청장에게 한다.

443 수상레저안전법상 최초 동력수상레저기구 조종면허 시험합격 전 수상안전교육을 받은 경우 그 유효기간은? 병

갑. 1개월 을. 3개월 병. 6개월 정. 1년

해설 수상안전교육

최초 면허시험 합격 전의 안전교육의 유효기간은 6개월로 한다.

444 등록대상 동력수상레저기구에 대한 안전검사의 종류로 옳지 않은 것은? 정

갑. 신규검사 을. 정기검사

병. 임시검사 정. 중간검사

해설 안전검사

- 신규검사 : 등록대상 동력수상레저기구 등록을 하려는 경우 실시하는 검사
- 정기검사 : 일정 기간마다 정기적으로 실시하는 검사(일반 5년, 사업자 1년)
- 임시검사 : 정원, 운항구역, 구조, 설비, 장치를 변경하려는 경우 실시하는 검사

445 수상레저안전법상 동력수상레저기구를 이용한 범죄의 종류로 옳지 않은 것은? 병

갑. 살인·사체유기 또는 방화

을. 강도·강간 또는 강제추행

병. 방수방해 또는 수리방해

정. 약취·유인 또는 감금

해설 동력수상레저기구를 이용한 범죄의 종류

국가보안법 및 형법에 따른 범죄

446 수상레저안전법상 동력수상레저기구 조종면허 결격사유와 관련한 내용으로 옳지 않은 것은?

정

갑. 정신질환자(치매, 정신분열병, 분열형 정동장애, 양극성 정동장애, 재발성 우울장애, 알콜중독)로서 전문의가 정상적으로 수상레저활동을 수행할 수 있다고 인정하는 자는 동력수상레저기구 조종면허 시험 응시가 가능하다.

을. 부정행위로 인해 해당 시험의 중지 또는 무효처분을 받은 자는 그 시험 시행일로부터 2년간 면허시험에 응시할 수 없다.

병. 동력수상레저기구 조종면허를 받지 아니하고 동력수상레저기구를 조종한 자로서 사람을 사상한 후 구호조치 등 필요한 조치를 하지 아니하고 도주한 자는 4년이 경과되어야 동력수상레저기구 조종면허시험 응시가 가능하다.

정. 동력수상레저기구 조종면허가 취소된 날부터 2년이 경과되지 아니한 자는 동력수상레저기구 조종면허 시험응시가 불가하다.

해설 조종면허의 결격 사유 등

동력수상레저기구 조종면허가 취소된 날부터 1년이 경과되지 아니한 자는 동력수상레저기구 조종면허 시험응시가 불가하다.

447 수상레저안전법상 수상안전교육의 면제사유로 옳지 않은 것은?

정

갑. 동력수상레저기구 조종면허증을 갱신 기간의 시작일로부터 소급하여 6개월 이내에 수상안전교육을 받은 경우

을. 동력수상레저기구 조종면허증을 갱신 기간의 시작일로부터 소급하여 6개월 이내에 기초안전교육 또는 상급안전교육을 받은 경우

병. 동력수상레저기구 조종면허증을 갱신 기간의 시작일로부터 소급하여 6개월 이내에 종사자 교육을 받은 사람

정. 면허시험 면제교육기관에서 교육을 이수하여 제1급 조종면허 또는 요트조종면허시험 과목의 전부를 면제받은 사람

해설 수상안전교육의 면제

면허증 갱신 기간의 시작일부터 소급하여 6개월 이내에 '수상안전교육', '선원법에 따른 기초안전교육 또는 상급안전교육', '면허시험 면제교육기관에서 제2급 조종면허 또는 요트조종면허시험 과목의 전부를 면제받은 사람', '면허증 갱신 기간의 마지막 날부터 소급하여 6개월 이내에 시험 대행기관에서 시험·교육 업무 종사자 교육을 받은 사람'은 수상안전교육 면제 대상이다.

448 수상레저안전법상 수상레저활동이 금지되는 기상특보의 종류로 옳지 않은 것은? 을

갑. 태풍주의보 을. 폭풍주의보

병. 대설주의보 정. 풍랑주의보

해설

누구든지 수상레저활동을 하려는 구역이 '태풍·풍랑·폭풍해일·호우·대설·강풍과 관련된 주의보 이상의 기상특보가 발효된 경우', '안개 등으로 가시거리가 0.5킬로미터 이내로 제한되는 경우'에는 수상레저활동을 하여서는 아니 된다. 다만, 파도 또는 바람만을 이용하는 수상레저기구의 특성을 고려하여 '관할 해양경찰서장 또는 특별자치시장·제주특별자치도지사·시장·군수 및 구청장에게 기상특보활동신고서'를 제출한 경우에는 그러하지 아니하다.

449 수상레저안전법상 등록된 수상레저기구가 존재하는지 여부가 분명하지 않은 경우 말소등록을 신청해야 할 기한으로 옳은 것은? 을

갑. 1개월 을. 3개월

병. 6개월 정. 12개월

해설 말소등록

수상레저기구의 존재 여부가 3개월간 분명하지 아니한 경우에는 말소등록을 신청해야 한다.

450 수상레저안전법상 동력수상레저기구 조종면허증의 갱신기간으로 옳은 것은? 정

갑. 면허증 발급일로부터 5년이 되는 날부터 3개월 이내

을. 면허증 발급일로부터 5년이 되는 날부터 6개월 이내

병. 면허증 발급일로부터 7년이 되는 날부터 3개월 이내

정. 면허증 발급일로부터 7년이 되는 날부터 6개월 이내

해설 조종면허의 갱신 등

최초의 면허증 갱신기간은 면허증 발급일로부터 기산하여 7년이 되는 날부터 6개월 이내

451 수상레저안전법상 수상레저사업장에서 금지되는 행위로 옳지 않은 것은? 병

갑. 정원을 초과하여 탑승시키는 행위

을. 14세 미만자를 보호자 없이 탑승시키는 행위

병. 알코올중독자에게 기구를 대여하는 행위

정. 허가 없이 일몰 30분 이후 영업행위

해설 수상레저사업장 금지사항

정원초과 승선, 14세 미만자 보호자 없이 탑승, 허가 없이 일몰 30분 이후 야간 영업행위, 수상레저기구 안에서 술을 판매·제공하거나 수상레저기구 이용자가 수상레저기구 안으로 이를 반입하도록 하는 행위, 영업구역을 벗어나 영업을 하는 행위 등

※ 알코올중독자라 하더라도 술에 취한 상태가 아니라면 금지사항 아님

452 **수상레저안전법상 수상레저활동의 안전을 위해 행하는 시정명령 행정조치의 형태에 해당되지 않는 것은?** 정

갑. 탑승인원의 제한 또는 조종자 교체
을. 수상레저활동의 일시정지
병. 수상레저기구의 개선 및 교체
정. 동력수상레저기구 조종면허의 효력정지

해설 시정명령

해양경찰서장 또는 시장·군수·구청장은 수상레저활동의 안전을 위해 필요하다고 인정하면 탑승인원의 제한 또는 조종자 교체, 수상레저활동의 일시정지, 수상레저기구의 개선 및 교체 등을 명할 수 있다.

453 **수상레저안전법상 동력수상레저기구에 포함되지 않는 것은?** 정

갑. 수상오토바이
을. 스쿠터
병. 호버크래프트
정. 워터슬레이드

해설 정의

워터슬레이드는 견인되어지는 기구로서 무동력수상레저기구에 해당된다.

454 **수상레저안전법상 수상레저사업 등록에 관한 것이다. 내용 중 옳지 않은 것은?** 정

갑. 수상레저사업의 등록 유효기간은 10년으로 하되, 10년 미만으로 영업하려는 경우에는 해당 영업기간을 등록 유효기간으로 한다.
을. 해양경찰서장 또는 시장·군수·구청장은 등록의 유효기간 종료일 1개월 전까지 해당 수상레저사업자에게 수상레저사업 등록을 갱신할 것을 알려야 한다.
병. 해양경찰서장 또는 시장·군수·구청장은 변경등록의 신청을 받은 경우에는 변경되는 사항에 대하여 사실 관계를 확인한 후 등록사항을 변경하여 적거나 다시 작성한 수상레저사업 등록증을 신청인에게 발급하여야 한다.
정. 등록을 갱신하려는 자는 등록의 유효기간 종료일 3일 전까지 수상레저사업 등록·갱신등록 신청서(전자문서로 된 신청서를 포함한다)를 관할 해양경찰서장 또는 시장·군수·구청장에게 제출하여야 한다.

해설 수상레저사업등록의 갱신신청 등

등록을 갱신하려는 자는 등록의 유효기간 종료일 5일 전까지 수상레저사업 등록·갱신등록 신청서(전자문서로 된 신청서를 포함한다)를 관할 해양경찰서장 또는 시장·군수·구청장에게 제출하여야 한다.

455 수상레저안전법상 동력수상레저기구 조종면허 시험 중, 항해사·기관사·운항사 또는 소형선박 조종사의 면허를 가진 자가 면제받을 수 있는 사항으로 옳은 것은? 정

갑. 제1급 조종면허 및 제2급 조종면허 실기시험

을. 제2급 조종면허 실기시험

병. 제1급 조종면허 및 제2급 조종면허 필기시험

정. 제2급 조종면허 필기시험

해설 **시험 면제의 기준**

항해사·기관사·운항사 또는 소형선박 조종사의 면허를 가진 자는 제2급 조종면허 필기시험을 면제받을 수 있다.

456 수상레저안전법상 수상레저사업장의 구명조끼 보유기준으로 가장 옳지 않은 것은? 갑

갑. 구명조끼는 5년마다 교체하여야 한다.

을. 탑승정원의 110%에 해당하는 구명조끼를 갖추어야 한다.

병. 탑승정원의 10%는 소아용 구명조끼를 갖추어야 한다.

정. 구명조끼는 전기용품 및 생활용품 안전관리법(구. 품질경영 및 공산품안전관리법)에 따른 안전기준이나 해양수산부장관이 정하여 고시하는 선박 또는 어선의 구명설비기준에 적합한 제품이어야 한다.

해설 **수상레저사업 등록기준**

구명조끼를 5년마다 교체해야 하는 규정은 없다. 즉, 사용 가능한 기한을 지정하고 있지는 않다.

457 수상레저안전법상 수상레저사업 등록의 결격사유로 옳지 않은 것은? 정

갑. 수상레저사업 등록이 취소되고 2년이 경과되지 않은 자

을. 금고 이상의 형의 집행유예 선고를 받고 그 기간 중에 있는 자

병. 미성년자, 피성년후견인, 피한정후견인

정. 금고 이상의 형 집행이 종료 후 3년이 경과되지 않은 자

해설 **수상레저사업 등록의 결격사유**

징역 이상의 실형을 선고받고 그 집행이 끝나거나 집행이 면제된 날로부터 2년이 지나지 아니한 자는 사업을 할 수 없다.

458 **수상레저안전법상 동력수상레저기구 조종면허를 취소하거나 효력을 정지하여야 하는 경우에 해당하지 않는 것은?** 정

갑. 부정한 방법으로 면허를 받은 경우

을. 혈중 알코올 농도 0.03 이상의 술에 취한 상태에서 조종한 경우

병. 조종 중 고의 또는 과실로 사람을 사상한 때

정. 수상레저사업이 취소된 때

해설 **조종면허의 취소·정지**

부정한 방법으로 면허를 받은 경우, 술에 취한 상태의 경우는 면허취소, 고의 과실로 사람을 사상하거나 다른 사람의 재산에 중대한 손해를 입힌 경우 등은 1년의 범위에서 기간을 정하여 조종면허의 효력를 정지할 수 있다.

459 **수상레저안전법상 수상레저기구의 정기검사를 받아야 하는 기간으로 바른 것은?** 을

갑. 검사유효기간 만료일을 기준으로 하여 전후 각각 10일 이내로 한다.

을. 검사유효기간 만료일을 기준으로 하여 전후 각각 30일 이내로 한다.

병. 검사유효기간 만료일을 기준으로 하여 전후 각각 60일 이내로 한다.

정. 검사유효기간 만료일을 기준으로 하여 전후 각각 90일 이내로 한다.

해설 **안전검사의 신청 등**

정기검사를 받아야 하는 수상레저기구는 검사유효기간 만료일을 기준으로 하여 전후 각각 30일 이내로 한다.

460 **수상레저안전법상 풍랑·폭풍해일·호우·대설·강풍 주의보가 발효된 구역에서 관할 해양경찰서장 또는 시장·군수·구청장에게 기상특보활동신고서를 제출한 경우 활동가능한 수상레저기구는?** 을

갑. 워터슬레이드

을. 윈드서핑

병. 카약

정. 모터보트

해설 **수상레저활동 제한의 예외**

기상특보 중 풍랑·폭풍해일·호우·대설·강풍 주의보가 발효된 경우 관할 해양경찰서장 또는 시장·군수·구청장에게 기상특보활동신고서를 제출한 경우

461 **수상레저안전법상 제2급 조종면허를 받을 수 있는 나이의 기준으로 옳은 것은?** 을

갑. 13세 이상

을. 14세 이상

병. 15세 이상

정. 16세 이상

해설 **조종면허의 결격사유 등**

14세 미만(제1급 조종면허의 경우에는 18세 미만)인 사람은 조종면허를 받을 수 없다. 다만, 국민체육진흥법에 따라 동력수상레저기구 선수로 등록된 사람은 제외한다.

462 **수상레저안전법상 수상레저기구에 동승한 사람이 사망하거나 실종된 경우, 해양경찰관서에 신고할 내용으로 옳지 않은 것은?** 정

갑. 사고발생 장소　　　　　을. 수상레저기구 종류

병. 사고자 인적사항　　　　정. 레저기구의 엔진상태

해설 **사고의 신고**

- 사고발생의 날짜, 시간 및 장소
- 사고자 및 조종자의 인적사항
- 사고와 관련된 수상레저기구의 종류
- 피해상황 및 조치사항

※ 레저기구의 엔진상태는 신고 내용이 아니다.

463 **수상레저안전법상 해양경찰서장 또는 시장·군수·구청장이 영업구역 또는 영업시간의 제한이나 영업의 일시정지를 명할 수 있는 경우로 옳지 않은 것은?** 갑

갑. 사업장에 대한 안전점검을 하려고 할 때

을. 기상·수상 상태가 악화된 때

병. 수상사고가 발생한 때

정. 부유물질 등 장애물이 발생한 경우

해설 **영업의 제한**

기상·수상 상태가 악화된 때, 수상사고 발생한 때, 부유물질 등 장애물이 발생된 때, 그 밖에 유류, 화학물질 등의 유출 또는 녹조, 적조 등의 발생으로 수질이 오염된 경우, 사람의 신체나 생명에 피해를 줄 수 있는 유해생물이 발생한 경우는 일시정지를 명할 수 있다.

464 **수상레저안전법상 수상레저사업의 휴업 또는 폐업 시 며칠 전까지 등록관청에 신고하여야 하는가?** 을

갑. 1일　　　을. 3일　　　병. 5일　　　정. 10일

해설 **휴업 등 신고**

수상레저사업의 휴업 또는 폐업하기 3일 전까지 해양경찰서장 또는 시장·군수·구청장에게 제출하여야 한다.

465 **수상레저안전법상 수상레저사업 취소사유로 맞는 것은?** 

갑. 종사자의 과실로 사람을 사망하게 한 때

을. 거짓이나 그 밖의 부정한 방법으로 수상레저사업을 등록한 때

병. 보험에 가입하지 않고 영업중인 때

정. 이용요금 변경 신고를 하지 아니하고 영업을 계속한 때

해설 **수상레저사업의 등록취소 등**

거짓이나 그 밖의 부정한 방법으로 등록을 한 경우 수상레저사업의 등록을 취소하여야 한다.

466 **수상레저안전법상 수상레저사업의 영업구역이 내수면인 경우 수상레저사업 등록기관으로 옳은 것은?** 정

갑. 해양경찰서장　　　　을. 해양경찰청장

병. 광역시장·도지사　　　　정. 시장·군수·구청장

해설 **수상레저사업의 등록 등**

수상레저사업의 영업구역이 내수면인 경우, 해당 지역을 관할하는 시장·군수·구청장, 해수면인 경우, 당해 지역을 관할 하는 해양경찰서장에게 등록을 한다.

467 **수상레저안전법상 수상안전교육 내용으로 옳지 않은 것은?** 정

갑. 수상레저기구의 사용과 관리에 관한 사항

을. 수상안전에 관한 법령

병. 수상구조

정. 오염방지

해설 **수상안전교육**

수상안전에 관한 법령, 수상레저기구의 사용 관리에 관한 사항, 수상상식과 수상구조 교육 3시간 이수해야 한다.

468 **수상레저안전법상 조종면허를 받은 사람이 지켜야 할 의무로 옳은 것은?** 정

갑. 면허증은 언제나 소지하고 있어야 한다.

을. 면허증을 필요에 따라 타인에게 빌려주어도 된다.

병. 주소가 변경된 때에는 지체없이 변경하여야 한다.

정. 관계 공무원이 면허증 제시를 요구하면 면허증을 내보여야 한다.

해설 **면허증 휴대 및 제시 의무**

- 동력수상레저기구를 조종하는 자는 면허증을 지니고 있어야 한다.
- 조종자는 조종 중에 관계 공무원이 면허증 제시를 요구하면 면허증을 내보여야 한다.

469 **수상레저안전법상 (　　)안에 들어갈 알맞은 수는?** 병

수상레저사업 등록기준상 탑승정원 (　　)명 이상인 동력수상레저기구에는 선실, 조타실, 기관실에 각각 (　　)개 이상의 소화기를 갖추어야 한다.

갑. 3, 1　　을. 10, 2　　병. 13, 1　　정. 5, 1

해설 **수상레저사업 등록기준**

탑승정원이 13명 이상인 동력수상레저기구에는 선실, 조타실 및 기관실에 각각 1개 이상의 소화기를 갖추어야 하고, 그 외 탑승정원이 4명 이상인 동력수상레저기구(수상오토바이는 제외한다.)에는 1개 이상의 소화기를 갖추어야 한다.

470 **수상레저안전법상 영업구역이 ( ) 해리 이상인 경우에는 수상레저기구에 사업장 또는 가까운 무선국과 연락할 수 있는 통신장비를 갖추어야 한다. ( ) 안에 들어갈 숫자로 알맞은 것은?** 을

갑. 1 을. 2 병. 3 정. 4

해설 **수상레저사업 등록기준**

영업구역이 2해리 이상인 경우에는 수상레저기구에 사업장 또는 가까운 무선국과 연락할 수 있는 통신장비를 갖추어야 한다.

471 **동력수상레저기구 조종면허 중, 제1급 조종면허 시험의 합격기준으로 바르게 연결된 것은?** 병

갑. 필기-60점, 실기-70점
을. 필기-70점, 실기-70점
병. 필기-70점, 실기-80점
정. 필기-60점, 실기-80점

해설 **합격기준**

- 1급 일반조종면허 : 필기 70점, 실기 80점
- 2급 일반조종면허 : 필기 60점, 실기 60점
- 요트조종면허 : 필기 70점, 실기 60점

472 **수상레저안전법상 수상레저사업자의 보험가입에 대한 설명으로 옳지 않은 것은?** 정

갑. 수상레저사업자는 보험 가입기간을 사업 기간 동안 계속하여 가입해야 한다.
을. 가입대상은 수상레저사업자의 사업에 사용하거나 사용하려는 모든 수상레저기구가 대상이다.
병. 자동차손해배상 보장법 시행령 제3조 제1항에 따른 금액 이상으로 보험에 가입을 하여야 한다.
정. 휴업, 폐업 및 재개업을 수시로 하기 때문에 휴업·폐업 시에도 계속하여 가입을 하여야 한다.

해설 **수상레저사업자의 보험 등의 가입**

수상레저사업자는 사업기간 동안 보험에 계속하여 가입하여야 한다. 그 외 등록대상 수상레저기구는 등록기간 동안 계속 가입되어야 한다.

473 수상레저안전법상 수상레저사업장의 시설기준으로 옳지 않은 것은? 정

갑. 노 또는 상앗대가 있는 수상레저기구는 그 수의 10%에 해당하는 수의 예비용 노 또는 상앗대를 갖추어야 한다.

을. 탑승정원 13인 이상인 동력수상레저기구에는 선실, 조타실, 기관실에 각각 1개 이상의 소화기를 갖추어야 한다.

병. 무동력 수상레저기구에는 구명부환 대신 스로 백(throw bag)을 갖출 수 있다.

정. 탑승정원 5명 이상인 수상레저기구(수상오토바이를 제외)에는 그 탑승정원의 30%에 해당하는 수의 구명튜브를 갖추어야 한다.

해설 수상레저사업 등록기준

탑승정원 4명 이상인 수상레저기구에는 그 탑승정원의 30퍼센트(소수점 이하는 반올림한다) 이상의 구명부환을 갖추어야 한다. 이 경우 무동력수상레저기구에는 구명부환을 대체하여 스로 백(throw bag: 구명 구조 로프 가방)을 갖출 수 있다.

474 수상레저안전법상 동력수상레저기구 조종면허의 취소 또는 정지처분의 기준으로 옳지 않은 것은? 을

갑. 위반 행위가 2가지 이상인 때에는 중한 처분에 의한다.

을. 다수의 면허정지 사유가 있더라도 정지기간은 6개월을 초과할 수 없다.

병. 위반행위의 횟수에 따른 정지처분의 기준은 최근 1년간이다.

정. 면허정지에 해당하는 경우, 2분의 1의 범위 내에서 감경할 수 있다.

해설 조종면허의 취소 또는 정지처분의 기준

위반행위가 두가지 이상인 경우, 그에 해당하는 각각의 처분기준이 다른 경우에는 그 중 무거운 처분기준에 따른다. 다만 둘 이상의 처분기준이 모두 면허정지인 경우, 각 처분기준을 합산한 기간(1년을 초과하는 경우 1년을 말한다)을 넘지 않는 범위에서 무거운 처분 기준의 2분의 1의 범위에서 가중할 수 있다.

475 수상레저안전법상 수상레저기구 운항 규칙에 대한 설명 중 (   )안에 들어갈 내용을 적절하게 나열한 것은? 병

> 다이빙대·계류장 및 교량으로부터 (①)이내의 구역이나 해양경찰서장 또는 시장·군수·구청장이 지정하는 위험구역에서는 (②)이하의 속력으로 운항해야 하며, 해양경찰서장 또는 시장·군수·구청장이 별도로 정한 운항지침을 따라야 한다.

갑. ① 10미터, ② 20노트

을. ① 10미터, ② 10노트

병. ① 20미터, ② 10노트

정. ① 20미터, ② 15노트

해설 운항규칙

- 다이빙대·계류장 및 교량으로부터 20미터 이내의 구역이나 해양경찰서장 또는 시장·군수·구청장이 지정하는 위험구역에서는 10노트 이하의 속력으로 운항해야 한다.
- 해양경찰서장 또는 시장·군수·구청장이 별도로 정한 운항지침을 따라야 한다.

476 수상레저안전법상 수상레저기구 운항 규칙에 대한 설명으로 옳지 않은 것은? 

갑. 안전검사증에 지정된 항해구역 준수

을. 충돌의 위험이 있는 때 다른 수상레저기구를 왼쪽에 두고 있는 수상레저기구가 진로를 피하여야 한다.

병. 정면 충돌 위험 시 우현 쪽 변침

정. 다른 기구와 같은 방향으로 운항 시 2m 이내 근접 금지

해설 **운항규칙**

충돌할 위험이 있을 때에는 음성신호, 수신호 등 적절한 방법으로 상대에게 이를 알리고 우현 쪽으로 진로를 피해야 한다.

477 수상레저안전법상 주취 중 조종으로 면허가 취소된 사람은 취소된 날부터 얼마동안 동력수상레저기구 조종면허를 받을 수 없는가? 갑

갑. 1년 을. 2년 병. 3년 정. 4년

해설 **조종면허의 결격사유 등**

주취 중 면허가 취소된 날부터 1년이 지나지 아니한 자는 동력수상레저기구 조종면허를 받을 수 없다.

478 수상레저안전법상 야간 수상레저활동 시간을 조정할 수 있는 권한을 가진 사람으로 옳지 않은 것은? 정

갑. 해양경찰서장

을. 시장·군수

병. 한강 관리기관의 장

정. 경찰서장

해설 **야간 수상레저활동의 시간의 조정**

해양경찰서장 또는 시장·군수·구청장은 야간 수상레저활동시간을 조정하려는 경우에는 해가 진 후 30분부터 24시간까지의 범위에서 조정이 가능하다.

479 수상레저안전법상 수상레저기구 말소등록을 신청하여야 하는 사유로 가장 옳지 않은 것은? 을

갑. 수상레저기구가 멸실된 경우

을. 수상레저기구의 존재 여부가 1년간 분명하지 아니한 경우

병. 수상레저활동 외의 목적으로 사용하게 된 경우

정. 수상레저기구를 수출하는 경우

해설 **말소등록**

- 수상레저기구가 멸실되거나 수상사고 등으로 본래의 기능을 상실한 경우
- 수상레저기구의 존재여부가 3개월간 분명하지 아니한 경우
- 구조·장치의 변경으로 인하여 등록대상 수상레저기구에서 제외된 경우
- 수상레저기구를 수출하는 경우

480 **수상레저안전법상 (　　) 안에 들어갈 알맞은 것은?** 정

사람을 사상한 후 구호조치 등 필요한 조치를 하지 아니하고 달아난 사람은 그 위반한 날부터 (　　)간 조종면허를 받을 수 없다.

갑. 3년　　을. 2년　　병. 1년　　정. 4년

해설 **조종면허의 결격사유 등**

사람을 사상한 후 구호조치 등 필요한 조치를 하지 아니하고 달아난 사람은 그 위반한 날부터 4년이 지나지 아니한 자는 동력수상레저기구 조종면허를 받을 수 없다.

481 **수상레저안전법상 수상레저사업장 비상구조선의 기준으로 옳지 않은 것은?** 을

갑. 주황색 깃발을 달아야 함　　을. 탑승정원 5명 이상, 시속 20노트 이상

병. 망원경 1개 이상　　정. 30미터 이상의 구명줄

해설 **수상레저사업 등록기준**

비상구조선임을 표시하는 주황색 깃발, 탑승정원 4명 이상, 속도가 시속 20노트 이상이어야 하고, 구조선에는 망원경 1개, 구명튜브 5개(또는 I자형 튜브 1개), 호루라기 1개, 30미터 이상 구명줄을 갖추어야 한다.

482 **수상레저안전법상 래프팅을 하고자 하는 사람이 일반 안전장비에 추가하여 착용해야 할 안전장비는?** 정

갑. 방수화　　을. 팽창식 구명벨트

병. 가슴보호대　　정. 헬멧

해설 **인명안전장비의 착용**

래프팅을 하고자 할 때에는 구명조끼와 함께 안전모(헬멧)을 착용하여야 한다.

483 **수상레저안전법상 수상레저기구 변경등록 시 필요한 서류로 옳지 않은 것은?** 병

갑. 안전검사증 사본(구조 장치를 변경한 경우)

을. 보험가입증명서 사본(소유권 변동의 경우)

병. 동력수상레저기구 조종면허증

정. 변경내용을 증명할 수 있는 서류

해설 **등록사항 변경신청서**

동력수상레저기구 등록증, 변경내용을 증명할 수 있는 서류, 안전검사증 사본, 보험가입증 사본이 필요하다. 동력수상레저기구 조종면허증은 등록 시 필요하지 않다.

484 수상레저안전법상 수수료가 들지 않는 것은? 을

갑. 수상레저사업의 변경등록
을. 수상레저사업의 휴업등록
병. 동력수상레저기구 등록번호판의 재발급
정. 동력수상레저기구 말소등록

해설 **수수료**

수상레저사업 휴업 및 폐업의 경우 수수료 무료

485 수상레저안전법을 위반한 사람에 대하여 과태료 처분권한이 없는 사람은 누구인가? 을

갑. 한강사업본부장
을. 강동소방서장
병. 연수구청장
정. 인천해양경찰서장

해설 **과태료**

과태료 처분 권한이 있는 사람은 해양경찰청장, 해양경찰서장, 시장·군수·구청장(서울특별시의 경우 한강 관리의 업무를 관장하는 기관의 장)이다.

486 수상레저안전법상 수상레저사업에 관한 설명으로 옳지 않은 것은? 정

갑. 영업구역이 해수면인 경우 해당 지역을 관할하는 해양경찰서장에게 등록하여야 한다.
을. 수상레저사업을 등록한 수상레저사업자는 등록 사항에 변경이 있으면 변경등록을 하여야 한다.
병. 수상레저사업의 등록 유효기간을 10년 미만으로 영업하려는 경우에는 해당 영업기간을 등록 유효기간으로 한다.
정. 수상레저사업의 등록 유효기간은 20년으로 한다.

해설 **사업등록의 유효기간 등**

수상레저사업의 등록 유효기간은 10년으로 한다.

487 동력수상레저기구 조종면허를 받으려는 사람과 갱신하려는 사람은 해양경찰청장이 실시하는 수상안전교육 (　　) 시간을 받아야 면허증이 발급된다. 이때 (　　) 안에 들어갈 시간으로 옳은 것은? 을

갑. 2시간
을. 3시간
병. 4시간
정. 5시간

해설 **수상안전교육**

수상안전교육은 3시간을 받아야 면허증이 발급된다.

488 **수상레저안전법상 수상레저사업자와 그 종사자가 영업구역에서 해서는 안되는 행위에 해당하지 않는 것은?**

갑

갑. 보호자를 동반한 14세 이상인 자를 수상레저기구에 태우는 행위

을. 술에 취한 자를 수상레저기구에 태우거나 빌려주는 행위

병. 수상레저기구의 정원을 초과하여 태우는 행위

정. 영업구역을 벗어나 영업을 하는 행위

해설 **사업자의 안전점검 등 조치**

14세 미만인 사람(보호자를 동반하지 아니한 사람으로 한정), 술에 취한 사람 또는 정신질환자를 수상레저기구에 태우거나 빌려주는 행위, 정원을 초과하는 행위, 술을 판매·제공하거나 이용자가 반입하도록 하는 행위, 수상레저활동시간 외에 영업을 하는 행위, 위험물을 이용자가 타고 있는 수상레저기구로 반입·운송하는 행위, 안전점검을 받지않은 동력수상레저기구를 영업에 이용하는 행위, 비상구조선을 그 목적과 다르게 이용하는 행위 등은 해서는 아니된다.

489 **수상레저안전법상 누구든지 해진 후 30분부터 해뜨기전 30분전까지 수상레저활동을 하여서는 아니 된다. 다만, 야간 운항장비를 갖춘 수상레저기구를 이용하는 경우는 그러하지 아니한다. 다음 중 야간운항장비로 옳지 않은 것은?**

정

갑. 항해등

을. 통신기기

병. 자기점화등

정. 비상식량

해설 **야간 운항장비**

항해등, 나침반, 야간 조난신호장비, 통신기기, 전등, 구명튜브, 소화기, 자기점화등, 위성항법장치, 등(燈)이 부착된 구명조끼

※ 비상식량은 포함되지 않는다.

490 **수상레저안전법상 동력수상레저기구 조종면허증을 갱신할 수 있는 시기로 옳지 않은 것은?**

병

갑. 동력수상레저기구 조종면허증 갱신 기간 내

을. 사전갱신신청서를 제출한 경우 동력수상레저기구 조종면허증 갱신 기간 시작일 전

병. 갱신기간 만료일 후 갱신연기 신청서를 제출한 경우

정. 동력수상레저기구 조종면허증 정지 기간 내

해설 **조종면허의 갱신 등**

조종면허증을 미리 갱신하려는 사람은 면허증 갱신 기간 시작일 전에, 갱신 기간을 연기하려는 사람은 면허증 갱신기간 만료일까지 갱신연기신청서에 그 사유를 증명할 수 있는 서류를 첨부하여 해양경찰서장에게 제출하여야 한다.

※ 갱신기간 내 갱신하지 않더라도 면허가 취소되지 아니하고 정지상태에 있으므로, 조종만 하지 않는다면 처벌 혹은 면허취소대상이 아니며 언제든지 갱신교육을 이수하면 면허의 효력이 다시 발생한다.

491 **수상레저안전법상 등록대상 동력수상레저기구 안전검사 내용 중 옳지 않은 것은?** 정

갑. 등록을 하려는 경우에 하는 검사는 신규검사이다.

을. 정기검사는 등록 후 5년마다 정기적으로 하는 검사이다.

병. 임시검사는 동력수상레저기구의 구조, 장치, 정원 또는 항해구역을 변경하려는 경우 하는 검사이다.

정. 안전검사의 종류로 임시검사, 정기검사, 신규검사, 중간검사가 있다.

해설 **안전검사**

- 신규검사 : 등록대상 동력수상레저기구 등록을 하려는 경우 실시하는 검사
- 정기검사 : 일정 기간마다 정기적으로 실시하는 검사(일반 5년, 사업자 1년)
- 임시검사 : 정원, 운항구역, 구조, 설비, 장치를 변경하려는 경우 실시하는 검사

492 **수상레저안전법상 주취 중 조종 금지에 대한 내용으로 옳지 않은 것은?** 갑

갑. 술에 취하였는지 여부를 측정한 결과에 불복하는 사람에 대하여는 해당 수상레저활동자의 동의없이 혈액채취 등의 방법으로 다시 측정할 수 있다.

을. 수상레저활동을 하는 자는 술에 취한 상태에서는 동력수상레저기구를 조종해서는 안된다.

병. 수상레저안전법에서 말하는 술에 취한 상태는 해사안전법을 준용하고 있다.

정. 시·군·구 소속 공무원 중 수상레저안전업무에 종사하는 자는 수상레저활동을 하는 자가 술에 취하여 조종을 하였다고 인정할 만한 상당한 이유가 있는 경우에는 술에 취하였는지를 측정할 수 있다.

해설 **주취 중 조종 금지**

술에 취하였는지 여부를 측정한 결과에 불복하는 사람에 대해서는 본인의 동의를 받아 혈액채취 등의 방법으로 다시 측정할 수 있다.

493 **수상레저안전법상 (　　)에 들어갈 내용으로 적합한 것은?** 갑

> 동력수상레저기구 조종면허를 받아야 조종할 수 있는 동력수상레저기구로서 추진기관의 최대 출력이 5마력 이상(출력 단위가 킬로와트인 경우에는 (　　)킬로와트 이상을 말한다)인 동력수상 레저기구로 한다.

갑 3.75　　을. 3　　병. 2.75　　정. 5

해설

동력수상레저기구 조종면허를 받아야 조종할 수 있는 동력수상레저기구로서 추진기관의 최대출력이 5마력 이상(출력 단위가 킬로와트인 경우에는 (3.75)킬로와트 이상을 말한다)인 동력수상레저기구로 한다.

494 **수상레저안전법상 구명조끼 등 안전장비를 착용하지 않은 수상레저활동자에 대한 과태료 부과기준은 얼마인가?** 을

갑. 5만원 을. 10만원 병. 20만원 정. 30만원

해설 과태료의 부과기준

인명안전장비를 착용하지 않은 경우 과태료 10만원을 부과한다.

495 **수상레저안전법상 동력수상레저기구 조종면허 중, 제1급 조종면허 보유자의 감독하에 면허 없는 사람이 동력수상레저기구를 조종할 수 있는 장소로 옳지 않은 곳은?** 병

갑. 수상레저사업장 을. 조종면허시험장

병. 경정 경기장 정. 관련학교

해설 무면허조종이 허용되는 경우

수상레저사업을 등록한 "수상레저사업장", 면허시험과 관련한 "조종면허시험장", 학교에서 실시하는 교육·훈련과 관련한 "조종관련학교", 해양경찰청장이 정하여 고시하는 "비영리 목적의 교육·훈련"관련 조종

496 **수상레저안전법상 원거리 수상레저활동 신고를 하지 않은 경우 과태료 기준은?** 을

갑. 10만원 을. 20만원 병. 30만원 정. 40만원

해설 과태료의 부과기준

원거리 수상레저활동 신고를 하지 않은 경우는 과태료 20만원 부과

497 **수상레저안전법상 동력수상레저기구 조종면허 없이 동력수상레저기구를 조종할 수 있는 경우로 옳지 않은 것은?** 갑

갑. 제2급 조종면허 소지자와 동승하여 고무보트 조종

을. 제1급 조종면허 소지자 감독하에 시험장에서 시험선 조종

병. 제1급 조종면허 소지자 감독하에 수상레저사업장에서 수상오토바이 조종

정. 제1급 조종면허 소지자 감독하에 학교에서 모터보트 조종

해설 무면허조종이 허용되는 경우

제1급 조종면허 소지자(요트의 경우 요트조종면허 소지자)와 함께 동승하여 조종하는 경우에 무면허 조종이 가능하다.

498 수상레저안전법상 제2급 조종면허의 필기시험을 면제받을 수 있는 자는? 병

갑. 대통령령이 정하는 체육관련 단체에 동력수상레저기구의 선수로 등록된 자

을. 제1급 조종면허를 가지고 있는 자

병. 소형선박조종사 면허를 가지고 있는자

정. 한국해양소년단연맹에서 동력수상레저기구의 훈련업무에 1년 이상 종사한 자로서 단체장의 추천을 받은 자

해설 **제2급 필기시험의 면제**

1. 대통령령으로 정하는 체육 관련 단체에 동력수상레저기구의 선수로 등록된 사람
2. 「고등교육법」에 따른 학교에서 동력수상레저기구 관련 학과에서 면허와 관련된 동력수상레저기구에 관한 과목을 이수하고 졸업한 사람
3. 「선박직원법」에 따른 해기사 면허(항해사·기관사·운항사·수면비행선박 조종사 또는 소형선박 조종사) 면허를 가진 사람
4. 「한국해양소년단연맹 육성에 관한 법률」에 따른 한국해양소년단연맹 또는 「국민체육진흥법」에 따른 경기단체에서 동력수상레저기구의 사용 등에 관한 교육·훈련업무에 1년 이상 종사한 사람으로서 해당 단체의 장의 추천을 받은 사람

499 시장·군수·구청장이 법원 또는 행정관청으로부터의 압류해제 촉탁에 따라 압류해제 조치를 한 경우 동력수상레저기구의 소유자 및 이해관계자에서 통지해야 하는 사항으로 옳지 않은 것은? 을

갑. 압류해제의 촉탁기관

을. 압류등록신청일

병. 압류해제의 원인

정. 압류해제일

해설

시장·군수·구청장은 압류등록 또는 압류해제 조치를 한 경우에는 1. 압류등록 또는 압류해제의 촉탁기관, 2. 압류등록 또는 압류해제의 원인, 3. 압류등록일 또는 압류해제일」을 동력수상레저기구의 소유자 및 이해관계자에게 통지해야 한다.

500 수상레저안전법상 시험대행기관의 지정기준으로 옳지 않은 것은? 정

갑. 시험장별로 책임운영자 1명 및 시험관 4명 이상 갖출 것

을. 시험대행기관으로 지정받으려는 자는 해양수산부령으로 정하는 바에 따라 해양경찰청장에게 그 지정을 신청하여야 한다.

병. 시험장별로 해양수산부령으로 정하는 기준에 맞는 실기시험용 시설 등을 갖출 것

정. 조종면허시험대행기관의 지정기준에 따른 책임운영자는 수상레저활동 관련 업무 중 해양경찰청장이 정하여 고시하는 업무에 4년 이상 종사한 경력이 있는 사람이어야 하며, 일반조종면허 시험관은 제1급 조종면허를 갖춘 사람이어야 한다.

해설 **시험대행기관의 지정기준 등**

시험장별 책임운영자는 수상레저활동 관련 업무 중 해양경찰청장이 정하여 고시하는 업무에 5년 이상 종사한 경력이 있는 사람이어야 하며, 시험장별 시험관은 제1급 조종면허와 인명구조요원 자격을 갖춘 사람이어야 한다.

501 **수상레저안전법상 조종면허시험대행기관의 시험장별 실기시험 시설기준 중 안전시설에 관한 내용으로 옳지 않은 것은?** 갑

갑. 비상구조선의 속력은 30노트 이상이어야 한다.
을. 구명조끼는 20개 이상 갖추어야 한다.
병. 소화기는 3개 이상 갖추어야 한다.
정. 비상구조선의 정원은 4인 이상이어야 한다.

해설 시험대행기관의 시험장별 실기시험 시설기준

속력 20노트 이상, 정원 4인 이상인 비상구조선, 구명조끼 20개 이상, 구명튜브 5개 이상, 소화기 3개 이상, 예비노 3개 이상, 조난신호 장비 및 구급용장비

502 **수상레저안전법상 ( )에 적합한 것은?** 병

조종면허시험대행기관의 지정기준에 따른 책임운영자는 수상레저활동 관련 업무 중 해양경찰청장이 정하여 고시하는 업무에 ( )년 이상 종사한 경력이 있는 사람이어야 하며, 일반조종면허 시험관은 ( )급 조종면허를 갖춘 사람이어야 한다.

갑. 3년, 1급
을. 3년, 2급
병. 5년, 1급
정. 5년, 2급

503 **수상레저안전법상 야간 수상레저활동 금지시간으로 맞는 것은?** 갑

갑. 누구든지 해진 후 30분부터 해뜨기 전 30분까지
을. 활동을 하려는 자는 해지기 30분부터 해뜬 후 30분까지
병. 활동을 하려는 자는 해진 후 30분부터 해뜨기 전 30분까지
정. 누구든지 해지기 30분부터 해뜬 후 30분까지

해설 야간 수상레저활동의 금지

누구든지 해진 후 30분부터 해뜨기 전 30분까지는 수상레저활동을 하여서는 아니 된다.

504 **수상레저안전법상 야간 수상레저활동시간을 조정하려는 경우 조정범위로 올바른 것은?** 을

갑. 해가 진 후부터 24시까지의 범위에서 조정할 수 있다.
을. 해가 진 후 30분부터 24시까지의 범위에서 조정할 수 있다.
병. 해가 진 후부터 다음날 해뜨기 전까지의 범위에서 조정할 수 있다.
정. 해진 후 30분부터 해뜨기 전 30분 까지의 범위에서 조정할 수 있다.

해설

야간 수상레저활동시간 조정시간은 해진 후 30분부터 24시까지의 범위에서 조종하여야 한다.

505 **수상레저안전법상 조종면허 효력정지 기간에 조종을 한 경우 처분 기준은?** 갑

갑. 면허취소　　　　을. 과태료

병. 경고　　　　정. 징역

506 **수상레저안전법상 수상레저기구의 정원에 관한 사항으로 옳지 않은 것은?** 정

갑. 수상레저기구의 정원은 안전검사에 따라 결정되는 정원으로 한다.

을. 등록대상이 되지 아니하는 수상레저기구의 정원은 해당 수상레저기구의 좌석 수 또는 형태 등을 고려하여 해양경찰청장이 정하여 고시하는 정원 산출 기준에 따라 산출한다.

병. 정원을 산출할 때에는 해난구조의 사유로 승선한 인원은 정원으로 보지 아니한다.

정. 조종면허 시험장에서의 시험을 보기 위한 승선인원은 정원으로 보지 아니한다.

해설 **정원초과 금지**

조종면허 시험장에서의 시험을 보기 위한 승선인원(시험관 2명, 응시자 2명, 총 4명)은 정원에 포함된다.

507 **수상레저안전법상 동력수상레저기구의 소유자가 주소지를 관할하는 시장·군수·구청장에게 등록신청을 하여야 하는 기간은?** 정

갑. 동력수상레저기구를 소유한 날부터 7일 이내

을. 동력수상레저기구를 소유한 날부터 14일 이내

병. 동력수상레저기구를 소유한 날부터 15일 이내

정. 동력수상레저기구를 소유한 날부터 1개월 이내

해설 **등록**

동력수상레저기구의 소유자는 동력수상레저기구를 소유한 날부터 1개월 이내 주소지를 관할하는 시장·군수·구청장에게 등록신청을 하여야 한다. (기간 내 미등록 100만원 이하의 과태료 대상)

508 **수상레저안전법상 수상레저기구의 말소등록을 하고자 할 때 제출하여야 하는 서류로 옳지 않은 것은?** 을

갑. 동력수상레저기구 등록증

을. 시·군·구청에서 발급하는 분실·도난신고확인서(분실·도난의 경우만 해당)

병. 사용 폐지 또는 수상레저활동 목적 외의 사용을 증명할 수 있는 서류(분실·도난 외의 경우만 해당)

정. 수출필증 등 동력수상레저기구의 수출 사실을 증명할 수 있는 서류

해설 **말소등록의 신청**

동력수상레저기구의 도난 사실을 증명할 수 있는 서류로서 해양경찰관서 또는 경찰관서에서 발급하는 서류

509 **수상레저안전법상 등록대상 수상레저기구의 소유자가 수상레저기구의 운항으로 다른 사람이 사망하거나 부상한 경우에 피해자에 대한 보상을 위하여 보험이나 공제에 가입하여야 하는 기간은?** 정

갑. 소유일부터 즉시
을. 소유일부터 7일 이내
병. 소유일부터 15일 이내
정. 소유일부터 1개월 이내

해설 **보험 등의 가입**

등록대상 수상레저기구를 소유일부터 1개월 이내 보험이나 공제에 등록기간동안(사업용의 경우 사업기간 동안) 가입하여야 한다. (기간 내 미등록 100만원 이하의 과태료 대상)

510 **수상레저안전법상 수상레저기구 안전검사의 내용으로 옳지 않은 것은?** 정

갑. 수상레저기구를 등록하려는 자는 신규검사를 받아야 한다.
을. 수상레저사업을 하는 자는 등록대상 동력수상레저기구에 대하여 영업구역이 내수면인 경우 관할 시·도지사로부터 안전검사를 받아야 한다.
병. 안전검사 대상 동력수상레저기구 중 수상레저사업에 이용되는 동력수상레저기구는 1년마다 정기검사를 받아야 한다.
정. 수상레저기구는 등록 후 3년마다 정기검사를 받아야 한다.

해설 **안전검사**

동력수상레저기구는 등록 후 5년마다, 사업용은 1년마다 정기검사를 받아야 한다.
※ 등록기구의 경우 해양경찰청(위탁기관), 사업에 이용되는 영업구역이 내수면인 경우 관할 시·도지사, 해수면인 경우 해양경찰청(위탁기관)에서 검사를 받을 수 있다. [2023. 현재 안전교육위탁기관 : 한국해양교통안전공단, 한국수상레저안전협회, 한국수상레저안전연합회]

511 **수상레저안전법상 수상레저기구 안전검사의 유효기간에 대한 설명으로 옳지 않은 것은?** 정

갑. 최초로 신규검사에 합격한 경우 : 안전검사증을 발급받은 날부터 계산한다.
을. 정기검사의 유효기간 만료일 전후 각각 30일 이내에 정기검사에 합격한 경우 : 종전 안전검사증 유효 기간 만료일의 다음날부터 계산한다.
병. 정기검사의 유효기간 만료일 전후 각각 30일 이내의 기간이 아닌 때에 정기검사에 합격한 경우 : 안전 검사증을 발급받은 날부터 계산한다.
정. 안전검사증의 유효기간 만료일 후 30일 이후에 정기검사를 받은 경우 : 종전 안전검사증 유효기간 만료일부터 계산한다.

해설 **검사유효 기간**

- 최초로 신규검사에 합격한 경우: 안전검사증을 발급받은 날
- 검사기간 내에 정기검사에 합격한 경우: 종전 안전검사증 유효기간 만료일의 다음 날
- 검사기간이 아닌 때에 정기검사에 합격한 경우: 안전검사증을 발급받은 날

※ 안전검사증의 유효기간 만료일 후 30일 이후에 정기검사를 받은 경우, 종전 안전검사증 유효기간 만료일의 다음 날

512 수상레저안전법상 수상레저사업의 등록 유효기간은 몇 년인가? 병

갑. 1년　　을. 5년　　병. 10년　　정. 20년

해설 **사업등록의 유효기간 등**

수상레저사업의 등록 유효기간은 10년으로 하되, 10년 미만으로 영업하려는 경우에는 해당영업기간을 유효기간으로 한다. 유효기간이 지난 후 계속하여 수상레저사업을 하려는 자는 유효기간 5일전까지 갱신신청서를 제출하여야 한다.

513 수상레저안전법상 동력수상레저기구 일반조종면허 실기시험의 채점기준에서 사용하는 용어의 뜻이 옳지 않은 것은? 갑

갑. “이안”이란 계류줄을 걷고 계류장에서 이탈하여 출발한 경우를 말한다.

을. “출발”이란 정지된 상태에서 속도전환레버를 조작하여 전진 또는 후진하는 것을 말한다.

병. “침로”란 모터보트가 진행하는 방향의 나침방위를 말한다.

정. “접안”이란 시험선을 계류할 수 있도록 접안 위치에 정지시키는 동작을 말한다.

해설 **실기시험의 채점기준 및 운항코스**

“이안”이란 계류줄을 걷고 계류장에서 이탈하여 출발할 수 있도록 준비하는 행위를 말한다.

514 수상레저안전법상 일반조종면허 필기시험의 시험과목에 해당하지 않는 것은? 을

갑. 수상레저안전　　을. 항해 및 범주

병. 수상레저기구 운항 및 운용　　정. 기관

해설 **필기시험의 시험과목**

수상레저안전(20%), 운항 및 운용(20%), 기관(10%), 법규(50%)
※ 항해 및 범주는 요트 필기시험 과목이다.

515 수상레저안전법상 수상레저활동자가 지켜야 하는 운항규칙으로 옳지 않은 것은? 

갑. 다른 수상레저기구와 정면으로 충돌할 위험이 있을 때에는 음성신호·수신호 등 적당한 방법으로 상대에게 이를 알리고 우현쪽으로 진로를 피해야 한다.

을. 다른 수상레저기구의 진로를 횡단하는 경우에 충돌의 위험이 있을 때에는 다른 수상레저기구를 왼쪽에 두고 있는 수상레저기구가 진로를 피해야 한다.

병. 다른 수상레저기구와 같은 방향으로 운항하는 경우에는 2미터 이내로 근접하여 운항하여서는 아니 된다.

정. 다른 수상레저기구 등을 앞지르기하려는 경우에는 앞지르기당하는 수상레저기구 등을 완전히 앞지르기하거나 그 수상레저기구 등에서 충분히 멀어질 때까지 그 수상레저기구 등의 진로를 방해하여서는 아니 된다.

해설 **수상레저활동자가 지켜야 하는 운항규칙**

다른 수상레저기구의 진로를 횡단하는 경우에는 충돌의 위험이 있을 때에는 다른 수상레저기구를 오른쪽에 두고 있는 수상레저기구가 진로를 피해야 한다.

516 **수상레저안전법상 동력수상레저기구 일반조종면허 실기시험 운항코스 시설에 대한 설명으로 옳지 않은 것은?** 병

갑. 계류장 : 2대 이상 동시 계류가 가능해야 하고, 비트를 설치할 것

을. 고정부표 : 3개의 고정 부표를 설치할 것

병. 이동 부이 : 시험용 수상레저기구마다 2개씩 설치할 것

정. 사행코스에서의 부표와 부표 사이의 거리 : 50미터로 할 것

해설 실기시험의 채점기준 및 운항코스

시험용 수상레저기구마다 이동 부이 1개씩 설치할 것

517 **수상레저안전법상 동력수상레저기구 일반조종면허 실기시험 채점기준으로 옳지 않은 것은?** 정

갑. 출발 전 점검 및 확인 시 확인사항을 행동 및 말로 표시한다.

을. 출발 시 속도전환 레버를 중립에 두고 시동을 건다.

병. 운항 시 시험관의 증속 지시에 15노트 이하 또는 25노트 이상 운항하지 않는다.

정. 사행 시 부표로부터 2미터 이내로 접근하여 통과한다.

해설 실기시험의 채점기준 및 운항코스

사행 시 부표로부터 3미터 이상 15미터 이내로 접근하여 통과한다.

518 **수상레저안전법상 수상오토바이 등록번호판에 표기되는 기구의 명칭으로 옳은 것은?** 병

갑. MB 을. SW 병. PW 정. YT

해설

MB(모터보트), RB(고무보트), YT(세일링 요트), PW(수상오토바이) 이상 4가지. SW(없음)

519 **수상레저안전법상 동력수상레저기구 일반조종면허 실기시험 중, 실격사유에 해당하는 것으로 옳은 것은?** 갑

갑. 지시시험관의 지시 없이 2회 이상 임의로 시험을 진행하는 경우

을. 급정지 지시 후 3초 이내에 속도전환 레버를 중립으로 조작하지 못한 경우

병. 지시시험관이 2회 이상의 출발 지시에도 출발하지 못한 경우

정. 지시시험관이 물에 빠진 사람이 있음을 고지한 후 2분 이내에 인명구조를 실패한 경우

해설 실기시험 실격사항

3회 이상 출발 지시에 출발하지 못하거나 응시자가 시험포기, 조종능력이 현저히 부족하다고 인정되는 경우, 부위 등과 충돌하는 등 사고를 일으키거나 일으킬 위험이 현저한 경우, 술에 취한 상태이거나 음주로 원활한 시험이 어렵다고 인정되는 경우, 시험관의 지시·통제에 따르지 않거나 지시없이 2회 이상 임의로 시험을 진행하는 경우

※ 을, 병, 정은 감점항목이다.

520 수상레저안전법상 동력수상레저기구 일반조종면허시험을 합격한 사람이 면허증을 신청하면 며칠 이내에 신규 면허증이 발급이 되는가? 정

갑. 1일
을. 5일 이내
병. 7일 이내
정. 14일 이내

해설 면허증의 발급 등

동력수상레저기구 일반조종면허시험을 합격한 사람이 면허증을 신청하면 14일 이내 면허증을 발급하여야 한다.

521 수상레저안전법상 동력수상레저기구 일반조종면허 실기시험의 진행 순서로 옳은 것은? 을

갑. 출발 전 점검 및 확인 – 출발 – 변침 – 운항 – 사행 – 인명구조 – 급정지 및 후진 – 접안
을. 출발 전 점검 및 확인 – 출발 – 변침 – 운항 – 사행 – 급정지 및 후진 – 인명구조 – 접안
병. 출발 전 점검 및 확인 – 출발 – 변침 – 운항 – 급정지 및 후진 – 사행 – 인명구조 – 접안
정. 출발 전 점검 및 확인 – 출발 – 변침 – 운항 – 급정지 및 후진 – 인명구조 – 사행 – 접안

해설 실기시험 8개 항목

출발 전 점검 및 확인 – 출발 – 변침 – 운항 – 사행 – 급정지 및 후진 – 인명구조 – 접안

522 수상레저안전법상 동력수상레저기구 일반조종면허 실기시험의 출발 전 점검 및 확인사항으로 옳은 것은? 정

갑. 구명부환, 소화기, 예비용 노, 연료, 배터리, 자동정지줄
을. 구명부환, 소화기, 예비용 노, 엔진, 연료, 배터리, 핸들, 자동정지줄
병. 구명부환, 소화기, 예비용 노, 엔진, 연료, 배터리, 핸들, 계기판, 자동정지줄
정. 구명부환, 소화기, 예비용 노, 엔진, 연료, 배터리, 핸들, 속도전환레버, 계기판, 자동정지줄

해설 일반 조종면허 실기시험 8개 항목 중 1항목 [출발 전 점검사항]

엔진, 연료, 배터리, 구명부환, 예비용 노, 소화기, 핸들, 속도전환레버, 계기판, 자동정지줄. 이상 10가지의 안전 점검

523 수상레저안전법상 동력수상레저기구 등록번호판의 재질 및 규격에 대한 설명으로 옳지 않은 것은? 정

갑. FRP 또는 알루미늄 재질의 선체에는 투명 PC원단을 사용한다.
을. 고무재질의 선체에는 반사원단을 사용한다.
병. FRP 또는 알루미늄 재질의 선체 부착용 등록번호판의 두께는 0.3밀리미터이다.
정. 고무보트 재질의 선체 부착용 등록번호판의 두께는 0.3밀리미터이다.

해설 등록번호판의 재질 및 규격 등

고무보트 재질의 선체 부착용 등록번호판의 두께는 0.2밀리미터이다.

524 **수상레저안전법상 동력수상레저기구 등록번호판의 색상이 올바르게 나열된 것은?** 갑

갑. 바탕 : 옅은 회색 숫자(문자) : 검은색

을. 바탕 : 흰색 숫자(문자) : 검은색

병. 바탕 : 검은색 숫자(문자) : 흰색

정. 바탕 : 초록색 숫자(문자) : 흰색

해설

등록번호판의 색상 : 바탕은 옅은 회색, 숫자와 문자는 검은색

525 **일반조종면허 필기시험의 시험과목에 해당하지 않는 것은?** 을

갑. 수상레저안전 을. 항해 및 범주

병. 수상레저기구 운항 및 운용 정. 기관

해설

항해 및 범주는 요트 필기시험 과목이다.

526 **수상레저안전법상 수상레저사업장에서 갖추어야 하는 구명조끼에 대한 설명이다. ( )안에 들어갈 내용으로 적합한 것은?** 병

> 수상레저기구 탑승정원의 ( )퍼센트 이상에 해당하는 수의 구명조끼를 갖추어야 하고, 탑승정원의 ( ) 퍼센트는 소아용으로 한다.

갑. 100, 10 을. 100, 20

병. 110, 10 정. 110, 20

527 **요트조종면허 필기시험의 시험과목에 해당하지 않는 것은?** 병

갑. 요트활동 개요 을. 항해 및 범주

병. 수상레저기구 운항 및 운용 정. 법규

해설 **요트조종면허 필기시험 과목**

요트활동 개요(10점), 요트(20점), 항해 및 범주(20점), 법규(50점)

528 **수상레저안전법상 동력수상레저기구 조종면허증의 효력정지 기간에 조종을 한 경우 행정 처분 기준으로 옳은 것은?** 갑

갑. 면허취소 을. 면허정지 3개월

병. 면허정지 4개월 정. 면허정지 1년

해설 **조종면허의 취소 또는 정지처분의 기준**

동력수상레저기구 조종면허증 효력정기 기간에 조종을 한 경우 그 면허가 취소된다.

529 수상레저안전법상 일반조종면허 시험에 관한 내용으로 옳지 않은 것은? 

갑. 필기시험에 합격한 사람은 그 합격일로부터 1년 이내에 실시하는 면허시험에서만 그 필기시험이 면제된다.

을. 실기시험을 실시할 때 동력수상레저기구 1대에 1명의 시험관을 탑승시켜야 한다.

병. 실기시험은 필기시험에 합격 또는 필기시험 면제받은 사람에 대하여 실시한다.

정. 응시자가 따로 준비한 수상레저기구가 규격에 적합한 때에는 해당 수상레저기구를 실기시험에 사용하게 할 수 있다.

해설

해양경찰청장은 실기시험을 실시할 때 수상레저기구 1대에 2명의 시험관을 탑승시켜야 한다.

530 수상레저안전법상 면허시험 면제교육기관에 대하여 반드시 지정을 취소해야 하는 사유에 해당되는 것은? 을

갑. 면허시험 면제교육기관이 교육을 이수하지 아니한 사람에게 면허시험 과목의 전부를 면제하게 한 경우

을. 거짓이나 그 밖의 부정한 방법으로 지정을 받은 경우

병. 교육내용을 지키지 않은 경우

정. 지정 기준에 미치지 못하게 된 경우

해설 면허시험 면제교육기관의 지정취소 등

- 해양경찰청장은 면허시험 면제교육기관이 다음 각 호의 어느 하나에 해당하는 경우 그 지정을 취소하거나 6개월의 범위에서 기간을 정하여 업무를 정지할 수 있다. 다만, 다음에 해당하면 그 지정을 취소하여야 한다.
- 거짓이나 그 밖의 부정한 방법으로 지정을 받은 경우

531 수상레저안전법상 동력수상레저기구 조종면허가 취소된 자가 해양경찰청장에게 동력수상레저기구 조종면허증을 반납하여야 하는 기간은? 병

갑. 취소된 날부터 3일 이내

을. 취소된 날부터 5일 이내

병. 취소된 날부터 7일 이내

정. 취소된 날부터 14일 이내

해설 조종면허의 취소·정지

동력수상레저기구 조종면허가 취소된 날부터 7일 이내 해양경찰청장에게 면허증을 반납하여야 한다.

532 **면허시험 면제교육기관의 장이 교육을 중지할 수 있는 기간은 (　　)을 초과할 수 없다. (　　)에 맞는 기간은?** 병

갑. 1개월　　을. 2개월　　병. 3개월　　정. 6개월

해설

면허시험 면제교육기관의 장은 1개월 이상 교육을 중지하고자 할 때는 중지하는 날 5일 전까지 해양경찰청장에게 신고하여야 하며, 교육을 중지하는 기간은 3개월을 초과할 수 없다. 다만, 건물 신축 등 부득이한 경우 5개월의 범위 안에서 교육 중지기간을 연장할 수 있다.

533 **수상레저안전법상 외국인이 국내에서 개최되는 국제경기대회에 참가하는 경우, 조종면허 없이 수상레저기구를 조종 할 수 있는 기간으로 맞는 것은?** 병

갑. 국제경기대회 개최일 5일전부터 국제경기대회 기간까지

을. 국제경기대회 개최일 7일전부터 국제경기대회 기간까지

병. 국제경기대회 개최일 10일전부터 국제경기대회 종료 후 10일까지

정. 국제경기대회 개최일 15일전부터 국제경기대회 기간까지

해설 외국인에 대한 조종면허의 특례

조종기간 : 국제경기대회 개최일 10일 전부터 국제경기대회 종료 후 10일까지

534 **수상레저안전법상 조종면허의 효력 발생 시기는?** 병

갑. 면허증을 형제·자매에게 발급한 때부터

을. 실기시험에 합격하고 면허증 발급을 신청한 때부터

병. 본인이나 그 대리인에게 발급한 때부터

정. 실기시험 합격 후 안전교육을 이수한 경우

해설 조종면허의 효력 발생 시기

면허증을 본인이나 그 대리인에게 발급한 때부터 효력이 발생한다.

535 **수상레저안전법상 (　　) 안에 알맞은 기간은?** 병

> 해양경찰서장이 동력수상레저기구 조종면허의 정지처분을 통지하고자 하나 처분대상자에게 통지할 수 없는 경우 면허시험 응시원서에 기재된 주소지를 관할하는 해양경찰관서 게시판 또는 인터넷 홈페이지나 수상레저종합정보시스템에 (　　)일 간 공고함으로써 통지를 갈음할 수 있다.

갑. 7　　을. 10　　병. 14　　정. 21

해설 조종면허의 취소·정지처분의 기준 및 절차

처분대상자의 소재를 알 수 없는 경우 주소지를 관할하는 해양경찰관서 게시판에 14일간 공고함으로써 통지를 갈음할 수 있다.

636 수상레저안전법상 동력수상레저기구 조종면허 실기시험에 관한 내용으로 옳지 않은 것은?

갑. 제1급 조종면허시험의 경우 합격점수는 80점 이상이다.

을. 요트조종면허의 경우 합격점수는 60점 이상이다.

병. 응시자가 준비한 동력수상레저기구로 조종면허 실기시험을 응시할 수 없다.

정. 실기시험을 실시할 때에는 동력수상레저기구 1대에 2명의 시험관을 탑승시켜야 한다.

해설 **실기시험**

응시자가 따로 준비한 수상레저기구가 규격에 적합한 때에는 해당 수상레저기구를 실기시험에 사용하게 할 수 있다.

637 수상레저안전법상 제2급 조종면허시험 과목의 전부를 면제할 수 있는 경우는?

갑. 대통령령으로 정하는 체육관련 단체에 동력수상레저기구의 선수로 등록된 사람

을. 대통령령으로 정하는 동력수상레저기구 관련 학과를 졸업한 사람

병. 해양경찰청장이 지정·고시하는 기관이나 단체(면허시험 면제교육기관)에서 실시하는 교육을 이수한 사람

정. 제1급 조종면허 필기시험에 합격한 후 제2급 조종면허 실기시험으로 변경하여 응시하려는 사람

해설 **면허시험의 면제**

해양경찰청장이 지정·고시하는 기관이나 단체에서 실시하는 교육을 이수한 사람은 면허시험(제2급 조종면허와 요트조종면허에 한정한다)과목의 전부를 면제한다.

638 수상레저안전법상 동력수상레저기구 조종면허증의 갱신기간연기 사유로 옳지 않은 것은?

갑. 국외에 체류 중인 경우

을. 질병으로 인하여 통원치료가 필요한 경우

병. 법령에 따라 신체의 자유를 구속당한 경우

정. 군복무 중인 경우

해설 **조종면허의 갱신연기 등**

그 밖에 재해·재난을 당한 경우, 질병에 걸리거나 부상을 입어 움직일 수 없는 경우, 군복무중이거나 대체복무요원으로 복무중인 경우

※ 갱신기간 내 면허갱신을 하지 아니하면 면허취소가 아닌 면허정지상태에 있으며, 언제든지 수상안전교육(갱신교육)을 이수한 경우, 면허의 효력은 다시 발생된다.

539 **수상레저안전법상 동력수상레저기구 조종면허증 갱신이 연기된 사람은 그 사유가 없어진 날부터 몇 개월 이내에 동력수상레저기구 조종면허증을 갱신하여야 하는가?** 을

갑. 1개월 을. 3개월 병. 6개월 정. 12개월

해설 조종면허의 갱신연기 등

면허증 갱신이 연기된 사람은 그 사유가 없어진 날부터 3개월 이내에 면허증을 갱신하여야 한다.
※ 면허갱신 연기의 사유가 반드시 필요하지는 않으며, 갱신기간이 지나면 면허의 효력은 상실되나 언제든지 안전교육을 이수하면 면허의 효력은 다시 발생된다.

540 **수상레저안전법상 동력수상레저기구 조종면허증을 발급 또는 재발급 하여야 할 사유로 옳지 않은 것은?** 을

갑. 동력수상레저기구 조종면허시험에 합격한 경우
을. 동력수상레저기구 조종면허증을 친구에게 빌려주어 받지 못하게 된 경우
병. 동력수상레저기구 조종면허증을 잃어버린 경우
정. 동력수상레저기구 조종면허증이 헐어 못쓰게 된 경우

해설 면허증 발급

면허증을 다른 사람에게 빌려주어 조종하게 하는 경우 1차 적발 시 3개월 정지, 2차 적발 시 6개월 정지 사유에 해당된다.

541 **수상레저안전법상 조종면허시험대행기관에서 시험업무에 종사하는 자에 대한 교육과 관련된 내용으로 옳지 않은 것은?** 을

갑. 시험업무 종사자에 대한 교육은 책임운영자 및 시험관에 대하여 실시한다.
을. 시험업무 종사자에 대한 교육은 정기교육과 임시교육으로 구분한다.
병. 정기교육은 1년에 한번 21시간 이상 실시한다.
정. 교육이수 점수는 100점 만점에 60점 이상을 받아야 한다.

해설 시험업무 종사자에 대한 교육

시험업무 종사자에 대한 교육은 정기교육과 수시교육으로 구분한다.

542 **수상레저안전법상 수상레저활동 금지구역을 지정할 수 없는 자는?** 갑

갑. 소방서장 을. 시장
병. 구청장 정. 해양경찰서장

해설 수상레저활동 금지구역의 지정 등

수상레저활동 금지구역을 지정할 수 있는 자는 해양경찰서장, 시장·군수·구청장

543 **수상레저안전법상 수상레저기구 등록신청을 받은 시·군·구청장이 신청인에게 수상레저기구 등록증과 등록번호판을 발급해야 하는 기간은?** 을

갑. 수상레저기구등록원부에 등록한 후 2일 이내
을. 수상레저기구등록원부에 등록한 후 3일 이내
병. 수상레저기구등록원부에 등록한 후 5일 이내
정. 수상레저기구등록원부에 등록한 후 7일 이내

해설 등록신청의 절차 등

시장·군수·구청장은 등록신청을 받은 때에는 동력수상레저 등록원부에 등록한 후 3일 이내에 신청인에게 동력수상레저기구 등록증과 등록번호판을 발급하여야 한다.

544 **수상레저안전법상 수상레저기구 등록원부를 열람하거나 그 사본을 발급받으려는 자는 누구에게 신청하여야 하는가?** 정

갑. 시·도지사
을. 해양경찰서장
병. 경찰서장
정. 시장·군수·구청장

해설 등록신청의 절차 등

수상레저기구 등록원부를 열람하거나 그 사본을 발급받으려는 자는 시장·군수·구청장에게 신청하여야 한다.

545 **수상레저안전법상 용어 정의로 옳지 않은 것은?** 갑

갑. 강과 바다가 만나는 부분의 기수는 해수면으로 분류된다.
을. 수상이란 해수면과 내수면을 말한다.
병. 래프팅이란 무동력수상레저기구를 이용하여 계곡이나 하천에서 노를 저으며 급류 또는 물의 흐름 등을 타는 수상레저 활동을 말한다.
정. 내수면이란 하천, 댐, 호수, 늪, 저수지, 그 밖에 인공으로 조성된 담수나 기수(汽水)의 수류 또는 수면을 말한다.

해설

해수면이란 바다의 수류나 수면을 말하며, 강과 바다가 만나는 기수는 내수면으로 분류한다.

546 **수상레저안전법상 동력수상레저기구 안전검사증을 발급 또는 재발급을 받으려는 자는 ( ) 에게 신청하여야 한다. ( ) 안에 적당하지 않는 것은?** 갑

갑. 시장·군수·구청장
을. 해양교통안전공단
병. 해양경찰청장
정. 검사대행자

해설 **수상레저기구 안전검사기관**

동력수상레저기구 안전검사증을 발급 또는 재발급을 받으려는 자는 해양경찰청장, 검사대행자에게 신청하여야 한다.
※ 해양교통안전공단, 한국수상레저안전협회, 한국수상레저안전연합회 3곳이 현재 검사대행자에 해당됨

547 **수상레저안전법상 수상레저 활동자가 착용하여야 할 구명조끼·구명복 또는 안전모 등 인명 구조장비 착용에 관하여 특별한 지시를 할 수 있는 행정기관의 장으로 옳지 않는 것은?** 을

갑. 인천해양경찰서장
을. 가평소방서장
병. 춘천시장
정. 가평군수

해설 **인명안전장비의 착용**

해양경찰서장 또는 시장·군수·구청장은 수상레저활동의 형태, 수상레저기구의 종류 및 날씨 등을 고려하여 수상레저활동자가 착용하여야 할 구명조끼·구명복 또는 안전모 등 인명 안전장비의 종류를 정하여 특별한 지시를 할 수 있다.

선박입출항법

548 **선박의 입항 및 출항 등에 관한 법률상 무역항의 수상구역 등에서 선박의 입항 및 출항 등에 관한 행정업무를 수행하는 행정관청을 관리청이라 한다. ⓐ국가관리무역항, ⓑ지방관리무역항의 관리청으로 올바르게 짝지어진 것은?** 을

갑. ⓐ 해양수산부장관, ⓑ 지방해양수산청장
을. ⓐ 해양수산부장관, ⓑ 특별시장·광역시장·도지사 또는 특별자치도지사
병. ⓐ 해양경찰청장, ⓑ 해양경찰서장
정. ⓐ 해양경찰청장, ⓑ 특별시장·광역시장·도지사 또는 특별자치도지사

해설

- 「항만법」 제3조제2항제1호에 따른 국가관리무역항 : 해양수산부장관
- 「항만법」 제3조제2항제2호에 따른 지방관리무역항 : 특별시장·광역시장·도지사 또는 특별자치도지사

549 선박의 입항 및 출항 등에 관한 법률상 〈보기〉 설명 중 옳은 것으로만 묶인 것은? 병

보기

㉠ 「정박」이란 선박을 다른 시설에 붙들어 매어 놓는 것을 말한다.
㉡ 「정박지」란 선박이 정박할 수 있는 장소를 말한다.
㉢ 「계류」란 선박이 해상에서 일시적으로 운항을 정지하는 것을 말한다.
㉣ 「계선」이란 선박이 운항을 중지하고 장기간 정박하거나 계류하는 것을 말한다.

갑. ㉠, ㉡　　을. ㉠, ㉢　　병. ㉡, ㉣　　정. ㉡, ㉢

해설 정의

- "정박"이란 선박이 해상에서 닻을 바다 밑바닥에 내려놓고 운항을 멈추는 것을 말한다.
- "정박지"란 선박이 정박할 수 있는 장소를 말한다.
- "정류"란 선박이 해상에서 일시적으로 운항을 멈추는 것을 말한다.
- "계류"란 선박을 다른 시설에 붙들어 매어 놓는 것을 말한다.
- "계선"이란 선박이 운항을 중지하고 정박하거나 계류하는 것을 말한다.

550 선박의 입항 및 출항 등에 관한 법률상 규정된 무역항의 항계안 등의 항로에서의 항법에 대한 설명이다. 가장 옳지 않은 것은?(단서, 예외 규정은 제외한다) 병

갑. 선박은 항로에서 다른 선박을 추월해서는 안 된다.
을. 선박은 항로에서 나란히 항행하지 못한다.
병. 항로를 항행하는 선박은 항로 밖에서 항로로 들어오는 선박의 진로를 피하여 항행하여야 한다.
정. 선박이 항로에서 다른 선박과 마주칠 우려가 있는 경우에는 오른쪽으로 항행하여야 한다.

해설 항로에서의 항법

모든 선박은 항로에서 다음의 항법에 따라 항행하여야 한다.

- 항로 밖에서 항로에 들어오거나 항로에서 항로 밖으로 나가는 선박은 항로를 항행하는 다른 선박의 진로를 피하여 항행할 것
- 항로에서 다른 선박과 나란히 항행하지 아니할 것
- 항로에서 다른 선박과 마주칠 우려가 있는 경우에는 오른쪽으로 항행할 것
- 항로에서 다른 선박을 추월하지 아니할 것. 다만, 추월하려는 선박을 눈으로 볼 수 있고 안전하게 추월할 수 있다고 판단되는 경우에는 「해사안전법」 제67조 제5항 및 제71조에 따른 방법으로 추월할 것
- 항로를 항행하는 위험물운송선박 또는 흘수제약선의 진로를 방해하지 아니할 것
- 「선박법」에 따른 범선은 항로에서 지그재그(zigzag)로 항행하지 아니할 것

551 선박의 입항 및 출항 등에 관한 법률상 무역항의 의미를 설명한 것으로 가장 적절한 것은?

병

갑. 여객선만 주로 출입할 수 있는 항

을. 대형선박이 출입하는 항

병. 국민경제와 공공의 이해(利害)에 밀접한 관계가 있고 주로 외항선이 입항·출항하는 항만

정. 공공의 이해에 밀접한 관계가 있는 항만

해설

"무역항"이란 국민경제와 공공의 이해에 밀접한 관계가 있고 주로 외항선이 입항·출항하는 항만으로서 지정된 항만을 말한다.

552 선박의 입항 및 출항 등에 관한 법률상 입·출항 허가를 받아야 할 경우로 옳지 않은 것은?

병

갑. 전시나 사변

을. 전시·사변에 준하는 국가비상사태

병. 입·출항 선박이 복잡한 경우

정. 국가안전보장상 필요한 경우

해설 **출입 신고**

무역항의 수상구역 등에 출입하려는 선박의 선장은 해양수산부장관에게 신고하여야 한다. 다만, 다음의 선박은 출입 신고를 하지 아니할 수 있다.

- 총톤수 5톤 미만의 선박
- 해양사고구조에 사용되는 선박
- 「수상레저안전법」에 따른 수상레저기구 중 국내항 간을 운항하는 모터보트 및 동력요트
- 그 밖에 공공목적이나 항만 운영의 효율성을 위하여 해양수산부령으로 정하는 선박(관공선, 행정선 등)

※ 위 항에도 불구하고 전시·사변이나 그에 준하는 국가비상사태, 국가안전보장에 필요한 경우, 선장은 관리청의 허가를 받아야 한다.

553 선박의 입항 및 출항 등에 관한 법률상 무역항의 항계안 등에서 선박이 고속으로 항행할 경우 다른 선박에 현저하게 피해를 줄 우려가 있다고 인정되는 무역항에 대하여 선박의 항행 최고속력을 지정할 것을 요청할 수 있는데, (가)지정요청자와 (나)지정권자는 각각 누구인가?

을

갑. (가)해양수산부장관, (나)해양경찰청장

을. (가)해양경찰청장, (나)관리청

병. (가)시·도지사, (나)해양경찰청장

정. (가)지방해양경찰청장, (나)해양경찰청장

해설 **속력 등의 제한**

해양경찰청장은 선박이 빠른 속도로 항행하여 다른 선박의 안전 운항에 지장을 초래할 우려가 있다고 인정하는 무역항의 수상구역 등에 대하여는 관리청에 무역항의 수상구역 등에서의 선박 항행 최고속력을 지정할 것을 요청할 수 있다. 요청을 받은 경우 관리청은 특별한 사유가 없으면 무역항의 수상구역 등에서 선박 항행 최고속력을 지정·고시하여야 한다. 이 경우 선박은 고시된 항행 최고속력의 범위에서 항행하여야 한다.

554 선박의 입항 및 출항 등에 관한 법률상 무역항의 수상구역등에서 부두·잔교(棧橋)·안벽(岸壁)·계선부표·돌핀 및 선거(船渠)의 부근 수역 내 정박하거나 정류할 수 있는 경우로 옳지 않은 것은? 갑

갑. 허가를 받은 행사를 진행하기 위한 경우

을. 선박의 고장이나 그 밖의 사유로 선박을 조종할 수 없는 경우

병. 인명을 구조하거나 급박한 위험이 있는 선박을 구조하는 경우

정. 허가를 받은 공사 또는 작업에 사용하는 경우

해설 **정박의 제한 및 방법 등**

다음의 경우에는 각 호의 장소에 정박하거나 정류할 수 있다.
- 「해양사고의 조사 및 심판에 관한 법률」 제2조제1호에 따른 해양사고를 피하기 위한 경우
- 선박의 고장이나 그 밖의 사유로 선박을 조종할 수 없는 경우
- 인명을 구조하거나 급박한 위험이 있는 선박을 구조하는 경우
- 제41조에 따른 허가를 받은 공사 또는 작업에 사용하는 경우

555 선박의 입항 및 출항 등에 관한 법률상 선박이 항내 및 항계 부근에서 지켜야 할 항법으로 옳지 않은 것은? 정

갑. 항계 안에서 범선은 돛을 줄이거나 예인선에 끌리어 항해한다.

을. 다른 선박에 위험을 미치지 아니할 속력으로 항해한다.

병. 방파제의 입구에서 입항하는 동력선은 출항하는 선박과 마주칠 경우 방파제 밖에서 출항 선박의 진로를 피한다.

정. 항계 안에서 방파제, 부두 등을 오른쪽 뱃전에 두고 항행할 때에는 가능한 한 멀리 돌아 간다.

해설 **부두등 부근에서의 항법**

선박이 무역항의 수상구역 등에서 해안으로 길게 뻗어 나온 육지 부분, 부두, 방파제 등 인공시설물의 튀어 나온 부분 또는 정박 중인 선박을 오른쪽 뱃전에 두고 항행할 때에는 부두 등에 접근하여 항행하고, 부두 등을 왼쪽 뱃전에 두고 항행할 때에는 멀리 떨어져서 항행하여야 한다.

556 선박의 입항 및 출항 등에 관한 법률상 무역항의 수상구역 등이나 무역항의 수상구역 밖 (　) 이내의 수면에 선박의 안전운항을 해칠 우려가 있는 폐기물을 버려서는 아니된다. (　) 안에 알맞은 것은? 갑

갑. 10킬로미터　　을. 10해리

병. 12킬로미터　　정. 12해리

해설 **폐기물의 투기 금지 등**

누구든지 무역항의 수상구역 등이나 무역항의 수상구역 밖 10킬로미터 이내의 수면에 선박의 안전운항을 해칠 우려가 있는 흙·돌·나무·어구(漁具) 등 폐기물을 버려서는 아니 된다.

557 **선박의 입항 및 출항 등에 관한 법률상 해양사고 등이 발생한 경우의 조치사항으로 옳지 않은 것은?** 병

갑. 원칙적으로 조치의무자는 조난선의 선장이다.

을. 조난선의 선장은 즉시 항로표지를 설치하는 등 필요한 조치를 하여야 한다.

병. 선박의 소유자 또는 임차인은 위험 예방조치비용을 위험 예방조치가 종료된 날부터 7일 이내에 지방해양수산청장 또는 시도지사에게 납부하여야 한다.

정. 조난선의 선장이 필요한 조치를 할 수 없을 때에는 해양수산부령으로 정하는 바에 따라 해양수산부장관에게 필요한 조치를 요청할 수 있다.

해설 위험 예방조치 비용의 산정 및 납부

선박의 소유자 또는 임차인은 산정된 위험 예방조치 비용을 항로표지의 설치 등 위험 예방조치가 종료된 날부터 5일 이내에 지방해양수산청장 또는 시·도지사에게 납부하여야 한다.

558 **선박의 입항 및 출항 등에 관한 법률상 정박지의 사용에 대한 내용으로 맞지 않는 것은?** 병

갑. 관리청은 무역항의 수상구역등에 정박하는 선박의 종류·톤수·흘수(吃水) 또는 적재물의 종류에 따른 정박구역 또는 정박지를 지정·고시할 수 있다.

을. 무역항의 수상구역등에 정박하려는 선박은 정박구역 또는 정박지에 정박하여야 한다.

병. 우선피항선은 다른 선박의 항행에 방해가 될 우려가 있는 장소라 하더라도 피항을 위한 일시적인 정박과 정류가 허용된다.

정. 해양사고를 피하기 위해 정박구역 또는 정박지가 아닌 곳에 정박한 선박의 선장은 즉시 그 사실을 관리청에 신고하여야 한다.

해설 정박지의 사용 등

① 관리청은 무역항의 수상구역등에 정박하는 선박의 종류·톤수·흘수(吃水) 또는 적재물의 종류에 따른 정박구역 또는 정박지를 지정·고시할 수 있다.
② 무역항의 수상구역등에 정박하려는 선박(우선피항선은 제외한다)은 제1항에 따른 정박구역 또는 정박지에 정박하여야 한다. 다만, 해양사고를 피하기 위한 경우 등 해양수산부령으로 정하는 사유가 있는 경우에는 그러하지 아니하다.
③ 우선피항선은 다른 선박의 항행에 방해가 될 우려가 있는 장소에 정박하거나 정류하여서는 아니 된다.
④ 제2항 단서에 따라 정박구역 또는 정박지가 아닌 곳에 정박한 선박의 선장은 즉시 그 사실을 관리청에 신고하여야 한다.

559 선박의 입항 및 출항 등에 관한 법률상 무역항의 수상구역 등에서 정박 또는 정류할 수 있는 경우는? 정

갑. 부두, 잔교, 안벽, 계선부표, 돌핀 및 선거의 부근 수역에 정박 또는 정류하는 경우

을. 하천, 운하, 그 밖의 협소한 수로와 계류장 입구의 부근 수역에 정박 또는 정류하는 경우

병. 선박의 고장으로 선박 조종만 가능한 경우

정. 항로 주변의 연안통항대에 정박 또는 정류하는 경우

해설 **정박의 제한 및 방법 등**

선박은 무역항의 수상구역 등 다음 장소에 정박하거나 정류하지 못한다.
- 부두·잔교·안벽·계선부표·돌핀 및 선거의 부근 수역
- 하천, 운하 및 그 밖의 좁은 수로와 계류장 입구의 부근 수역

다음의 경우에는 정박하거나 정류할 수 있다.
- 해양사고를 피하기 위한 경우
- 선박의 고장이나 그 밖의 사유로 선박을 조종할 수 없는 경우
- 인명을 구조하거나 급박한 위험이 있는 선박을 구조하는 경우
- 허가를 받은 공사 또는 작업에 사용하는 경우

※ 연안통항대 : 통항 분리수역의 육지 쪽 경계선과 해안 사이의 수역으로 정박 또는 정류 가능

560 선박의 입항 및 출항 등에 관한 법률의 조문 중 일부이다. (　　)안에 들어가야 할 숫자로 맞게 짝지어진 것은? 갑

1. 총톤수 (ⓐ)톤 이상의 선박을 무역항의 수상구역 등에 계선하려는 자는 해양수산부령으로 정하는 바에 따라 관리청에 신고하여야 한다.
2. 누구든지 무역항의 수상구역등이나 무역항의 수상구역 밖 (ⓑ)킬로미터 이내의 수면에 선박의 안전운항을 해칠 우려가 있는 흙·돌·나무·어구(漁具) 등 폐기물을 버려서는 아니 된다.

갑. ⓐ 20 ⓑ 10

을. ⓐ 20 ⓑ 20

병. ⓐ 10 ⓑ 20

정. ⓐ 10 ⓑ 10

561 선박의 입항 및 출항 등에 관한 법률상 방파제 부근에서의 입항선박과 출항선박과의 항법으로 맞는 것은? 병

갑. 입항선이 우선이므로 출항선은 정지해야 한다.

을. 입항선과 출항선이 모두 정지해야 한다.

병. 입항하는 동력선이 출항하는 선박의 진로를 피해야 한다.

정. 출항하는 동력선이 입항하는 선박의 진로를 피해야 한다.

해설 **방파제 부근에서의 항법**

무역항의 수상구역 등에 입항하는 선박이 방파제 입구 등에서 출항하는 선박과 마주칠 우려가 있는 경우에는 방파제 밖에서 출항하는 선박의 진로를 피하여야 한다.

562 선박의 입항 및 출항 등에 관한 법률상 선박의 계선 신고에 관한 내용으로 맞지 않는 것은? 병

갑. 총톤수 20톤 이상의 선박을 무역항의 수상구역등에 계선하려는 자는 법령이 정하는 바에 따라 관리청에 신고하여야 한다.

을. 관리청은 신고를 받은 경우 그 내용을 검토하여 이 법에 적합하면 신고를 수리하여야 한다.

병. 총톤수 20톤 이상의 선박을 계선하려는 자는 통항안전을 감안하여 원하는 장소에 그 선박을 계선할 수 있다.

정. 관리청은 계선 중인 선박의 안전을 위하여 필요하다고 인정하는 경우에는 그 선박의 소유자나 임차인에게 안전 유지에 필요한 인원의 선원을 승선시킬 것을 명할 수 있다.

해설 **선박의 계선 신고 등**

① 총톤수 20톤 이상의 선박을 무역항의 수상구역등에 계선하려는 자는 해양수산부령으로 정하는 바에 따라 관리청에 신고하여야 한다.
② 관리청은 제1항에 따른 신고를 받은 경우 그 내용을 검토하여 이 법에 적합하면 신고를 수리하여야 한다.
③ 제1항에 따라 선박을 계선하려는 자는 관리청이 지정한 장소에 그 선박을 계선하여야 한다.
④ 관리청은 계선 중인 선박의 안전을 위하여 필요하다고 인정하는 경우에는 그 선박의 소유자나 임차인에게 안전 유지에 필요한 인원의 선원을 승선시킬 것을 명할 수 있다.

563 선박의 입항 및 출항 등에 관한 법률상 우선피항선에 해당하지 않는 것은? 정

갑. 부선

을. 주로 노와 삿대로 운전하는 선박

병. 예인선

정. 25톤 어선

해설

"우선피항선"이란 주로 무역항의 수상구역에서 운항하는 선박으로서 다른 선박의 진로를 피하여야 하는 선박으로서 다음의 선박을 말한다.
부선, 주로 노와 삿대로 운전하는 선박, 예선, 항만운송관련사업 등록 선박, 해양환경관리업 등록 선박, 해양폐기물관리업 등록 선박, 총톤수 20톤 미만의 선박

564 선박의 입항 및 출항 등에 관한 법률상 무역항의 수상구역 등에서 정박·정류가 금지되는 것은? 병

갑. 해양사고를 피하고자 할 때

을. 선박의 고장 및 운전의 자유를 상실한 때

병. 화물이적 작업에 종사할 때

정. 선박구조작업에 종사할 때

해설 **정박의 제한 및 방법 등**

- 무역항의 수상구역 등에서 정박·정류를 하지 못하는 곳 : 부두·잔교·안벽·계선부표·돌핀 및 선거의 부근 수역, 하천, 운하 및 그 밖의 좁은 수로와 계류장 입구의 부근 수역
- 정박·정류 가능한 경우 : 해양사고를 피하기 위한 경우, 선박의 고장이나 그 밖의 사유로 선박을 조종할 수 없는 경우, 인명을 구조하거나 급박한 위험이 있는 선박을 구조하는 경우, 허가를 받은 공사 또는 작업에 사용하는 경우

※ 무역항의 수상구역에서 화물이적 작업은 금지사항이다.

565 선박의 입항 및 출항 등에 관한 법률상 무역항의 수상구역 등에서 2척 이상의 선박이 항행할 때 서로 충돌을 예방하기 위해 필요한 것은? 병

갑. 최고속력 유지
을. 최저속력 유지
병. 상당한 거리 유지
정. 기적 또는 사이렌을 울린다.

해설 항행 선박 간의 거리

무역항의 수상구역 등에서 2척 이상의 선박이 항행할 때 서로 충돌을 예방할 수 있는 상당한 거리를 유지하여야 한다.

566 선박의 입항 및 출항 등에 관한 법률상 무역항의 수상구역 등에 출입하려는 내항선의 선장이 입항보고, 출항보고 등을 제출할 대상으로 옳지 않은 것은? 을

갑. 지방해양수산청장
을. 지방해양경찰청장
병. 해당 항만공사
정. 특별시장·광역시장·도지사

해설 선박 출입 신고서 등

무역항의 수상구역 등에 출입하려는 내항선의 선장은 내항선 출입신고서를 지방해양수산청장, 특별시장·광역시장·도지사·특별자치도지사 또는 항만공사에 제출하여야 한다.

567 선박의 입항 및 출항 등에 관한 법률에 따라 모터보트가 항로내에 정박할 수 있는 경우에 해당하는 것은? 병

갑. 급한 하역 작업 시
을. 보급선을 기다릴 때
병. 해양사고를 피하고자 할 때
정. 낚시를 하고자 할 때

해설 정박·정류 가능한 경우

해양사고를 피하기 위한 경우, 선박의 고장이나 그 밖의 사유로 선박을 조종할 수 없는 경우, 인명을 구조하거나 급박한 위험이 있는 선박을 구조하는 경우, 허가를 받은 공사 또는 작업에 사용하는 경우

568 선박의 입항 및 출항 등에 관한 법률상 선박의 입항·출항 통로로 이용하기 위해 지정·고시한 수로를 무엇이라 하는가? 병

갑. 연안통항로
을. 통항분리대
병. 항로
정. 해상교통관제수역

해설

항로란 선박의 출입 통로로 이용하기 위하여 지정·고시한 수로를 말한다.

569 **선박의 입항 및 출항 등에 관한 법률상 기적이나 사이렌을 장음으로 5회 울리는 것은 무엇을 의미하는 신호인가?** 갑

갑. 화재경보
을. 대피경보
병. 충돌경보
정. 출항경보

해설 **화재 시 경보방법**

화재를 알리는 경보는 기적이나 사이렌을 장음으로 5회(4초에서 6초까지의 시간 동안 계속되는 울림) 적당한 간격을 두고 반복하여 울려야 한다.

570 **선박의 입항 및 출항 등에 관한 법률상 무역항의 수상구역 등에서 목재 등 선박교통의 안전에 장애가 되는 부유물에 대하여 어떤 행위를 할 때 해양수산부장관의 허가를 받아야 하는 경우로 옳지 않은 것은?** 정

갑. 부유물을 수상에 내놓으려는 사람
을. 부유물을 선박 등 다른 시설에 붙들어 매거나 운반하려는 사람
병. 부유물을 수상에 띄워 놓으려는 사람
정. 선박에서 육상으로 부유물체를 옮기려는 사람

해설 **부유물에 대한 허가**

무역항의 수상구역 등에서 목재 등 선박교통의 안전에 장애가 되는 부유물에 대하여 다음에 해당하는 행위를 하려는 자는 관리청의 허가를 받아야 한다.
부유물을 수상에 띄워 놓으려는 자, 부유물을 선박 등 다른 시설에 붙들어 매거나 운반하려는 자

571 **선박의 입항 및 출항 등에 관한 법률상 무역항의 수상구역 등에서 선박의 안전 및 질서유지를 위해 필요하다고 인정되는 경우 그 선박의 소유자·선장이나 그 밖의 관계인에게 명할 수 있는 사항으로 옳지 않은 것은?** 정

갑. 시설의 보강 및 대체
을. 공사 또는 작업의 중지
병. 인원의 보강
정. 선박 척수의 확대

해설 **개선명령**

관리청은 검사 또는 확인 결과 무역항의 수상구역 등에서 선박의 안전 및 질서 유지를 위하여 필요하다고 인정하는 경우, 선박의 소유자·선장이나 그 밖의 관계인에게 다음 사항에 관하여 개선명령을 할 수 있다.
시설의 보강 및 대체, 공사 또는 작업의 중지, 인원의 보강, 장애물의 제거

572 선박의 입항 및 출항 등에 관한 법률상 무역항에서의 항행방법에 대한 설명으로 옳은 것은? 병

갑. 선박은 항로에서 나란히 항행할 수 있다.

을. 선박이 항로에서 다른 선박과 마주칠 우려가 있는 경우에는 왼쪽으로 항행하여야 한다.

병. 동력선이 입항할 때 무역항의 방파제의 입구 또는 입구 부근에서 출항하는 선박과 마주칠 우려가 있는 경우에는 입항하는 동력선이 방파제 밖에서 출항하는 선박의 진로를 피하여야 한다.

정. 선박은 항로에서 다른 선박을 얼마든지 추월할 수 있다.

해설 **항로에서의 항법**

항로에서 다른 선박과 나란히 항행하지 아니할 것, 항로에서 다른 선박과 마주칠 우려가 있는 경우에는 오른쪽으로 항행할 것, 항로에서 다른 선박을 추월하지 아니할 것. 다만, 추월하려는 선박을 눈으로 볼 수 있고 안전하게 추월할 수 있다고 판단되는 경우에는 「해사안전법」에 의거 추월선은 추월당하는 선박이 추월선을 안전하게 통과시키기 위한 동작을 취하지 아니하면 추월할수 없는 경우에는 기적신호를 하여 추월하겠다는 의사를 나타내야 한다. 이 경우 추월당하는 선박은 그 의도에 동의하면 기적신호를 하여 그 의사를 표현하고, 추월선을 안전하게 통과시키기 위한 동작을 취하여야 한다.

573 선박의 입항 및 출항 등에 관한 법률상 무역항의 수상구역 등에서 선박 경기 등의 행사를 하려는 사람은 어디에서 허가를 받아야 하는가? 을

갑. 해양경찰청

을. 관리청

병. 소방서

정. 지방해양경찰청

해설 **선박경기 등 행사의 허가**

무역항의 수상구역 등에서 선박경기 등 행사를 하려는 자는 해양수산부령으로 정하는 바에 따라 관리청의 허가를 받아야 한다.

574 선박의 입항 및 출항 등에 관한 법률상 우선피항선에 해당하지 않는 것은? 병

갑. 주로 노와 삿대로 운전하는 선박

을. 예선

병. 압항부선

정. 총톤수 20톤 미만의 선박

해설

"우선피항선"이란 주로 무역항의 수상구역에서 운항하는 선박으로서 다른 선박의 진로를 피하여야 하는 선박으로서 다음의 선박을 말한다.

부선(예인선이 부선을 끌거나 밀고 있는 경우의 예인선 및 부선을 포함하되, 예인선에 결합되어 운항하는 압항부선은 제외한다), 주로 노와 삿대로 운전하는 선박, 예선, 항만운송관련사업 등록 선박, 해양환경관리업 등록 선박, 해양폐기물관리업 등록 선박, 총톤수 20톤 미만의 선박

575 **선박의 입항 및 출항 등에 관한 법률 중 항로에서의 항법에 대한 설명이다. 맞는 것으로 짝지어진 것은?** 병

> ⓐ 항로를 항행하는 선박은 항로 밖에서 항로에 들어오거나 항로에서 항로 밖으로 나가는 다른 선박의 진로를 피하여 항행할 것
> ⓑ 항로에서 다른 선박과 나란히 항행하지 아니할 것
> ⓒ 항로에서 다른 선박과 마주칠 우려가 있는 경우에는 왼쪽으로 항행할 것
> ⓓ 항로에서 다른 선박을 추월하지 아니할 것. 다만, 추월하려는 선박을 눈으로 볼 수 있고 안전하게 추월할 수 있다고 판단되는 경우에는 「해사안전법」에 따른 방법으로 추월할 것

갑. ⓐ, ⓑ 을. ⓐ, ⓒ 병. ⓑ, ⓓ 정. ⓒ, ⓓ

해설 **항로에서의 항법**

- 항로 밖에서 항로에 들어오거나 항로에서 항로 밖으로 나가는 선박은 항로를 항행하는 다른 선박의 진로를 피하여 항행할 것
- 항로에서 다른 선박과 나란히 항행하지 아니할 것
- 항로에서 다른 선박과 마주칠 우려가 있는 경우에는 오른쪽으로 항행할 것
- 항로에서 다른 선박을 추월하지 아니할 것. 다만, 추월하려는 선박을 눈으로 볼 수 있고 안전하게 추월할 수 있다고 판단되는 경우에는 「해사안전법」 제67조제5항 및 제71조에 따른 방법으로 추월할 것
- 항로를 항행하는 제37조제1항제1호에 따른 위험물운송선박(제2조제5호라목에 따른 선박 중 급유선은 제외한다) 또는 「해사안전법」 제2조제14호에 따른 흘수제약선(吃水制約船)의 진로를 방해하지 아니할 것
- 「선박법」 제1조의2제1항제2호에 따른 범선은 항로에서 지그재그(zigzag)로 항행하지 아니할 것

576 **선박의 입항 및 출항 등에 관한 법률상 좁은 수로에서의 항행 원칙으로 맞는 것은?** 정

갑. 수로의 왼쪽 끝을 따라 항행하여야 한다.

을. 수로의 가운데를 따라 항행한다.

병. 그때의 사정에 따라 다르다.

정. 수로의 오른쪽 끝을 따라 항행한다.

해설 **좁은수로 등**

좁은 수로나 항로를 따라 항행하는 선박은 항행의 안전을 고려하여 될 수 있으면 좁은 수로 등의 오른편 끝쪽에서 항행하여야 한다.

577 **선박의 입항 및 출항 등에 관한 법률상 무역항의 수상구역 등의 항로에서 가장 우선하여 항행할 수 있는 선박은?** 병

갑. 항로 밖에서 항로에 들어오는 선박

을. 항로에서 항로 밖으로 나가는 선박

병. 항로를 따라 항행하는 선박

정. 항로를 가로질러 항행하는 선박

해설 **항로에서의 항법**

항로 밖에서 항로에 들어오거나 항로에서 항로 밖으로 나가는 선박은 항로를 항행하는 다른 선박의 진로를 피하여 항행할 것

678 **선박의 입항 및 출항 등에 관한 법률상 관리청에 무역항의 수상구역등에서의 선박 항행 최고 속력을 지정할 것을 요청할 수 있는 자는?** 을

갑. 해양수산부장관
을. 해양경찰청장
병. 도선사협회장
정. 해상교통관제센터장

해설 속력 등의 제한

해양경찰청장은 선박이 빠른 속도로 항행하여 다른 선박의 안전 운항에 지장을 초래할 우려가 있다고 인정하는 무역항의 수상구역등에 대하여는 관리청에 무역항의 수상구역등에서의 선박 항행 최고속력을 지정할 것을 요청할 수 있다.

679 **선박의 입항 및 출항 등에 관한 법률에 규정되어 있지 않은 것은?** 병

갑. 입항·출항 및 정박에 관한 규칙
을. 항로 및 항법에 관한 규칙
병. 선박교통관제에 관한 규칙
정. 예선에 관한 규칙

680 **선박의 입항 및 출항 등에 관한 법률상 해양수산부장관 또는 시·도지사가 행정 처분을 할 때 청문을 하여야 하는 경우로 옳지 않은 것은?** 정

갑. 예선업 등록의 취소
을. 지정교육기관 지정의 취소
병. 중계망사업자 지정의 취소
정. 정박지 지정 취소

해설 청문

해양수산부장관 또는 시·도지사는 다음 각 호의 어느 하나에 해당하는 처분을 하려는 경우에는 청문을 하여야 한다.

- 제26조에 따른 예선업 등록의 취소
- 제36조제4항에 따른 지정교육기관 지정의 취소
- 제50조제4항에 따른 중계망사업자 지정의 취소

해사안전법

참고사항 : '해사안전법'은 2024년 7월 26일 자로 '해사안전기본법' 및 '해상교통안전법'으로 전면 개정됨에 따라 이 책에서의 '해사안전법'은 현행 법령인 '해상교통안전법'에서 확인 가능함 (해사안전법상 = 해상교통안전법)

681 **해사안전법상 삼색등을 표시할 수 있는 선박은?** 병

갑. 항행중인 길이 50m 이상의 동력선
을. 항행중인 길이 50m 이하의 동력선
병. 항행중인 길이 20m 미만의 범선
정. 어로에 종사하는 길이 50m 이상의 어선

해설

항행중인 길이 20m 미만의 범선은 현등, 선미등을 대신하여 마스트의 꼭대기나 그 부근의 가장 잘 보이는 곳에 삼색등 1개를 표시할 수 있다.

582 해사안전법상 야간에 수직으로 붉은색 전주등 3개를 표시하는 선박은? 정

갑. 준설선 을. 수중작업선
병. 조종불능선 정. 흘수제약선

해설

흘수제약선은 동력선의 등화에 덧붙여 가장 잘 보이는 곳에 붉은색 전주등 3개를 수직으로 표시하거나 원통형의 형상물 1개를 표시할 수 있다.

583 해사안전법에서 규정하고 있지 않은 것은? 병

갑. 해사안전관리계획 을. 교통안전특정해역
병. 선박시설의 기준 정. 선박의 항법

해설

해사안전법 제2장 해사안전관리계획, 제3장 수역 안전관리, 제3장 제2절 교통안전특정해역 등의 설정과 관리, 제6장 선박의 항법 등

584 해사안전법상 '항행 중'인 선박에 해당하는 선박은? 병

갑. 정박(碇泊)해 있는 선박
을. 항만의 안벽에 계류해 있는 선박
병. 표류하는 선박
정. 얹혀 있는 선박

해설

항행 중이란 다음의 3가지가 아닌 경우를 말한다.
- 정박(碇泊)
- 항만의 안벽 등 계류시설에 매어놓은 상태
- 얹혀있는 상태(좌초, 좌주 포함)

585 해사안전법상 길이 12m 미만의 동력선에 설치하여야 할 등화를 맞게 나열한 것은? 을

갑. 마스트등 1개와 선미등 1개 을. 흰색 전주등 1개, 현등 1쌍
병. 현등 1쌍과 선미등 1개 정. 마스트등 1개

해설 항해 중인 동력선 등화

길이 12m 미만의 동력선은 마스트등, 현등, 선미등을 대신하여 흰색 전주등 1개와 현등 1쌍

586 해사안전법상 가장 해사안전법의 적용을 받지 않는 선박은 어느 것인가? 정

갑. 우리나라 영해 내에 있는 외국인

을. 공해상에 있는 우리나라 선박

병. 외국 영해에 있는 우리나라 선박

정. 우리나라 배타적 경제수역 내에 있는 외국 선박

해설

배타적 경제수역 내에 있는 외국 선박은 해사안전법 적용을 받지 않는다.

587 해사안전법상 조종불능선의 등화나 형상물로 올바른 것은? 갑

갑. 가장 잘 보이는 곳에 수직으로 둥근꼴이나 그와 비슷한 형상물 2개

을. 가장 잘 보이는 곳에 수직으로 하얀색 전주등 1개

병. 대수속력이 있는 경우에는 현등 1쌍과 선미등 2개

정. 대수속력이 있는 경우에는 현등 2쌍과 선미등 2개

해설 조종불능선의 등화나 형상물

- 가장 잘 보이는 곳에 수직으로 붉은색 전주등 2개
- 가장 잘 보이는 곳에 수직으로 둥근꼴이나 그와 비슷한 형상물 2개
- 대수속력이 있는 경우에는 위에 덧붙여 현등 1쌍과 선미등 1개

588 해사안전법상 선박이 다른 선박과의 충돌을 피하기 위한 조치 내용으로 옳지 않은 것은? 을

갑. 침로변경은 크게 한다.

을. 속력은 소폭으로 변경한다.

병. 가능한 충분한 시간을 두고 조치를 취한다.

정. 필요한 경우 선박을 완전히 멈추어야 한다.

해설

다른 선박과의 충돌을 피하기 위해서는 침로와 속력을 소폭으로 연속적으로 변경해서는 안되고, 크게 변경하여야 한다.

589 해사안전법상 선박의 우현변침 음향신호로 맞는 것은? 병

갑. 단음 2회

을. 장음 1회

병. 단음 1회

정. 장음 2회

해설

- 단음 1회 : 오른쪽으로 변침
- 단음 2회 : 왼쪽으로 변침
- 단음 3회 : 기관후진

590 해사안전법상 좁은수로 항행에 관한 설명으로 옳지 않은 것은? 병

갑. 통행시기는 역조가 약한 시간이나 게류시를 택한다.

을. 물표 정중앙 등의 항진목표를 선정하여 보면서 항행한다.

병. 좁은수로 정중앙으로 항행한다.

정. 좁은 수로의 우측을 따라 항행한다.

해설

좁은수로를 항행하는 선박은 가능한 한 오른편 끝 쪽에서 항행하여야 한다.

591 해사안전법상 가항수역의 수심 및 폭과 선박의 흘수와의 관계에 비추어 볼 때 그 진로에서 벗어날 수 있는 능력이 매우 제한되어 있는 동력선을 무엇이라 하는가? 정

갑. 조종불능선

을. 조종제한선

병. 예인선

정. 흘수제약선

해설 **흘수제약선**

가항수역의 수심 및 폭과 선박의 흘수와의 관계에 비추어 볼 때 그 진로에서 벗어날 수 있는 능력이 매우 제한되어 있는 동력선

592 해사안전법상 항행 중인 동력선이 진로를 피해야 할 선박으로 옳지 않은 것은? 병

갑. 조종불능선

을. 조종제한선

병. 항행 중인 어선

정. 범선

해설 **선박 사이의 책무**

항행 중인 동력선은 다음에 따른 선박의 진로를 피하여야 한다.

- 조종불능선
- 조종제한선
- 어로에 종사하고 있는 선박
- 범선

593 해사안전법상 선박의 항행안전을 확보하기 위하여 한쪽 방향으로만 항행할 수 있도록 되어 있는 일정한 범위의 수역을 무엇이라 하는가? 갑

갑. 통항로

을. 연안통항대

병. 항로지정제도

정. 좁은수로

594 해사안전법상 교통안전특정해역의 범위로 옳지 않은 곳은? 을

갑. 인천

을. 군산

병. 여수

정. 울산

해설

교통안전특정해역은 인천, 부산, 울산, 여수, 포항 등 5개 구역으로 지정중이다.

595 해사안전법상 항행장애물로 옳지 않은 것은? 정

갑. 선박으로부터 수역에 떨어진 물건

을. 침몰·좌초된 선박 또는 침몰·좌초되고 있는 선박

병. 침몰·좌초가 임박한 선박 또는 충분히 예견되어 있는 선박

정. 침몰·좌초된 선박으로부터 분리되지 않은 선박의 전체

해설 항행장애물

- 선박으로부터 수역에 떨어진 물건
- 침몰·좌초된 선박 또는 침몰·좌초되고 있는 선박
- 침몰·좌초가 임박한 선박 또는 침몰·좌초가 충분히 예견되는 선박
- 침몰·좌초된 선박에 있는 물건
- 침몰·좌초된 선박으로부터 분리된 선박의 일부분

596 해사안전법상 해양수산부장관이 교통안전특정해역으로 지정할 수 있는 해역으로 옳지 않은 것은? 을

갑. 해상교통량이 아주 많은 해역

을. 200m 미만 거대선의 통항이 잦은 해역

병. 위험화물운반선의 통항이 잦은 해역

정. 15노트 이상의 고속여객선의 통항이 잦은 해역

해설 교통안전특정해역의 설정 등

해상교통량이 아주 많은 해역, 위험화물운반선, 고속여객선 등의 통항이 잦은 해역으로서 대형 해양사고가 발생할 우려가 있는 해역을 해양수산부장관이 설정할 수 있다.

※ 거대선이란 200m 이상의 선박을 말한다.

597 해사안전법상 해양수산부장관은 해양시설 부근 해역에서 선박의 안전항행과 해양시설의 보호를 위한 수역을 설정할 수 있다. 이 수역을 무엇이라고 하는가? 병

갑. 교통안전특정해역

을. 교통안전관할해역

병. 보호수역

정. 시설 보안해역

해설 보호수역의 설정 및 입역허가

해양수산부장관은 제3조제1항제4호에 따른 해양시설 부근 해역에서 선박의 안전항행과 해양시설의 보호를 위한 수역(이하 "보호수역"이라 한다)을 설정할 수 있다.

598 **해사안전법상 어로에 종사하고 있는 선박 중 항행 중인 선박은 될 수 있으면 (　　)의 진로를 피해야 한다. (　　)안에 들어갈 내용으로 알맞은 것은?** 갑

갑. 운전부자유선, 기동성이 제한된 선박　　을. 수중작업선, 범선

병. 운전부자유선, 범선　　정. 정박선, 대형선

해설

어로에 종사하고 있는 선박 중 항행 중인 선박은 될 수 있으면 조종불능선(운전부자유선)과 조종제한선(가동제한선)의 진로를 피해야 한다.

599 **해사안전법상 지정항로를 이용하지 않고 교통안전특정해역을 항행할 수 있는 경우로 옳지 않은 것은?** 정

갑. 해양경비·해양오염방제 등을 위하여 긴급히 항행할 필요가 있는 경우

을. 해양사고를 피하거나 인명이나 선박을 구조하기 위해 부득이한 경우

병. 교통안전해역과 접속된 항구에 입출항하지 아니하는 경우

정. 해상교통량이 적은 경우

해설

다음의 어느 하나에 해당하는 경우, 지정항로를 이용하지 아니하고 교통안전특정해역을 항행할 수 있다.

- 해양경비·해양오염방제 및 항로표지의 설치 등을 위하여 긴급히 항행할 필요가 있는 경우
- 해양사고를 피하거나 인명이나 선박을 구조하기 위하여 부득이한 경우
- 교통안전특정해역과 접속된 항구에 입·출항하지 아니하는 경우

600 **해사안전법상 안전한 속력을 결정할 때 고려할 사항으로 옳지 않은 것은?** 정

갑. 해상교통량의 밀도

을. 선박의 정지거리, 선회성능, 그 밖의 조종성능

병. 선박의 흘수와 수심과의 관계

정. 주간의 경우 항해에 영향을 주는 불빛의 유무

해설 **안전한 속력을 결정할 때 고려할 사항**

- 시계의 상태, 해상교통량의 밀도
- 선박의 정지거리, 선회성능, 그 밖의 조종성능
- 야간의 경우에는 항해에 지장을 주는 불빛의 유무
- 바람·해면 및 조류의 상태와 항행장애물의 근접상태
- 선박의 흘수와 수심과의 관계
- 레이더의 특성 및 성능
- 해면상태·기상, 그 밖의 장애요인이 레이더 탐지에 미치는 영향
- 레이더로 탐지한 선박의 수·위치 및 동향

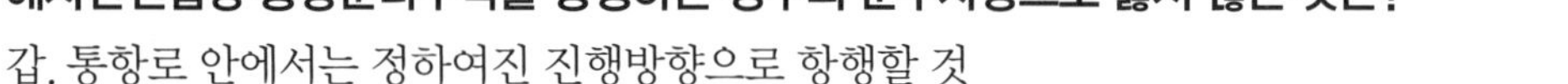

601 해사안전법상 통항분리수역을 항행하는 경우의 준수사항으로 옳지 않은 것은? 을

갑. 통항로 안에서는 정하여진 진행방향으로 항행할 것

을. 분리선이나 분리대에서 될 수 있으면 붙어서 항행할 것

병. 통항로의 출입구를 통하여 출입하는 것이 원칙이다.

정. 통항로를 횡단하여서는 안된다.

해설 **선박이 통항분리수역을 항행하는 경우의 준수사항**

- 통항로 안에서는 정하여진 진행방향으로 항행할 것
- 분리선이나 분리대에서 될 수 있으면 떨어져서 항행할 것
- 통항로의 출입구를 통하여 출입하는 것을 원칙으로 하되, 통항로의 옆쪽으로 출입하는 경우에는 그 통항로에 대하여 정하여진 선박의 진행방향에 대하여 될 수 있으면 작은 각도로 출입할 것

602 해사안전법상 2척의 범선이 서로 접근하여 충돌할 위험이 있는 경우의 항행방법으로 옳지 않은 것은? 갑

갑. 각 범선이 다른쪽 현에 바람을 받고 있는 경우에는 우현에 바람을 받고 있는 범선이 다른 범선의 진로를 피해야 한다.

을. 두 범선이 서로 같은 현에 바람을 받고 있는 경우에는 바람이 불어오는 쪽의 범선이 바람이 불어가는 쪽의 범선의 진로를 피하여야 한다.

병. 각 범선이 다른 쪽 현에 바람을 받고 있는 경우에는 좌현에 바람을 받고 있는 범선이 다른 범선의 진로를 피하여야 한다.

정. 좌현에 바람을 받고 있는 범선은 바람이 불어오는 쪽에 있는 다른 범선을 본 경우로서 그 범선이 바람을 좌우 어느 쪽에 받고 있는지 확인 할 수 없는 때에는 그 범선의 진로를 피하여야 한다.

해설

각 범선이 다른쪽 현에 바람을 받고 있는 경우에는 좌현에 바람을 받고 있는 범선이 다른 범선의 진로를 피해야 한다.

603 해사안전법상 길이 7m 미만이고 최대속력이 7노트 미만인 동력선이 표시해야 하는 등화는? 갑

갑. 흰색 전주등 1개

을. 흰색 전주등 1개, 선미등 1개

병. 흰색 전주등 1개, 섬광등 1개

정. 현등 1개, 예선등 1개

해설 **항행중인 동력선**

길이 7m 미만이고 최대속력이 7노트 미만인 동력선이 표시해야 하는 등화는 흰색 전주등 1개만을 표시할 수 있으며, 가능한 경우 현등 1쌍도 표시할 수 있다.

604 **해사안전법상 해상교통량의 폭주로 충돌사고 발생의 위험성이 있어 통항분리방식이 적용되는 수역이라고 볼 수 없는 곳은?** 갑

갑. 영흥도 항로
을. 보길도 항로
병. 홍도 항로
정. 거문도 항로

해설

통항분리방식이 적용되는 수역은 보길도, 홍도, 거문도 항로 3곳이 지정되어 있다.

605 **해사안전법상 범선이 기관을 동시에 사용하고 있는 경우 표시하여야 할 형상물로 옳은 것은?** 병

갑. 마름모꼴 1개
을. 원형 1개
병. 원뿔꼴 1개
정. 네모형 1개

해설

범선이 기관을 동시에 사용하여 진행하고 있는 경우, 앞쪽의 가장 잘 보이는 곳에 원뿔꼴로 된 형상물 1개를 그 꼭대기가 아래로 향하도록 표시하여야 한다.

606 **해사안전법상 조종제한선에 해당되지 않는 것은?** 병

갑. 측량작업중인 선박
을. 준설작업중인 선박
병. 그물을 감아올리고 있는 선박
정. 항로표지의 부설작업중인 선박

해설

"조종제한선"이란 선박의 조종성능을 제한하는 작업에 종사하고 있어 다른 선박의 진로를 피할 수 없는 선박을 말한다.

- 항로표지, 해저전선 또는 해저파이프라인의 부설·보수·인양작업
- 준설, 측량 또는 수중작업
- 항행 중 보급, 사람 또는 화물의 이송작업
- 항공기의 발착작업
- 기뢰제거작업
- 진로에서 벗어날 수 있는 능력에 제한을 많이 받는 예인작업

607 **해사안전법상 유지선의 항법을 설명한 것이다. (　　)안에 들어갈 말로 바르게 연결된 것은?** 을

> 침로와 속력을 유지하여야 하는 선박(유지선)은 피항선이 이 법에 따른 적절한 조치를 취하고 있지 아니하다고 판단되면 스스로의 조종만으로 피항선과 충돌하지 아니하도록 조치를 취할 수 있다. 이 경우 유지선은 부득이하다고 판단되는 경우 외에는 자기 선박의 (　　)쪽에 있는 선박을 향하여 침로를 (　　)으로 변경해서는 안된다.

갑. 좌현-오른쪽
을. 좌현-왼쪽
병. 우현-오른쪽
정. 우현-왼쪽

608 해사안전법상 야간항해중 상대선박의 양 현등이 보이고, 현등보다 높은 위치에 백색등이 수직으로 2개 보인다. 이 상대선박과 본선의 조우상태로 옳은 것은? 갑

갑. 상대선박은 길이 50m 이상의 선박으로 마주치는 상태
을. 상대선박은 길이 50m 미만의 선박으로 마주치는 상태
병. 상대선박은 길이 50m 이상의 선박으로 앞지르기 상태
정. 상대선박은 길이 50m 이상의 선박으로 앞지르기 상태

해설 **항행 중인 동력선**

항행 중인 동력선은 다음 각 호의 등화를 표시하여야 한다.
- 앞쪽에 마스트등 1개와 그 마스트등보다 뒤쪽의 높은 위치에 마스트등 1개. 다만, 길이 50미터 미만의 동력선은 뒤쪽의 마스트등을 표시하지 아니할 수 있다.
- 현등 1쌍(길이 20미터 미만의 선박은 이를 대신하여 양색등을 표시할 수 있다.)
- 선미등 1개

609 해사안전법상 선박에서 등화를 표시하여야 하는 시간은? 을

갑. 해지는 시각 30분 전부터 해뜨는 시각 30분 후까지
을. 해지는 시각부터 해뜨는 시각까지
병. 해지는 시각 30분 후부터 해뜨는 시각 30분 전까지
정. 하루종일

해설

선박은 주간에는 형상물을, 야간에는 등화를 통해 본선의 양태를 표시한다. 등화표시는 해지는 시각부터 해뜨는 시각까지로 규정하고 있다.

610 해사안전법상 항행중인 공기부양정은 항행중인 동력선이 표시해야 할 등화와 함께 추가로 표시하여야 하는 등화로 옳은 것은? 을

갑. 황색 예선등　　을. 황색 섬광등
병. 홍색 섬광등　　정. 흰색 전주등

해설

항행중인 선박(공기부양정)은 사방을 비출수 있는 황색의 섬광등 1개를 표시해야 한다.

611 해사안전법상 항행중인 범선이 표시해야 하는 등화로 옳은 것은? 갑

갑. 현등 1쌍, 선미등 1개　　을. 마스트등 1개, 현등 1쌍
병. 현등 1쌍, 황색 섬광등 1개　　정. 마스트등 1개

해설

항행중인 범선은 현등 1쌍, 선미등 1개의 등화를 표시해야 한다.

612 **해사안전법상 트롤 외 어로에 종사하고 있는 선박이 항행 여부와 관계없이 수직선에 표시하여야 하는 등화의 색깔로 옳은 것은?** 정

갑. 위 : 붉은색, 아래 : 녹색
을. 위 : 녹색, 아래 : 흰색
병. 위 : 녹색, 아래 : 붉은색
정. 위 : 붉은색, 아래 : 흰색

해설

- 수직선 위에는 붉은색, 아래는 흰색전주등 1개 또는 수직선 위에 두 개의 원뿔을 그 꼭대기에서 위아래로 결합한 형상물 1개
- 수평거리로 150미터가 넘는 어구를 선박 밖으로 내고 있는 경우 어구를 내고 있는 방향으로 흰색 전주등 1개 또는 꼭대기를 위로 한 원뿔꼴의 형상물 1개

613 **해사안전법상 흘수제약선이 동력선의 등화에 덧붙여 표시하여야 할 등화로 옳은 것은?** 병

갑. 붉은색 전주등 1개
을. 붉은색 전주등 2개
병. 붉은색 전주등 3개
정. 붉은색 전주등 4개

해설

흘수제약선은 동력선의 등화에 덧붙여 가장 잘 보이는 곳에 붉은색 전주등 3개를 수직으로 표시하거나 원통형의 형상물 1개를 표시할 수 있다.

614 **해사안전법상 도선업무에 종사하고 있는 선박이 표시하여야 할 등화의 색깔로 옳은 것은?** 갑

갑. 마스트의 꼭대기나 그 부근에 수직선 위쪽에는 흰색 전주등, 아래쪽에는 붉은색 전주등 각 1개
을. 마스트의 꼭대기나 그 부근에 수직선 위쪽에는 녹색 전주등, 아래쪽에는 흰색 전주등 각 1개
병. 마스트의 꼭대기나 그 부근에 수직선 위쪽에는 황색 전주등, 아래쪽에는 황색 전주등 각 1개
정. 마스트의 꼭대기나 그 부근에 수직선 위쪽에는 흰색 전주등, 아래쪽에는 흰색 전주등 각 1개

해설 도선선

도선업무에 종사하고 있는 선박은 다음의 등화나 형상물을 표시하여야 한다.
- 마스트의 꼭대기나 그 부근에 수직선 위쪽에는 흰색 전주등, 아래쪽에는 붉은색 전주등 각 1개
- 항행 중에는 등화에 덧붙여 현등 1쌍과 선미등 1개
- 정박 중에는 등화에 덧붙여 정박하고 있는 선박의 등화나 형상물

※ 도선선이 도선업무에 종사하지 아니할 때에는 그 선박과 같은 길이의 선박이 표시하여야 할 등화나 형상물을 표시하여야 한다.

615 해사안전법상 정박중인 선박이 가장 잘 보이는 곳에 표시하여야 할 형상물로 옳은 것은? 갑

갑. 둥근꼴의 형상물 1개
을. 둥근꼴의 형상물 2개
병. 원통형의 형상물 2개
정. 마름모꼴의 형상물 1개

해설 **정박선과 얹혀있는 선박**

정박중인 선박은 잘 보이는 곳에 다음의 등화나 형상물을 표시해야 한다.
- 앞쪽에 흰색의 전주등 1개 또는 둥근꼴의 형상물 1개
- 선미나 그 부근에 위호에 따른 등화보다 낮은 위치에 흰색 전주등 1개

616 해사안전법상 얹혀있는 선박이 가장 잘 보이는 곳에 표시하여야 할 형상물로 옳은 것은? 정

갑. 수직으로 둥근꼴의 형상물 1개
을. 수직으로 둥근꼴의 형상물 2개
병. 수평으로 둥근꼴의 형상물 2개
정. 수직으로 둥근꼴의 형상물 3개

해설

얹혀있는 선박은 가장 잘 보이는 곳에 다음의 등화나 형상물을 표시해야 한다.
- 수직으로 붉은색의 전주등 2개
- 수직으로 둥근꼴의 형상물 3개

617 해사안전법상 항행장애물의 위험성 결정에 필요한 사항으로 옳지 않은 것은? 병

갑. 항행장애물의 크기, 형태, 구조
을. 항행장애물의 상태 및 손상의 형태
병. 항행장애물의 가치
정. 해당 수역의 수심 및 해저의 지형

해설 **항행장애물의 위험성 결정에 필요한 사항**

- 항행장애물의 크기·형태 및 구조
- 항행장애물의 상태 및 손상의 형태
- 해당 수역의 수심 및 해저의 지형 등

※ "항행장애물의 가치"는 위험성 결정에 필요 사항이 아니다.

618 해사안전법상 위험물의 정의로 해당하지 않는 것은? 갑

갑. 고압가스 중 인화가스로서 총톤수 500톤 이상의 선박에 산적된 것
을. 인화성 액체류로서 총톤수 1천톤 이상의 선박에 산적된 것
병. 200톤 이상의 유기과산화물로서 총톤수 300톤 이상의 선박에 적재된 것
정. 해당 위험물을 내린 후 선박 내에 남아있는 인화성 가스로서 화재 또는 폭발의 위험이 있는 것

해설 **위험물의 범위**

- 화학류로서 총톤수 300톤 이상의 선박에 적재된 것
- 고압가스 중 인화성 가스로서 총톤수 1천톤 이상의 선박에 산적된 것
- 인화성 액체류로서 총톤수 1천톤 이상의 선박에 산적된 것
- 200톤 이상의 유기과산화물로서 총톤수 300톤 이상의 선박에 적재된 것
- 해당 위험물을 내린 후 선박 내에 남아있는 인화성 가스로서 화재 또는 폭발의 위험이 있는 것

※ 단, 해당 선박에서 연료로 사용되는 것은 제외한다.

619 해사안전법상 해양수산부장관의 허가를 받지 아니하고도 보호수역에 입역할 수 있는 사항으로 옳지 않은 것은? 정

갑. 선박의 고장이나 그 밖의 사유로 선박 조종이 불가능한 경우

을. 해양사고를 피하기 위하여 부득이한 사유가 있는 경우

병. 인명을 구조하거나 급박한 위험이 있는 선박을 구조하는 경우

정. 관계 행정기관의 장이 해상에서 관광을 위한 업무를 하는 경우

해설

누구든지 보호수역에 입역하기 위해서는 해수부장관의 허가를 받아야 하나, 허가를 받지 아니하고 보호수역에 입역할 수 있는 경우는 다음과 같다.

- 선박의 고장이나 그 밖의 사유로 선박 조종이 불가능한 경우
- 해양사고를 피하기 위하여 부득이한 사유가 있는 경우
- 인명을 구조하거나 또는 급박한 위험이 있는 선박을 구조하는 경우
- 관계 행정기관의 장이 해상에서 안전 확보를 위한 업무를 하는 경우
- 해양시설을 운영하거나 관리하는 기관이 보호수역에 들어가려고 하는 경우

620 해사안전법상 해양경찰서장이 항로에서 수상레저행위를 하도록 허가를 한 경우 그 허가를 취소하거나 해상교통안전에 장애가 되지 아니하도록 시정을 명할 수 있는 사유로 옳지 않은 것은? 을

갑. 항로의 해상교통여건이 달라진 경우

을. 허가조건을 잊은 경우

병. 거짓으로 허가를 받은 경우

정. 정박지 해상교통 여건이 달라진 경우

해설

해양경찰서장이 해상교통안전에 장애가 되지 아니한다고 인정되어 승인해준 경우, 다음에 해당하면 그 허가를 취소하거나 시정을 명할 수 있다.

- 항로나 정박지 등 해상교통여건이 달라진 경우
- 허가조건을 위반한 경우
- 거짓이나 그 밖의 부정한 방법으로 허가를 받은 경우

621 해사안전법상 해양사고의 발생사실과 조치 사실을 신고하여야 하는 대상은? 병

갑. 광역시장　　을. 해양수산부장관

병. 해양경찰서장　　정. 관세청장

해설

선장이나 소유자는 해양사고가 일어나 선박이 위험하게 되거나 항행안전에 위험을 줄 우려가 있는 경우 지체없이 해양경찰서장이나 지방해양수산청장에게 신고해야 한다.

622 해사안전법상 항만의 수역 또는 어항의 수역에서는 해상교통의 안전에 장애가 되는 스킨다이빙, 스쿠버다이빙, 윈드서핑 등의 행위를 하여서는 아니 된다. 이러한 수상레저 행위를 할 수 있도록 허가할 수 있는 관청은? 정

갑. 대통령　　　　을. 해양수산부장관

병. 해양수산청장　　　　정. 해양경찰서장

해설 항로 등의 보전

누구든지 「항만법」 제2조제1호에 따른 항만의 수역 또는 「어촌 · 어항법」 제2조제3호에 따른 어항의 수역 중 대통령령으로 정하는 수역에서는 해상교통의 안전에 장애가 되는 스킨다이빙, 스쿠버다이빙, 윈드서핑 등 대통령령으로 정하는 행위를 하여서는 아니 된다. 다만, 해상교통안전에 장애가 되지 아니한다고 인정되어 해양경찰서장의 허가를 받은 경우와 「체육시설의 설치 · 이용에 관한 법률」 제20조에 따라 신고한 체육시설업과 관련된 해상에서 행위를 하는 경우에는 그러하지 아니하다.

623 해사안전법상 선박에 해양사고가 발생한 경우 선장이 관할관청에 신고하도록 규정된 내용으로 옳지 않은 것은? 정

갑. 해양사고 발생일시 및 장소　　　　을. 조치사항

병. 사고개요　　　　정. 상대선박의 소유자

해설 해양사고가 발생한 경우 선장이 관할관청에 보고하는 내용

- 해양사고 발생일시 및 장소
- 선박의 명세
- 사고개요 및 피해상황
- 조치사항
- 그 밖에 해양사고의 처리 및 항행안전을 위하여 해수부장관이 필요하다고 인정되는 사항

※ "상대선박의 소유자"는 보고 사항이 아니다.

624 해사안전법상 항로 등을 보전하기 위하여 항로상에서 제한하는 행위로 옳지 않은 것은? 정

갑. 선박의 방치　　　　을. 어망의 설치

병. 폐어구 투기　　　　정. 항로 지정 고시

해설

누구든지 항로에서 선박의 방치, 어망 등 어구의 설치나 투기 행위를 해서는 아니된다.

625 해사안전법의 내용 중 (　)안에 적합한 것은? 을

누구든지 수역 등 또는 수역 등의 밖으로부터 (　) 이내의 수역에서 선박 등을 이용하여 수역등이나 항로를 점거하거나 차단하는 행위를 함으로써 선박통항을 방해해서는 아니 된다.

갑. 5km　　을. 10km　　병. 15km　　정. 20km

626 해사안전법상 선박안전관리증서의 유효기간은 얼마인가? 병

갑. 1년　　을. 3년　　병. 5년　　정. 9년

해설

선박안전관리증서와 안전관리적합증서의 유효기간은 5년으로 한다.

627 해사안전법상 술에 취한 상태에서의 조타기 조작 등 금지에 대한 설명으로 옳지 않은 것은? 병

갑. 총톤수 5톤 미만의 선박도 대상이 된다.

을. 해양경찰청 소속 경찰공무원은 운항을 하기 위해 조타기를 조작하거나 조작할 것을 지시하는 사람이 술에 취하였는지 측정할 수 있으며, 해당 운항자 또는 도선사는 이 측정 요구에 따라야 한다.

병. 술에 취하였는지를 측정한 결과에 불복하는 사람에 대해서는 해당 운항자 또는 도선사의 동의없이 혈액채취 등의 방법으로 다시 측정할 수 있다.

정. 해양경찰서장은 운항자 또는 도선사가 정상적으로 조타기를 조작하거나 조작할 것을 지시할 수 있는 상태가 될 때까지 필요한 조치를 취할 수 있다.

해설

측정 결과에 불복하는 사람에 대해서는 해당 운항자 또는 도선사의 동의를 받아 혈액채취할 수 있다.

628 해사안전법상 항행안전을 위해 음주 중의 조타기 조작 등 금지에 대한 설명으로 옳지 않은 것은? 병

갑. 누구든지 술에 취한 상태에서 운항을 위하여 조타기를 조작하거나 그 조작을 지시해서는 아니된다.

을. 해양경찰청 소속 경찰공무원은 해상교통의 안전과 위험방지를 위하여 선박 운항자가 술에 취하였는지 측정할 수 있다.

병. 술에 취한 상태의 기준은 혈중 알콜농도 0.08% 이상으로 한다.

정. 측정한 결과에 불복한 경우에 혈액채취 등의 방법으로 다시 측정할 수 있다.

해설 술에 취한 상태에서의 조타기 조작 등 금지

술에 취한 상태의 기준은 혈중 알콜농도 0.03% 이상으로 한다.

629 해사안전법상 충돌을 피하기 위한 동작으로 옳지 않은 것은? 갑

갑. 충돌을 피하거나 상황을 판단하기 위한 시간적 여유를 얻기 위해 필요하면 전속으로 항진하여 다른 선박을 빨리 비켜나야 한다.

을. 될 수 있으면 충분한 시간적 여유를 두고 적극적으로 조치해야 한다.

병. 적절한 시기에 큰 각도로 침로를 변경해야 한다.

정. 침로나 속력을 소폭으로 연속적으로 변경해서는 아니된다.

해설

충돌을 피하기 위한 동작으로 속력을 감속하여 타 선박과의 조우관계를 파악해야 한다. 전속 항진하여 다른 선박을 빨리 비켜나는 행위는 사고요인이 된다.

630 해사안전법에서 정의하고 있는 시계상태에 대한 설명으로 옳지 않은 것은? 병

갑. 모든 시계 상태

을. 서로 시계 안에 있는 상태

병. 유효한 시계안에 있는 상태

정. 제한된 시계

해설 **선박의 항법 등에서 규정하는 시계 상태**

모든 시계 상태에서의 항법, 선박이 서로 시계 안에 있는 때의 항법, 제한된 시계에서의 선박의 항법
※ "유효한 시계 안에 있는 상태"의 항법은 규정에 없다.

631 해사안전법상 통항분리대 또는 분리선을 횡단하여서는 안되는 경우는? 정

갑. 통항로를 횡단하는 경우

을. 통항로에 출입하는 경우

병. 급박한 위험을 피하기 위한 경우

정. 길이 20미터 이상의 선박

해설 **통항분리대 또는 분리선을 횡단할 수 있는 경우**

- 길이 20미터 미만의 선박
- 범선·어로에 종사하고 있는 선박
- 인접한 항구로 입출항 하는 선박
- 연안통항대 안에 있는 해양시설 또는 도선사의 승하선 장소에 출입하는 선박
- 급박한 위험을 피하기 위한 선박

632 해사안전법상 시계가 제한된 수역이나 그 부근에 정지하여 대수속력이 없는 동력선이 울려야 하는 기적신호는? 갑

갑. 장음 사이의 간격을 2초 정도로 연속하여 장음을 2회 울리되, 2분을 넘지 아니하는 간격으로 울려야 한다.

을. 장음 사이의 간격을 3초 정도로 연속하여 장음을 3회 울리되, 2분을 넘지 아니하는 간격으로 울려야 한다.

병. 장음 사이의 간격을 2초 정도로 연속하여 장음을 3회 울리되, 3분을 넘지 아니하는 간격으로 울려야 한다.

정. 장음 사이의 간격을 3초 정도로 연속하여 장음을 2회 울리되, 2분을 넘지 아니하는 간격으로 울려야 한다.

해설 **제한된 시계 안에서의 음향신호**

- 항행중인 동력선은 대수속력이 있는 경우 2분을 넘지 아니하는 간격으로 장음 1회
- 항행중인 동력선은 정지하여 대수속력이 없는 경우 장음 사이의 간격을 2초 정도로 연속하여 장음을 2회 울리되 2분을 넘지 아니하는 간격으로 울려야 한다.

633 해사안전법상 섬광등에 대한 설명으로 맞는 것은? 병

갑. 360도에 걸치는 수평의 호를 비추는 등화로서 일정한 간격으로 30초에 120회 이상 섬광을 발하는 등

을. 125도에 걸치는 수평의 호를 비추는 등화로서 일정한 간격으로 30초에 120회 이상 섬광을 발하는 등

병. 360도에 걸치는 수평의 호를 비추는 등화로서 일정한 간격으로 60초에 120회 이상 섬광을 발하는 등

정. 135도에 걸치는 수평의 호를 비추는 흰색등

해설 **섬광등**

360도에 걸치는 수평의 호를 비추는 등화, 1분에 120회 이상 섬광

634 해사안전법상 기적이나 사이렌을 단음으로 5회 울리는 것은 무엇을 뜻하는 신호인가? 정

갑. 주의환기신호　　을. 조종신호

병. 추월동의신호　　정. 의문, 경고신호

해설

다른 선박의 의도 또는 동작을 이해할 수 없거나 다른 선박이 충돌을 피하기 위하여 충분한 동작을 취하고 있는지 불분명할 때에는 단음 5회 이상으로 표시한다.

635 해사안전법상 선박의 왼쪽에 설치하는 현등의 색깔은 무엇인가? 갑

갑. 적색 을. 녹색 병. 황색 정. 흰색

해설

현등의 좌현은 적색, 우현은 녹색이다.

636 해사안전법상 선박의 음향신호 중 단음은 어느 정도 계속되는 소리를 말하는가? 을

갑. 0.5초 을. 1초

병. 2초 정. 4~6초

해설 기적의 종류

단음은 1초, 장음은 4~6초이다.

637 해사안전법상 선박의 음향신호 중 장음은 어느 정도 계속되는 소리를 말하는가? 정

갑. 1~2초 을. 2~3초

병. 3~4초 정. 4~6초

638 해사안전법의 목적으로 옳지 않은 것은? 

갑. 선박의 안전운항을 위한 안전관리 체계를 확립

을. 항만 및 항만구역의 통항로 확보

병. 선박항행과 관련된 모든 위험과 장해를 제거함

정. 해사안전 증진과 선박의 원활한 교통에 이바지함

해설

을의 내용은 항만법의 목적이다.

639 해사안전법상 선박길이 20미터 이상인 선박이 비치하여야 하는 최소한의 음향신호 설비는? 병

갑. 기적 을. 호종

병. 기적과 호종 정. 기적, 호종, 징

해설

- 길이 12미터 이상의 선박 : 기적 1개
- 길이 20미터 이상의 선박 : 기적과 호종 각 1개

640 **해사안전법상 음향신호장비로서 기적, 호종, 징을 비치하여야 하는 선박의 최소길이는?** 병

갑. 12미터 을. 50미터

병. 100미터 정. 120미터

해설

길이 100미터 이상의 선박은 기적, 호종, 그리고 혼동되지 아니하는 음조와 소리를 가진 징을 갖추어야 한다.

641 **해사안전법상 항행중인 동력선이 침로를 왼쪽으로 변경하고 있는 경우에 발하는 기적신호는?** 갑

갑. 단음 2회 을. 단음 1회

병. 장음 2회 정. 단음 3회

해설

- 오른쪽으로 변경 시 : 단음 1회
- 왼쪽으로 변경 시 : 단음 2회
- 후진 시 : 단음 3회

642 **해사안전법상 좁은 수로에서 피추월선의 추월선에 대한 추월동의신호는?** 정

갑. 단음2, 장음2, 단음1, 장음2

을. 단음1, 장음1, 단음1, 장음1

병. 단음2, 장음1, 단음1, 장음2

정. 장음1, 단음1, 장음1, 단음1

해설 **선박이 좁은 수로 등에서 서로 상대의 시계내에 있는 경우, 추월선과 피추월선의 신호**

- 타선의 우현으로 추월하려는 경우 장음 2회, 단음 1회(— — •)
- 타선의 좌현으로 추월하려는 경우 장음 2회, 단음 2회(— — • •)
- 추월 당하는 선박의 추월동의신호 장음 1회, 단음 1회, 장음 1회, 단음 1회(— • — •)

643 **해사안전법상 용어의 정의를 설명한 것 중 옳지 않은 것은?** 갑

갑. "고속여객선"이란 시속 20노트 이상으로 항행하는 여객선을 말한다.

을. "동력선"(動力船)이란 기관을 사용하여 추진(推進)하는 선박을 말한다. 다만, 돛을 설치한 선박이라도 주로 기관을 사용하여 추진하는 경우에는 동력선으로 본다.

병. "범선"(帆船)이란 돛을 사용하여 추진하는 선박을 말한다. 다만, 기관을 설치한 선박이라도 주로 돛을 사용하여 추진하는 경우에는 범선으로 본다.

정. "어로에 종사하고 있는 선박"이란 그물, 낚싯줄, 트롤망, 그 밖에 조종성능을 제한하는 어구(漁具)를 사용하여 어로(漁撈) 작업을 하고 있는 선박을 말한다.

해설

"고속여객선"이란 시속 15노트 이상으로 항행하는 여객선을 말한다.

644 해사안전법상 거대선, 위험화물운반선 등이 교통안전특정해역을 항행하려는 경우 항행안전을 확보하기 위해 해양경찰서장이 명할 수 있는 것으로 가장 옳지 않은 것은? 정

갑. 통항 시각의 변경 을. 항로의 변경

병. 속력의 제한 정. 선박통항이 많은 경우 선박의 항행제한

해설

해양경찰서장은 교통안전특정해역의 항행안전 확보를 위하여 다음을 명할 수 있다.

- 통항 시각의 변경
- 항로의 변경
- 제한된 시계의 경우 선박의 항행 제한
- 속력의 제한
- 안내선의 사용

645 해사안전법에서 정하고 있는 항로에서의 금지행위로 옳지 않은 것은? 정

갑. 선박의 방치 을. 어망의 설치

병. 어구의 투기 정. 폐기물의 투기

해설

누구든지 항로에서 선박의 방치, 어망 등 어구의 설치나 투기 행위를 해서는 아니 된다.

646 해사안전법상 통항분리수역에서의 항법으로 옳지 않은 것은? 

갑. 통항로 안에서는 정하여진 진행방향으로 항행할 것

을. 통항분리수역에서 서로시계의 횡단관계가 형성되어도 분리대 진행방향으로 항행하는 선박이 유지선이 됨

병. 분리선이나 분리대 내에서 될 수 있으면 떨어져서 항해할 것

정. 선박은 통항로를 부득이한 경우를 제외하고 횡단해서는 아니 된다.

해설 통항분리제도

- 통항로 안에서는 정하여진 진행방향으로 항행할 것
- 분리선이나 분리대에서 될 수 있으면 떨어져서 항행할 것
- 통항로의 출입구를 통하여 출입하는 것을 원칙으로 하되, 통항로의 옆쪽으로 출입하는 경우에는 그 통항로에 대하여 정하여진 선박의 진행방향에 대하여 될 수 있으면 작은 각도로 출입할 것
- 선박은 통항로를 횡단하여서는 아니 된다. 다만, 부득이한 사유로 그 통항로를 횡단하여야 하는 경우에는 그 통항로와 선수방향(船首方向)이 직각에 가까운 각도로 횡단하여야 한다.

647 **해사안전법상 좁은 수로 등에서의 항행에 대한 설명으로 옳지 않은 것은?** 갑

갑. 길이 30미터 미만의 선박이나 범선은 좁은 수로 등의 안쪽에서만 안전하게 항행 할 수 있는 다른 선박의 통항을 방해해서는 아니 된다.

을. 어로에 종사하고 있는 선박은 좁은 수로 등의 안쪽에서 항행하고 있는 다른 선박의 통항을 방해해서는 아니 된다.

병. 선박의 좁은 수로 등의 안쪽에서만 안전하게 항행할 수 있는 다른 선박의 통항을 방해하게 되는 경우에는 좁은 수로 등을 횡단해서는 아니 된다.

정. 추월선은 좁은 수로 등에서 추월당하는 선박이 추월선을 안전하게 통과시키기 위한 동작을 취하지 아니하면 추월할 수 없는 경우에는 기적신호를 하여 추월하겠다는 의사를 나타내야 한다.

해설

길이 20미터 미만의 선박이나 범선은 좁은 수로 등의 안쪽에서 안전하게 항행할 수 있는 다른 선박의 통항을 방해해서는 아니 된다.

648 **해사안전법상 연안통항대에 대한 설명으로 옳지 않은 것은?** 을

갑. 연안통항대란 통항분리수역의 육지쪽 경계선과 해안사이의 수역을 말한다.

을. 선박은 연안통항대에 인접한 통항분리수역의 통항로를 안전하게 통과할 수 있는 경우 연안통항대를 따라 항행할 수 있다.

병. 인접한 항구로 입출항하는 선박은 연안통항대를 따라 항행할 수 있다.

정. 연안통항대 인근에 있는 해양시설에 출입하는 선박은 연안통항대를 따라 항행할 수 있다.

해설

선박은 연안통항대에 인접한 통항분리수역의 통항로를 안전하게 통과할 수 있는 경우에는 연안통항대를 따라 항행해서는 아니 된다.

649 **해사안전법상 통항분리수역의 항행 시 준수사항으로 옳지 않은 것은?** 병

갑. 통항로 안에서는 정하여진 진행방향으로 항행할 것

을. 분리선이나 분리대에서 될 수 있으면 떨어져서 항행할 것

병. 통항로의 옆쪽으로 출입하는 경우에는 그 통항로에 대하여 정하여진 선박의 진행방향에 대하여 될 수 있으면 대각도로 출입할 것

정. 부득이한 사유로 통항로를 횡단하여야 하는 경우 통항로와 선수방향이 직각에 가까운 각도로 횡단할 것

해설

통항로의 옆쪽으로 출입하는 경우에는 될 수 있으면 작은 각도로 출입할 것
※ 통항로의 출입구를 통하여 출입하는 것이 원칙이다.

650 해사안전법상 선박 A는 침로 000도, 선박 B는 침로가 185도로서 마주치는 상태이다. 이때 A선박이 취해야 할 행동은? 정

갑. 현 침로를 유지한다.

을. 좌현으로 변침한다.

병. 우현 대 우현으로 통과할 수 있도록 변침한다.

정. 우현으로 변침한다.

해설

상호시계항법 중 마주치는 상태의 항법은 본선과 타선의 정선수 좌우현 각 6도상에서 마주치는 상태에서의 항법을 말하는 것으로서 선박 B가 174~186도상에 위치해 있을 때는 이 마주치는 항법이 적용되며, 우현 변침(좌현 대 좌현)으로 항행하는 것이 맞다.

651 해사안전법상 선박이 야간에 서로 마주치는 상태는 어떤 경우인가? 갑

갑. 정선수방향에서 다른 선박의 홍등과 녹등이 동시에 보일 때

을. 좌현 선수에 홍등이 보일 때

병. 우현 선수에 홍등이 보일 때

정. 우현 선수에 녹등이 보일 때

해설

마주치는 상태란 상대선의 좌우현이 모두 보이는 경우로서, 양현등(좌현 홍등, 우현 녹등)이 모두 보이는 경우를 말한다.

652 해사안전법상 추월선이란 다른 선박의 정횡으로부터 (　　)도를 넘는 (　　)의 위치로부터 (　　)을 앞지르는 선박을 말한다. (　　)속에 들어갈 말로 맞는 것은? 갑

갑. 22.5, 후방, 다른 선박

을. 22.5, 후방, 자선

병. 25.5, 후방, 자선

정. 25.5, 전방, 다른 선박

해설

앞지르기를 할 때는 다른 선박의 정횡으로부터 22.5도를 넘는 후방의 위치로부터 다른 선박을 앞지르는 것을 말하는데, 이는 선미등이 보이는 가시거리에 있다는 것을 의미한다.

653 해사안전법상 야간에 다음 등화 중 어떤 등화를 보면서 접근하는 선박이 추월선인가? 병

갑. 마스트등

을. 현등

병. 선미등

정. 정박등

해설

추월선이 피추월선을 앞지를 때는 다른 선박의 정횡으로부터 22.5도를 넘는 후방의 위치로부터 타선을 앞지르는 것을 말하는데, 이는 선미등이 보이는 가시거리에 있다는 것을 의미한다.

654 해사안전법상 서로 시계 내에서 진로 우선권이 가장 큰 선박은? 정

갑. 어로에 종사하고 있는 항행중인 선박　　을. 범선

병. 동력선　　정. 흘수제약선

해설 선박 사이의 책무

항행중인 선박은 동력선 < 범선 < 어로에 종사하고 있는 선박 < 조종불능선=조종제한선 순위에 따라 항행한다. 조종불능선이나 조종제한선이 아닌 선박은 부득이하다고 인정되는 경우 외에는 흘수제약선의 통항을 방해해서는 아니 된다.

655 해사안전법상 삼색등에서의 삼색으로 알맞게 짝지은 것은? 병

갑. 붉은색, 녹색, 황색　　을. 황색, 흰색, 녹색

병. 붉은색, 녹색, 흰색　　정. 황색, 흰색, 붉은색

해설 등화

삼색등이란, 선수와 선미의 중심선상에 설치된 붉은색, 녹색, 흰색으로 구성된 등이다.

656 해사안전법상 항행중인 동력선이 표시하여야 하는 등화로 옳지 않은 것은? 정

갑. 앞쪽에 마스트등 1개와 그 마스트등보다 뒤쪽의 높은 위치에 마스트등 1개

을. 현등 1쌍

병. 선미등 1개

정. 섬광등 1개

해설 항행 중인 동력선

항행 중인 동력선은 다음 등화를 표시하여야 한다.

- 앞쪽에 마스트등 1개와 그 마스트등보다 뒤쪽의 높은 위치에 마스트등 1개(단, 길이 50미터 미만의 동력선은 뒤쪽의 마스트등을 표시하지 아니할 수 있다.)
- 현등 1쌍(길이 20미터 미만의 선박은 이를 대신하여 양색등을 표시할 수 있다.)
- 선미등 1개

657 해사안전법상 상호시계에 있는 동력선과 범선이 마주치는 상태에 있을 때 두 선박의 피항의무는 어떻게 되는가? 갑

갑. 동력선이 범선의 진로를 피한다.　　을. 범선이 동력선의 진로를 피한다.

병. 동력선과 범선은 각각 우현으로 피한다.　　정. 동력선과 범선은 각각 좌현으로 피한다.

해설 선박사이의 책무

항행중인 동력선은 조종불능선, 조종제한선, 어로종사선, 범선의 진로를 피한다.

658 해사안전법상 어로에 종사하는 선박이 범선을 오른편에 두어 횡단상태에 있을 때 두 선박의 피항의무는 어떻게 되는가? 병

갑. 어로에 종사하는 선박이 우현변침하여 범선의 진로를 피하여야 한다.

을. 두 선박 모두 피항의무를 가지며, 각각 우현변침해야 한다.

병. 범선이 어로에 종사하는 선박의 진로를 피한다.

정. 범선과 어로에 종사하는 선박은 각각 좌현으로 피한다.

> 해설 선박사이의 책무
>
> 항행중인 범선은 조종불능선, 조종제한선, 어로에 종사하고 있는 선박의 진로를 피해야 한다.

659 해사안전법상 수면비행선박은 항행중인 동력선이 표시해야 할 등화와 함께 어떤 등화를 추가로 표시해야 하는가? 병

갑. 황색 예선등

을. 황색 섬광등

병. 홍색 섬광등

정. 흰색 전주등

> 해설 항행중인 동력선
>
> 수면비행선박이 비행하는 경우에는 항행중인 동력선의 등화에 덧붙여 사방을 비출 수 있는 고광도 홍색 섬광등 1개를 표시해야 한다.

660 해사안전법상 본선은 야간항해 중 상대선박과 서로 시계내에서 근접하여 횡단관계로 조우하여 상대 선박의 현등 중 홍등을 관측하고 있다. 이 선박이 취해야 할 행동으로 옳지 않은 것은? 정

갑. 우현변침

을. 상대선박의 선미통과

병. 변침만으로 피하기 힘들 경우 속력을 감소한다.

정. 정선한다.

> 해설 횡단하는 상태
>
> 2척의 동력선이 상대의 진로를 횡단하는 경우로서 충돌의 위험이 있을 때에는 다른 선박을 우현 쪽에 두고 있는 선박이 그 다른 선박의 진로를 피하여야 한다. 이 경우 다른 선박의 진로를 피하여야 하는 선박은 부득이한 경우 외에는 그 다른 선박의 선수 방향을 횡단하여서는 아니 된다.

661 **해사안전법상 음향신호 설비에 대한 설명이다. 가장 옳지 않은 것은?** 정

갑. 기적이란 단음과 장음을 발할 수 있는 음향신호 장치이다.

을. 단음은 1초 정도 계속되는 고동 소리를 말한다.

병. 장음이란 4초부터 6초까지의 시간동안 계속되는 고동 소리를 말한다.

정. 길이 12미터 이상의 선박은 기적 1개를, 길이 50미터 이상의 선박은 기적 1개 및 호종 1개를 갖추어 두어야 한다.

해설 음향신호설비

- 길이 12미터 이상 선박 : 기적 1개
- 길이 20미터 이상 선박 : 기적 1개 및 호종 1개

662 **해사안전법상 호종과 혼동되지 아니하는 음조와 소리를 가진 징을 비치하여야 하는 선박으로 옳은 것은?** 정

갑. 길이 12미터 미만의 선박

을. 길이 12미터 이상의 선박

병. 길이 20미터 이상의 선박

정. 길이 100미터 이상의 선박

해설

길이 100미터 이상의 선박은 기적 1개 및 호종 1개에 덧붙여 징을 갖추어야 한다.

663 **해사안전법상 항행 중인 동력선이 상대 선박과 서로 시계 안에 있는 경우, 기관 후진 시 기적신호로 옳은 것은?** 병

갑. 단음 1회

을. 단음 2회

병. 단음 3회

정. 장음 1회

해설

- 단음 1회 : 우현변침
- 단음 2회 : 좌현변침
- 단음 3회 : 기관후진
- 장음 1회 : 만곡부 신호

664 **해사안전법상 선박이 좁은 수로 등에서 서로 시계 안에 있는 경우, 추월당하는 선박이 다른 선박의 추월에 동의할 경우, 동의의사의 표시방법으로 옳은 것은?** 병

갑. 장음 2회, 단음 1회의 순서로 의사표시한다.

을. 장음 2회와 단음 2회의 순서로 의사표시한다.

병. 장음 1회, 단음 1회의 순서로 2회에 걸쳐 의사표시한다.

정. 단음 1회, 장음 1회, 단음 1회의 순서로 의사표시한다.

해설 조종신호와 경고신호

선박이 좁은 수로 등에서 서로 상대의 시계 안에 있는 경우, 우현으로 추월 시 장-장-단, 좌현으로 추월 시 장-장-단-단, 피추월선의 동의표시 장-단-장-단(— • — •)

665 해사안전법상 좁은 수로 등의 굽은 부분이나 장애물 때문에 다른 선박을 볼 수 없는 수역에 접근하는 선박의 기적 신호로 옳은 것은? 병

갑. 단음 1회　　을. 단음 2회

병. 장음 1회　　정. 장음 2회

해설 조종신호와 경고신호

좁은 수로 등의 굽은 부분이나 장애물 때문에 타선을 볼 수 없는 경우 만곡부 신호 장음 1회를 울려야 하고, 상대선박은 이 기적신호를 들은 경우에는 응답신호로서 장음 1회를 울려야 한다.

666 해사안전법상 제한된 시계 안에서의 음향신호에 대한 설명으로 옳지 않은 것은? 정

갑. 항행 중인 동력선은 대수속력이 있는 경우에는 2분을 넘지 않는 간격으로 장음 1회를 울려야 한다.

을. 항행 중인 동력선은 정지하여 대수속력이 없는 경우에는 2분을 넘지 않는 간격으로 장음 2회를 울려야 한다.

병. 정박 중인 선박은 1분을 넘지 않는 간격으로 5초 정도 재빨리 호종을 울려야 한다.

정. 조종불능선, 조종제한선, 흘수제약선, 범선, 어로작업을 하고 있는 선박은 2분을 넘지 않는 간격으로 장음 1회에 이어 단음 3회를 울려야 한다.

해설 제한된 시계 안에서의 음향신호

조종불능선, 조종제한선, 흘수제약선, 범선, 어로 작업중인 선박 또는 다른 선박을 끌고 있거나 밀고 있는 선박은 2분을 넘지 않는 간격으로 연속하여 3회의 기적(장음 1회에 이어 단음 2회)을 울려야 한다.

667 해사안전법상 조종제한선에 표시하여야 하는 등화 또는 형상물로 옳은 것은? 병

갑. 가장 잘 보이는 곳에 수직으로 붉은색의 전주등 2개

을. 가장 잘 보이는 곳에 수직으로 둥근꼴이나 그와 비슷한 형상물 2개

병. 가장 잘 보이는 곳에 수직으로 위쪽과 아래쪽에는 둥근꼴, 가운데는 마름모꼴의 형상물 각 1개

정. 가장 잘 보이는 곳에 수직으로 위쪽과 아래쪽에는 흰색 전주등, 가운데는 붉은색 전주등 각 1개

해설 조종불능선과 조종제한선

조종제한선은 기뢰제거작업에 종사하는 경우 외에는 가장 잘 보이는 곳에 수직으로 위쪽과 아래쪽에는 둥근꼴, 가운데는 마름모꼴의 형상물 각 1개의 등화나 형상물을 표시해야 한다.

668 **해사안전법과 가장 관련이 있는 국제법은 어느 것인가?** 을

갑. SAR 을. COLREG
병. SOLAS 정. MARPOL

해설

해사안전법은 국제해상충돌방지규칙(COLREG)을 국내법에 수용하기 위해 제정한 것이다.
- SAR : Search And Rescue (해상 수색구조에 관한 협약)
- COLREG : Collision Regulations (해상충돌예방규칙)
- SOLAS : Safety Of Life At Sea (국제해상인명안전협약)
- MARPOL : Marine Pollution (국제해양오염방지협약)

669 **해사안전법상 선박의 법정형상물에 포함되지 않는 것은?** 정

갑. 둥근꼴 을. 원뿔꼴
병. 마름모꼴 정. 정사각형

670 **해사안전법상 유조선통항금지해역에서 원유를 몇 리터 이상 싣고 운반하는 선박은 항해할 수 없는가?** 병

갑. 500킬로리터 을. 1,000킬로리터
병. 1,500킬로리터 정. 2,000킬로리터

해설 유조선의 통항제한

원유, 중유, 경유 또는 이에 준하는 「석유 및 석유대체연료 사업법」에 따른 탄화수소유, 가짜석유제품, 석유대체연료 중 원유·중유·경유에 준하는 것으로 해양수산부령으로 정하는 기름 1천500킬로리터 이상을 화물로 싣고 운반하는 선박은 항행할 수 없다.

671 **해사안전법상 등화의 종류에 대한 설명으로 옳지 않은 것은?** 갑

갑. 마스트등은 선수와 선미의 중심선상에서 설치되어 235도에 걸치는 수평의 호를 비추되 그 불빛이 정선수 방향으로부터 양쪽 현의 정횡으로부터 뒤쪽 27.5도까지 비출 수 있는 흰색등을 말한다.
을. 현등은 정선수 방향에서 양쪽 현으로 각각 112.5도에 걸치는 수평의 호를 비추는 등화이다.
병. 선미등은 135도에 걸치는 수평의 호를 비추는 흰색등으로서 그 불빛이 정선미 방향으로부터 양쪽 현의 67.5도까지 비출 수 있도록 선미 부분 가까이에 설치된 등이다.
정. 예선등은 선미등과 같은 특성을 가진 황색등이다.

해설 등화의 종류

마스트등은 선수미선상에 설치되어 225도에 걸치는 수평의 호를 비추되, 그 불빛이 정선수 방향으로부터 양쪽 현의 정횡으로부터 뒤쪽 22.5도까지 비출 수 있는 흰색등을 말한다.

672 해사안전법상 항해중인 선박으로서 현등 1쌍을 대신하여 양색등을 표시할 수 있는 선박은? 갑

갑. 길이 10m인 동력선
을. 길이 20m인 동력선
병. 길이 30m인 동력선
정. 길이 40m인 동력선

해설 항행중인 동력선

항행중인 동력선은 현등 1쌍(길이 20미터 미만의 선박은 이를 대신하여 양색등을 표시할 수 있다.)

673 해사안전법에서 정의하고 있는 조종제한선으로 보기 가장 어려운 것은? 갑

갑. 어구를 끌고 가며 작업중인 어선
을. 준설 작업중인 선박
병. 화물의 이송 작업중인 선박
정. 측량 중인 선박

해설 조종제한선

- 항로표지, 해저전선, 해저파이프라인의 부설·보수·인양 작업
- 준설·측량, 수중 작업
- 항행 중 보급, 사람 또는 화물의 이송 작업
- 항공기의 발착작업
- 기뢰제거작업
- 진로에서 벗어날 수 있는 능력에 제한을 많이 받는 예인작업

※ 어로에 종사하고 있는 선박 : 그물, 낚싯줄, 트롤망, 그 밖에 조종성능을 제한하는 어구를 사용하여 어로 작업을 하고있는 선박을 말한다.(어구를 끌고 가며 작업중인 어선은 어로 종사선이 아님)

674 해사안전법상 시정이 제한된 상태에서 피항동작이 변침만으로 이루어질 때 해서는 안 될 동작은? 정

갑. 정횡보다 전방의 선박에 대한 대각도 변침
을. 정횡보다 전방의 선박에 대한 우현 변침
병. 정횡보다 전방의 선박에 대한 우현 대각도 변침
정. 정횡보다 전방의 선박에 대한 좌현 변침

해설

제한된 시계에서 전방의 선박에 대한 좌현변침은 절대로 해서는 아니된다.

675 해사안전법상 해양경찰서장의 허가를 받아야 하는 해양레저 행위의 종류로 옳지 않은 것은? 정

갑. 스킨다이빙
을. 윈드서핑
병. 요트활동
정. 낚시어선 운항

해설 항로 등의 보전

누구든지 「항만법」에 따른 항만의 수역 또는 「어촌·어항법」에 따른 어항의 수역에서는 해상교통의 안전에 장애가 되는 스킨다이빙, 스쿠버다이빙, 윈드서핑 등 수상레저안전법의 수상레저활동을 하여서는 아니 된다.

676 해사안전법상 다른 선박과 본선 간에 충돌의 위험이 가장 큰 경우는 어느 경우인가? 갑

갑. 거리가 가까워지고 나침방위에 뚜렷한 변화가 없을 경우

을. 거리에 뚜렷한 변화가 없고 나침방위가 변할 경우

병. 나침방위에 뚜렷한 변화가 없고 거리가 멀어질 경우

정. 거리와 나침방위가 변할 경우

해설

거리가 가까워지고 나침방위에 뚜렷한 변화가 없을 경우 충돌의 위험성이 있는 경우이다.

677 해사안전법상 예인선의 선미로부터 끌려가고 있는 선박이나 물체의 뒤쪽 끝까지 측정한 예인선열의 길이가 200미터를 초과하면 같은 수직선 위에 마스트등을 몇 개 표시해야 하는가? 병

갑. 1개 을. 2개 병. 3개 정. 4개

해설 항행 중인 예인선

예인선의 선미로부터 끌려가고 있는 선박이나 물체의 뒤쪽 끝까지 측정한 예인선열의 길이가 200미터를 초과하면 같은 수직선 위에 마스트등 3개(가장 잘 보이는 곳에 마름모꼴의 형상물 1개)를 표시하여야 한다.

해양환경관리법

678 선박에서의 오염방지에 관한 규칙상 선박으로부터 기름을 배출하는 경우 지켜야 하는 요건에 해당되지 않는 것은? 정

갑. 선박(시추선 및 플랫폼을 제외한다)의 항해 중에 배출할 것

을. 배출액 중의 기름 성분이 0.0015퍼센트(15ppm) 이하일 것

병. 기름오염방지설비의 작동 중에 배출할 것

정. 육지로부터 10해리 이상 떨어진 곳에서 배출할 것

해설 선박으로부터의 기름 배출

- 선박(시추선 및 플랫폼을 제외한다)의 항해 중에 배출할 것
- 배출액 중의 기름 성분이 0.0015퍼센트(15ppm) 이하일 것
- 기름오염방지설비의 작동 중에 배출할 것

679 해양환경관리법상 분뇨마쇄소독장치를 설치한 선박에서 분뇨를 배출할 수 있는 해역은? 정

갑. 항만법 제2조에 의한 항만구역

을. 해양환경관리법 제15조에 의한 환경보전해역

병. 해양환경관리법 제15조에 의한 특별관리해역

정. 영해기선으로부터 3해리 이상의 해역

해설 **선박 안의 일상생활에서 생기는 분뇨의 배출해역별 처리기준 및 방법**

영해기선으로부터 3해리를 넘는 거리에서 분뇨마쇄소독장치를 사용하여 마쇄하고 소독한 분뇨를 선박이 4노트 이상의 속력으로 항해하면서 서서히 배출하는 경우 배출할 수 있다.(다만, 국내항해에 종사하는 총톤수 400톤 미만의 경우 영해기선으로부터 3해리 이내의 해역에 배출할 수 있다.)

680 해양환경관리법상 10톤 미만 FRP 선박을 해체하고자 하는 자는 누구에게 선박해체 해양오염방지 작업계획 신고서를 제출해야 하는가? 을

갑. 해당 지자체장

을. 해양경찰청장 또는 해양경찰서장

병. 경찰서장

정. 해양수산청장

해설 **선박해체 해양오염방지작업계획의 신고 등**

선박해체 해양오염방지 작업계획서를 수립하여 작업 개시 7일전까지 해양경찰청장에게 신고하여야 한다.

681 해양환경관리법상 선박 또는 해양시설에서 고의로 기름을 배출 할 때의 벌칙은? 갑

갑. 5년 이하의 징역 또는 5천만원 이하의 벌금에 처한다.

을. 3년 이하의 징역 또는 3천만원 이하의 벌금에 처한다.

병. 2년 이하의 징역 또는 2천만원 이하의 벌금에 처한다.

정. 1년 이하의 징역 또는 1천만원 이하의 벌금에 처한다.

해설 **오염물질의 배출금지**

누구든지 선박으로부터 오염물질(기름·유해액체물질·포장유해물질)을 배출한 자는 5년 이하의 징역 또는 5천만원 이하의 벌금에 처한다.

682 해양환경관리법상 선박으로부터 오염물질이 배출되는 경우 신고자의 신고사항으로 옳지 않은 것은? 병

갑. 해양오염사고의 발생일시·장소 및 원인

을. 사고선박의 명칭, 종류 및 규모

병. 주변 통항 선박 선명

정. 해면상태 및 기상상태

해설 **해양시설로부터의 오염물질 배출신고**

- 해양오염사고의 발생일시·장소 및 원인
- 배출된 오염물 질의 종류, 추정량 및 확산상황과 응급조치상황
- 사고선박 또는 시설의 명칭, 종류 및 규모
- 해면상태 및 기상상태

683 해양환경관리법의 적용을 받지 않는 물질로 옳은 것은? 병

갑. 유성혼합물　　을. 해저준설토사

병. 액화천연가스　　정. 석유사업법에서 정하는 기름

해설

액화천연가스(liquefied natural gas, LNG)는 메탄을 주성분으로 하는 천연가스이며, 친환경 연료로 사용되고 있다.

684 해양환경관리법상 모터보트 안에서 발생하는 유성혼합물 및 폐유의 처리방법으로 옳지 않은 것은? 병

갑. 폐유처리시설에 위탁 처리한다.

을. 보트 내에 보관 후 처리한다.

병. 4노트 이상의 속력으로 항해하면서 천천히 배출한다.

정. 항만관리청에서 설치·운영하는 저장·처리시설에 위탁한다.

해설

4노트 이상의 속력으로 항해하면서 천천히 배출하는 것은 분뇨처리에 관한 사항이다.

685 선박에서의 오염방지에 관한 규칙상 유해액체물질의 분류 중 해양에 배출되는 경우 해양자원 또는 인간의 건강에 심각한 위해를 끼치는 것으로서 해양배출을 금지하는 유해액체물질은? 갑

갑. X류 물질　　을. Y류 물질

병. Z류 물질　　정. 잠정평가물질

해설 유해액체물질의 분류

- X류 물질 : 해양에 배출되는 경우 해양자원 또는 인간의 건강에 심각한 위해를 끼치는 것으로서 해양배출을 금지하는 유해액체물질

686 해양환경관리법에서 말하는 '기름'의 종류로 옳지 않은 것은? 병

갑. 원유　　을. 석유제품

병. 액체상태의 유해물질　　정. 폐유

해설

"기름"이란 「석유 및 석유대체연료 사업법」에 따른 원유, 석유제품(석유가스를 제외한다)과 이들을 함유하고 있는 액체상태의 유성혼합물 및 폐유를 말한다.

687 해양환경관리법상 선박에서 오염물질을 배출할 수 있는 경우에 대한 설명으로 옳은 것은?

갑. 선박 또는 해양시설 등의 안전 확보나 인명구조를 위하여 부득이하게 배출하는 경우
을. 선박 또는 해양시설 손상 등으로 인하여 부득이하게 배출하는 경우
병. 선박 또는 해양시설 등의 오염사고에 있어 해양수산부령이 정하는 방법에 따라 오염 피해를 최소화하는 과정에서 부득이하게 오염물질이 배출되는 경우
정. 상기 모두 다 맞다.

해설

안전확보 및 인명구조, 선박의 손상, 오염 피해의 최소화 과정, 모두 맞다.

688 선박에서의 오염방지에 관한 규칙상 폐유저장용기를 비치하여야 하는 선박의 크기로 옳은 것은? 정

갑. 모든 선박
을. 총톤수 2톤 이상
병. 총톤수 3톤 이상
정. 총톤수 5톤 이상

해설 폐유저장용기 비치기준

- 총톤수 5톤 이상~10톤 미만의 선박은 폐유저장용기 20ℓ
- 총톤수 10톤 이상~30톤 미만의 선박은 폐유저장용기 60ℓ
- 총톤수 30톤 이상~50톤 미만의 선박은 폐유저장용기 100ℓ
- 총톤수 50톤 이상~100톤 미만으로써 유조선이 아닌 선박 폐유저장용기 200ℓ

689 선박에서의 오염방지에 관한 규칙상 선박으로부터 기름을 배출하는 경우 배출액 중의 기름 성분은 얼마 이하여야 하는가? 을

갑. 10ppm
을. 15ppm
병. 20ppm
정. 5ppm

해설 선박에서의 오염방지에 관한 규칙

기름성분이 0.0015퍼센트(15ppm) 이하일 것

690 **선박에서의 오염방지에 관한 규칙상 선박의 폐기물을 수용시설 또는 다른 선박에 배출할 때 폐기물기록부에 작성하여야 하는 사항으로 옳지 않은 것은?** 정

갑. 배출일시

을. 항구, 수용시설 또는 선박의 명칭

병. 폐기물 종류별 배출량

정. 선박소유자의 서명

해설 **선박오염물질기록부의 기재사항 등**

- 배출일시
- 항구, 수용시설 또는 선박의 명칭
- 배출된 폐기물의 종류
- 폐기물 종류별 배출량(단위는 미터톤으로 한다)
- 작업책임자의 서명

691 **선박에서의 오염방지에 관한 규칙상 총톤수 10톤 이상 30톤 미만의 선박이 비치하여야 하는 폐유저장용기의 저장용량으로 옳은 것은?** 을

갑. 20리터 을. 60리터 병. 100리터 정. 200리터

해설

688번 해설 참고

692 **해양환경관리법, 선박에서의 오염방지에 관한 규칙상 기름기록부를 비치하지 않아도 되는 선박은?** 갑

갑. 선저폐수가 생기지 아니하는 선박

을. 총톤수 400톤 이상의 선박

병. 경하배수톤수 200톤 이상의 경찰용 선박

정. 선박검사증서 상 최대승선인원이 15명 이상인 선박

해설 **기름기록부**

총톤수 400톤 이상, 최대승선인원이 15명 이상인 선박, 경하배수톤수 200톤 이상의 군함과 경찰용 선박
※ 유조선 외 총톤수 100톤 미만, 선저폐수가 생기지 아니하는 선박의 경우 제외

693 해양환경관리법상 선박오염물질기록부(기름기록부, 폐기물기록부)의 보존기간은 언제까지인가? 병

갑. 최초기재를 한 날부터 1년
을. 최종기재를 한 날부터 2년
병. 최종기재를 한 날부터 3년
정. 최종기재를 한 날부터 5년

해설 선박오염물질기록부의 관리

선박오염물질기록부의 보존기간은 최종기재를 한 날부터 3년으로 하며, 그 기재사항·보관방법 등에 관하여 필요한 사항은 해양수산부령으로 정한다.

694 해양환경관리법상 해양시설로부터의 오염물질 배출을 신고하려는 자가 신고 시 신고하여야 할 사항으로 옳지 않은 것은? 정

갑. 해양오염사고의 발생일시, 장소 및 원인
을. 배출된 오염물질의 종류, 추정량 및 확산상황과 응급조치상황
병. 사고선박 또는 시설의 명칭, 종류 및 규모
정. 해당 해양시설의 관리자 이름, 주소 및 전화번호

해설 해양시설로부터의 오염물질 배출신고

해양시설의 관리자 이름 등은 신고의무 사항이 아니다.

695 해양환경관리법상 선박에서 해양오염방지 관리인이 될 수 있는 자는? 을

갑. 선장
을. 기관장
병. 통신장
정. 통신사

해설 선박 해양오염방지관리인의 자격·업무내용 등

대리자로 지정될 수 있는 사람은 선박직원법에 따른 선박직원(선장, 통신장, 통신사는 제외)으로 한다.

696 해양환경관리법에서 말하는 '해양오염'에 대한 정의로 옳은 것은? 병

갑. 오염물질 등이 유출·투기되거나 누출·용출되는 상태
을. 해양에 유입되어 생물체에 농축되는 경우 장기간 지속적으로 급성·만성의 독성 또는 발암성을 야기할 수 있는 상태
병. 해양에 유입되거나 해양에서 발생되는 물질 또는 에너지로 인하여 해양환경에 해로운 결과를 미치거나 미칠 우려가 있는 상태
정. 해양생물 등의 남획 및 그 서식지 파괴, 해양질서의 교란 등으로 해양생태계의 본래적 기능에 중대한 손상을 주는 상태

해설 해양환경 보전 및 활용에 관한 법률

해양에 유입되거나 해양에서 발생되는 물질로 해로운 결과를 미칠 우려가 있는 상태

697 해양환경관리법 적용범위로 옳지 않은 것은? 갑

갑. 한강 수역에서 발생한 기름 유출 사고

을. 우리나라 영해 및 내수 안에서 해양시설로부터 발생한 기름 유출 사고

병. 대한민국 영토에 접속하는 해역 안에서 선박으로부터 발생한 기름 유출 사고

정. 해저광물자원 개발법에서 지정한 해역에서 해저광구의 개발과 관련하여 발생한 기름 유출 사고

해설

한강 수역은 내수면으로, 해양환경관리법 적용범위가 아니다.

698 해양환경관리법상 선박 안에서 발생하는 폐기물 중 해양환경관리법에서 정하는 기준에 의하여 항해 중 배출할 수 있는 물질로 옳지 않은 것은? 을

갑. 음식찌꺼기

을. 화장실 및 화물구역 오수(汚水)

병. 해양환경에 유해하지 않은 화물잔류물

정. 어업활동으로 인하여 선박으로 유입된 자연기원물질

해설 오염물질의 배출금지 등

선박 내 거주구역에서 목욕, 세탁, 설거지 등으로 발생하는 중수(中水)는 배출 가능하나 화장실 및 화물구역 오수는 제외

699 해양환경관리법상 해양환경 보전·관리·개선 및 해양오염방제사업, 해양환경·해양오염 관련 기술개발 및 교육훈련을 위한 사업 등을 위하여 설립된 기관은? 을

갑. 한국환경공단

을. 해양환경공단

병. 해양수산연수원

정. 한국해운조합

해설 공단의 설립

해양환경의 보전·관리·개선을 위한 사업, 해양오염방제사업, 해양환경·해양오염 관련 기술개발 및 교육훈련을 위한 사업 등을 행하게 하기 위하여 해양환경공단을 설립하였다.

700 선박에서의 오염방지에 관한 규칙상 영해기선으로부터 3해리 이상의 해역에 버릴 수 있는 음식찌꺼기의 크기는? 갑

갑. 25mm 이하

을. 25mm 이상

병. 50mm 이하

정. 50mm 이상

해설

음식찌꺼기는 영해기선으로부터 최소한 12해리 이상의 해역. 다만, 분쇄기 또는 연마기를 통하여 25mm 이하의 개구(開口)를 가진 스크린을 통과할 수 있도록 분쇄되거나 연마된 음식찌꺼기의 경우 영해기선으로부터 3해리 이상의 해역에 버릴 수 있다.

동력수상레저기구 조종면허 실기시험

Chapter 1 실기시험 기초 지식

01 일반조종면허 실기시험에 사용하는 수상레저기구

선체	빗물·햇빛을 차단할 수 있도록 조종석에 지붕이 설치되어 있을 것		
길이	5~6미터	전폭	2~3미터
최대 출력	100마력 이상	최대 속도	30노트 이상
탑승 인원	4인승 이상	기관	제한 없음
부대 장비	나침반(지름 100밀리미터 이상) 1개, 속도계(MPH) 1개, RPM 게이지 1개, 예비노, 소화기 및 자동정지줄		

02 실기시험 용어

- 이안(離岸) : 계류줄을 걷고 계류장에서 이탈하여 출발할 수 있도록 준비하는 행위
- 출발(出發) : 정지된 상태에서 속도전환 레버를 조작하여 전진 또는 후진하는 것
- 활주(滑走) : 모터보트의 속력과 양력(揚力)이 증가되어 선수 및 선미가 수면과 평행 상태가 되는 것
- 침로(針路) : 모터보트가 진행하는 방향의 나침방위
- 변침(變針) : 모터보트가 침로를 변경하는 것
- 사행(蛇行) : 50미터 간격으로 설치된 3개의 부이를 각기 좌우로 방향을 달리(첫 번째 부이는 왼쪽부터 회전)하면서 회전하는 것
- 사행준비 또는 사행침로 유지 : 사행코스에 설치된 3개의 부이와 일직선이 되도록 시험선의 침로를 유지하는 것
- 접안(接岸) : 시험선을 계류할 수 있도록 접안 위치에 정지시키는 동작

03 실기시험 코스

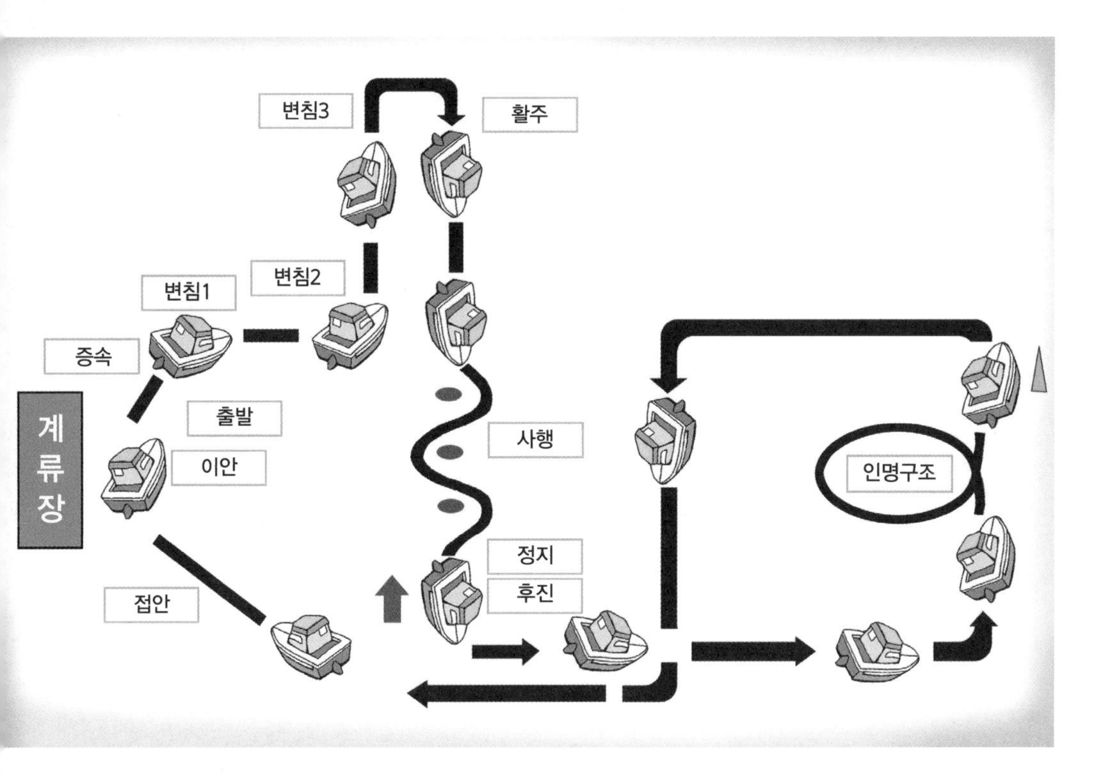

- 2대 이상의 선박을 동시에 계류할 수 있는 계류시설과 메어놓을 수 있는 비트 설치
- 사행을 위해 3개의 사행부위를 50m 간격으로 설치
- 첫 번째 사행부위 전방 30m 지점, 왼쪽 15m 지점에 사행 시작 지점을 나타내는 지름 30cm 이하의 부위 설치
- 첫 번째 사행부위와 두 번째 사행부위 오른쪽 15m 지점과 두 번째 사행부위 왼쪽 15m 지점에 지금 30cm 이하의 부위를 각각 설치

Chapter 2 실기시험 채점기준

01 출발 전 점검 및 확인

항목	세부 내용	감점	채점 요령
구명조끼 착용	구명조끼를 착용하지 않았거나 올바르게 착용하지 않은 경우	3	출발 전 점검 시 착용 상태를 기준으로 1회 채점
출발 전 점검	출발 전 점검사항(구명튜브, 소화기, 예비 노, 엔진, 연료, 배터리, 핸들, 속도전환 레버, 계기판, 자동정지줄)을 확인하지 않은 경우	3	• 점검사항 중 한 가지 이상 확인하지 않은 경우 1회 채점 • 확인사항을 행동 및 말로 표시하지 않은 경우에도 확인하지 않은 것으로 본다. 다만, 특별한 신체적 장애 또는 사정이 있으면 말로 표시하지 않을 수 있다.

02 출발

항목	세부 내용	감점	채점 요령
시동 요령	속도전환 레버를 중립에 두지 않고 시동을 건 경우 또는 엔진의 시동상태에서 시동키를 돌리거나 시동이 걸린 후에도 시동키를 2초 이상 돌린 경우	2	세부 내용에 대하여 1회 채점
이안	• 계류줄을 걷지 않고 출발한 경우 • 출발 시 보트 선체가 계류장 또는 다른 물체와 부딪치거나 접촉한 경우	2	각 세부 내용에 대하여 1회 채점
출발	출발 지시 후 30초 이내에 출발하지 못한 경우	3	• 세부 내용에 대하여 1회 채점 • 다른 항목의 세부 내용이 원인이 되어 출발하지 못한 경우에도 적용하며 병행 채점 • 출발하지 못한 사유가 시험선 고장 등 조종자의 책임이 아닌 경우는 제외
속도 전환 레버 조작	• 속도전환 레버를 급히 조작하거나 급히 출발한 경우 • 속도전환 레버 조작불량으로 클러치 마찰음이 발생하거나 엔진이 정지된 경우 • 지시받지 않고 엔진 트림(trim) 조절 스위치를 조작한 경우	2	• 각 세부 내용에 대하여 1회 채점 • 탑승자의 신체 일부가 젖혀지거나 엔진의 회전소리가 갑자기 높아지는 경우에도 급출발로 채점

안전 확인	• 자동정지 줄을 착용하지 않고 출발한 경우 • 전후좌우의 안전상태를 확인하지 않거나 탑승자가 앉기 전에 출발한 경우	3	• 각 세부내용에 대하여 1회 채점 • 고개를 돌려서 안전상태를 확인하고, 말로 이상 없음을 표시하지 않은 경우에도 확인하지 않은 것으로 본다.
출발 침로 유지	• 출발 후 15초 이내에 지시된 방향의 ±10° 이내의 침로를 유지하지 못한 경우 • 출발 후 일직선으로 운항하지 못하고 침로가 ±10° 이상 좌우로 불안정하게 변한 경우	3	각 세부 내용에 대하여 1회 채점

03 변침

항목	세부 내용	감점	채점 요령
변침	• 제한시간 내(45°·90° 내외의 변침은 15초, 180° 내외의 변침은 20초)에 지시된 침로의 ±10° 이내로 변침하지 못한 경우 • 변침 완료 후 침로가 ±10° 이내에서 유지되지 않은 경우	3	• 각 세부 내용에 대하여 2회까지 채점 • 변침은 좌현·우현을 달리하여 3회 실시, 변침 범위는 45°·90° 및 180° 내외로 각 1회 실시, 나침반으로 변침 방위를 평가한다. • 변침 후 10초 이상 침로를 유지하는지 확인해야 한다.
안전 확인	• 변침 전 변침방향의 안전상태를 미리 확인하고 말로 표시하지 않은 경우 • 변침 시 선체의 심한 동요 또는 급경사가 발생한 경우 • 변침 시 10노트 이상 15노트 이내의 속력을 유지하지 못한 경우	3	각 세부 내용에 대하여 2회까지 채점

04 운항

항목	세부 내용	감점	채점 요령
조종 자세	• 핸들을 정면으로 하여 조종하지 않거나 창틀에 팔꿈치를 올려놓고 조종한 경우 • 시험관의 조종자세 교정 지시에 따르지 않은 경우 • 한 손으로만 계속 핸들을 조작하거나 필요 없이 자리에서 일어나 조종한 경우 • 필요 없이 속도를 조절하는 등 불필요하게 속도전환 레버를 반복 조작한 경우	2	• 각 세부 내용에 대하여 1회 채점 • 특별한 신체적 장애 또는 사정으로 이 항목을 적용하기 어려운 경우에는 감점하지 않는다.
증속 및 활주	• 증속 및 활주 지시 후 15초 이내에 활주 상태가 되지 않은 경우 • 시험관의 지시가 있을 경우 까지 활주 상태를 유지하지 못한 경우 • 15노트 이하 또는 25노트 이상으로 운항한 경우	3	• 각 세부 내용에 대하여 2회까지 채점 • 시험관의 시정 지시 후에도 시정하지 않거나 다시 기준을 위반하는 경우 2회 채점

05 사행

항목	세부 내용	감점	채점 요령
사행 준비 및 사행	첫 번째 부이(buoy)로부터 시계 방향으로 진행하지 않고 반대방향으로 진행한 경우	3	• 세부 내용에 대하여 1회 채점 • 반대방향으로 진행하는 경우라도 다른 항목은 정상적인 사행으로 보고 적용
사행 통과간격	• 부이로부터 3미터 이내로 접근한 경우 • 첫 번째 부이 전방 25미터 지점과 세 번째 부이 후방 25미터 지점의 양쪽 옆 각 15미터 지점을 연결한 수역을 벗어난 경우 또는 부이를 사행하지 않은 경우	9	• 각 세부 내용에 대하여 2회까지 채점 • 부이를 사행하지 않은 경우란 부이를 중심으로 왼쪽 또는 오른쪽으로 반원(타원)형으로 회전하지 않은 경우를 말한다.
사행 침로	• 첫 번째 부이 약 30미터 전방에서 3개의 부이와 일직선으로 침로를 유지하지 못한 경우 • 세 번째 부이 사행 후 3개의 부이와 일직선으로 침로를 유지하지 못한 경우	3	각 세부 내용에 대하여 1회 채점
사행 선회	• 사행 중 핸들 조작 미숙으로 선체가 심하게 흔들리거나 선체 후미에 급격한 쏠림이 발생하는 경우 • 사행 중 갑작스런 핸들 조작으로 선회가 부자연스러운 경우	3	• 각 세부 내용에 대하여 1회 채점 • 선회가 부자연스러운 경우란 완만한 곡선으로 회전이 이루어지지 않은 경우를 말한다.

06 급정지 및 후진

항목	세부 내용	감점	채점 요령
급정지	• 급정지 지시 후 3초 이내에 속도전환 레버를 중립으로 조작하지 못한 경우 • 급정지 시 후진 레버를 사용한 경우	4	각 세부 내용에 대하여 1회 채점
후진	• 후진 레버 사용 전 후방의 안전상태를 확인하지 않거나 후진 중 지속적으로 후방의 안전상태를 확인하지 않은 경우 • 후진 시 진행침로가 ±10° 이상 벗어난 경우 • 후진 레버를 급히 조작하거나 급히 후진한 경우	2	• 각 세부 내용에 대하여 1회 채점 • 탑승자의 신체 일부가 후진으로 한쪽으로 쏠리거나 엔진 회전소리가 갑자기 높아지는 경우 "후진 레버 급조작·급후진"으로 채점 • 응시자는 시험관의 정지 지시가 있을 경우까지 후진해야 하며, 후진은 후진거리를 고려하여 15초에서 20초 이내로 한다.

07 인명구조

항목	세부 내용	감점	채점 요령
익수자 접근	• 물에 빠진 사람이 있음을 고지 한 후 3초 이내에 5노트 이하로 속도를 줄이고 물에 빠진 사람의 위치를 확인하지 않은 경우 • 물에 빠진 사람이 있음을 고지한 후 5초 이내에 물에 빠진 사람이 발생한 방향으로 전환하지 않은 경우 • 물에 빠진 사람을 조종석 1미터 이내로 접근시키지 않은 경우	3	• 각 세부 내용에 대하여 1회 채점 • 물에 빠진 사람의 위치 확인 시 확인 유·무를 말로 표시하지 않은 경우도 미확인으로 채점
접근 속도	• 물에 빠진 사람 방향으로 방향 전환 후 물에 빠진 사람으로부터 15미터 이내에서 3노트 이상의 속도로 접근한 경우 • 물에 빠진 사람이 시험선의 선체에 근접하였을 경우 속도전환 레버를 중립으로 하지 않거나 후진 레버를 사용한 경우	2	각 세부 내용에 대하여 1회 채점
익수자 구조	• 물에 빠진 사람(부이)과 충돌한 경우 • 물에 빠진 사람이 있음을 고지한 후 2분 이내에 물에 빠진 사람을 구조하지 못한 경우	6	• 각 세부 내용에 대하여 1회 채점 • 시험선의 방풍막을 기준으로 선수부(船首部)에 물에 빠진 사람이 부딪히는 경우에는 충돌. 다만, 바람, 조류, 파도 등으로 시험선의 현측(舷側)에 가볍게 접촉하는 경우는 제외한다. • 물에 빠진 사람을 조종석 1미터 이내로 접근시키지 않거나 접근 속도의 세부 내용에 해당하는 경우에는 응시자로 하여금 다시 접근하도록 해야 한다.

08 접안

항목	세부 내용	감점	채점 요령
접근 속도	계류장으로부터 30미터의 거리에서 속도를 5노트 이하로 낮추어 접근하지 않은 경우 또는 계류장 접안 위치에서 속도를 3노트 이하로 낮추지 않거나 속도전환 레버가 중립이 아닌 경우	3	세부 내용에 대하여 1회 채점
접안 불량	• 접안 위치에서 시험선과 계류장이 1미터 이내의 거리로 평행이 되지 않은 경우 • 계류장과 선수(船首) 또는 선미(船尾)가 부딪친 경우 • 접안 위치에 접안을 하지 못한 경우	3	• 각 세부 내용에 대하여 1회 채점 • 선수란 방풍막을 기준으로 앞쪽 굴곡부를 지칭한다.

09 실격

- 3회 이상의 출발 지시에도 출발하지 못하거나 응시자가 시험포기의 의사를 밝힌 경우(3회 이상 출발 불가 및 응시자 시험포기)
- 속도전환 레버 및 핸들의 조작 미숙 등 조종능력이 현저히 부족하다고 인정되는 경우(조종능력 부족으로 시험진행 곤란)
- 부이 등과 충돌하는 등 사고를 일으키거나 사고를 일으킬 위험이 현저한 경우(현저한 사고위험)
- 법 제22조제1항에 따른 술에 취한 상태이거나 취한 상태는 아니더라도 음주로 원활한 시험이 어렵다고 인정되는 경우(음주상태)
- 사고 예방과 시험 진행을 위한 시험관의 지시 및 통제에 따르지 않거나 시험관의 지시 없이 2회 이상 임의로 시험을 진행하는 경우(지시·통제 불응 또는 임의 시험 진행)
- 이미 감점한 점수의 합계가 합격기준에 미달함이 명백한 경우(중간점수 합격기준 미달)

Chapter 3 실기시험 진행 순서

[주의사항]

- 음영 부분 : 시험관의 지시명령어입니다.
- 밑줄 부분 : 말과 행동으로 표현하지 않으면 감점사항입니다.

※ 밑줄이 없는 확인사항 부분은 말 표현을 하지 않더라도 감점항목은 아닙니다. 다만, 매 항목마다 복명 복창을 함으로써 소통이 원활하여 진행이 자연스러울 수 있습니다.

01 구명조끼 착용

- 지시 명령 : 응시번호 ○○○번 ○○○님 앞으로 나오세요.
- 확인 사항 : 구명조끼의 착용은 다리 끈까지 완벽하게 착용한다.

02 출발 전 점검

- 지시 명령 : 출발전 점검하세요.
- 확인 사항 : 시험선의 뒷부분부터 점검 항목을 손으로 가리키며 이상 유무를 말로서 표현한다.
  출발전 점검하겠습니다! → 엔진 확인 → 배터리 확인 → 연료 확인 → 예비노 확인 → 구명부환(구명튜브) 확인 → 소화기 확인 → 계기판 확인 → 핸들 확인 → 속도전환 레버 확인 → 자동정지줄 확인 → 출발전 점검 이상 없습니다!

03 시동

- 지시 명령 : ○○○님 조종석에 착석하시고 ○○○님은 대기석에 착석하세요. → 시동 하세요.
- 확인 사항
  - 자동정지줄을 손목 또는 조끼에 건다.
  - 핸들을 돌려 엔진이 올바른 위치에 있도록 돌려준다.
  - 속도전환레버가 중립에 있는지 확인한다.
  - 시동키를 1단계 돌린다. 약 2~3초 후 시동키를 더 돌려 시동이 걸림을 확인하고 키에서 손을 뗀다.

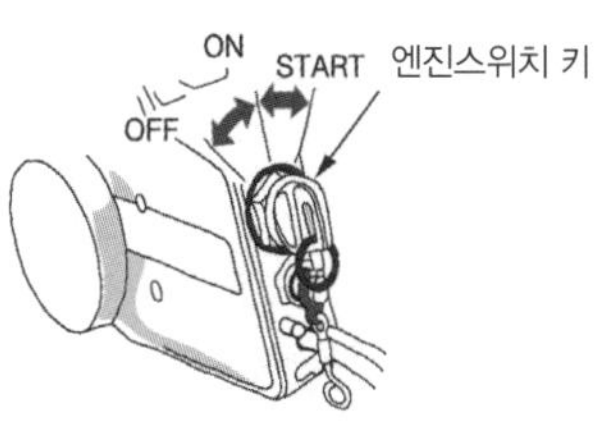

[엔진스위치]

04 이안

• 지시 명령 : 이안 하세요.

• 확인 사항 : 계류줄 풀고 배 밀어 주세요.

05 출발

• 지시 명령 : 나침의 방위 ○○○도로 출발하세요.

• 확인 사항 : 전·후·좌·우 이상무.

– 전·후·좌·우를 고개를 돌려 확인을 하면서 말로 표현한다.

– 기어 변환 레버를 전진타력으로 변환한다.

– 기어 레버가 인 기어 상태가 되면 약간의 가속을 넣어 속도감(약 1,000~1,500RPM)을 주면 지시 방향을 잡는 데 도움이 된다.

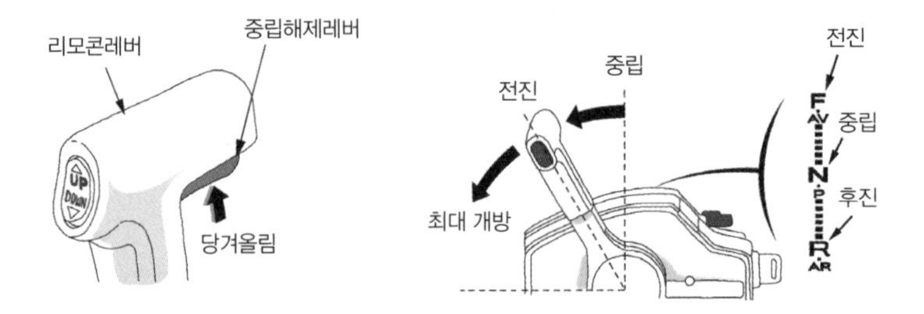

• 지시 명령 : 10 ~15노트로 증속하세요.

• 확인 사항 : 속도 변환 레버를 가속하여 10~15노트 사이를 유지한다.

– 기어의 변환 또는 속도를 맞추기 위해서 변환레버를 사용하는 경우 외에는 두손으로 핸들을 한다.

– 시험장별 속도와 rpm환산표를 반드시 확인한다.

환산표의 예		
10~15노트	⇨	2,300~2,700rpm
2,300rpm 이하 속도 저속, 2,700rpm 이상 속도 과속으로 감점사항임. ※ 시험장별 기준 속도가 상이하므로 사전확인 필요함		

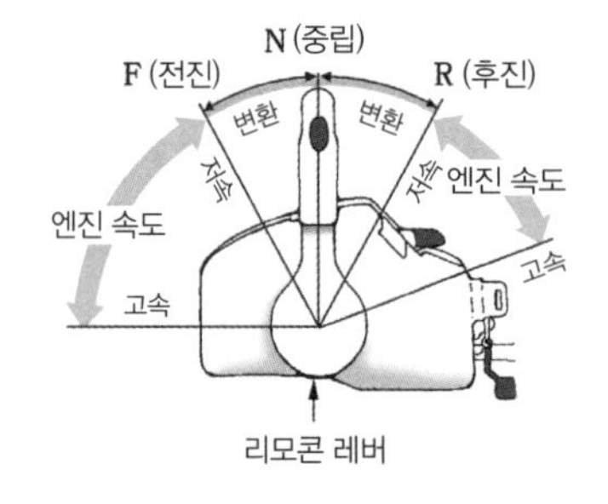

06 변침

- 지시 명령 : 나침의 방위 ○○○도로 변침하세요.
- 확인 사항 : 변침방향 이상무(확인).

※ 3회의 변침이 있으며, 매 회마다 변침 전 고개를 돌려 변침방향을 확인하고, 말로 표현하여야 함

- 각기 다른 45°, 90°, 180°에 대하여 3회의 변침을 지시하며 요령 및 감점사항은 동일하다.
- 변침방향을 고개를 돌려 확인하면서 말로 표현하고 핸들을 돌려 지시 방향으로 15초 이내에 변침한다.
- 실제 변경된 선수의 방위각보다 나침의 자체 방위 눈금이 늦게 반응하므로 사전 지시 방위각의 물표를 이용하여 방향을 잡은 후 나침의를 확인하는 것을 권장한다.

- 지시 명령 : 현 침로 유지하세요.
- 확인 사항 : 각기 다른 45°, 90°, 180°에 대하여 3회의 변침을 하는 10초 동안 침로 유지를 같은 방법으로 시행한다.

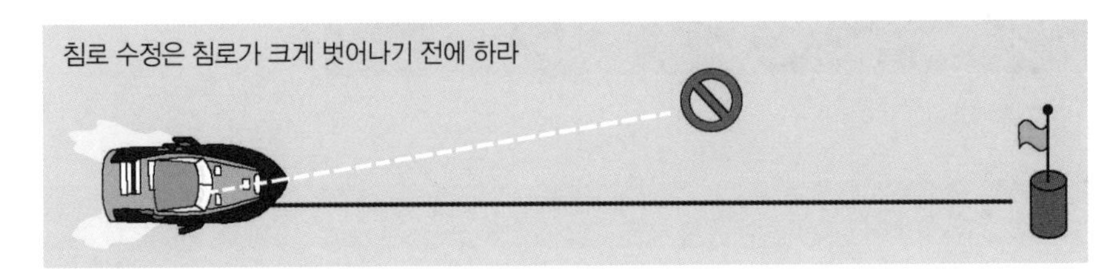

07 증속 및 활주

- 지시 명령 : 증속하여 활주상태 유지하십시오.
- 확인 사항
  - 속도레버를 가속하여 활주상태를 유지한다.
  - 활주상태의 속도는 측정평가를 위하여 15~25노트로 제한한다.
  - 시험장별 속도와 rpm환산표를 반드시 확인한다.

환산표의 예

활주(15~25노트)	⇨	3,200~3,800rpm

3,200rpm 이하 속도 저속, 3,800rpm 이상 속도 과속으로 감점사항임.
※ 시험장별 기준 속도가 상이하므로 사전확인 필요함

08 사행

- 지시 명령 : 사행 준비하세요.
- 확인 사항 : 3개의 사행 부위를 향하여 침로 유지한다.

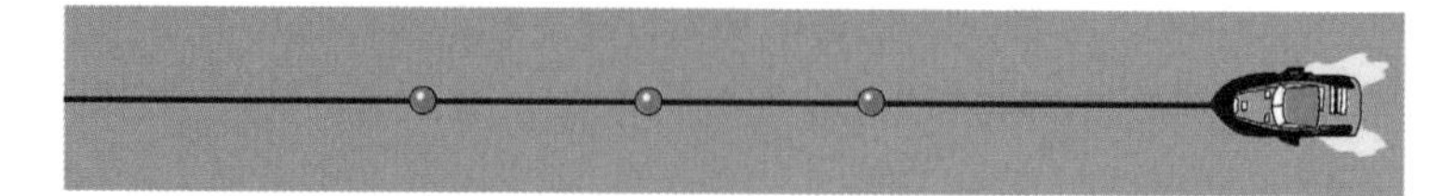

- 지시 명령 : 사행.
- 확인 사항
  - 시계 방향으로 진입하여 사행부위로부터 3~15m 이내로 자연스럽게 사행한다.
  - 사행 후 침로를 유지하기 위하여 사행 부위 ①, ②, ③번과 직선상의 물표를 확인하여 침로를 유지한다.

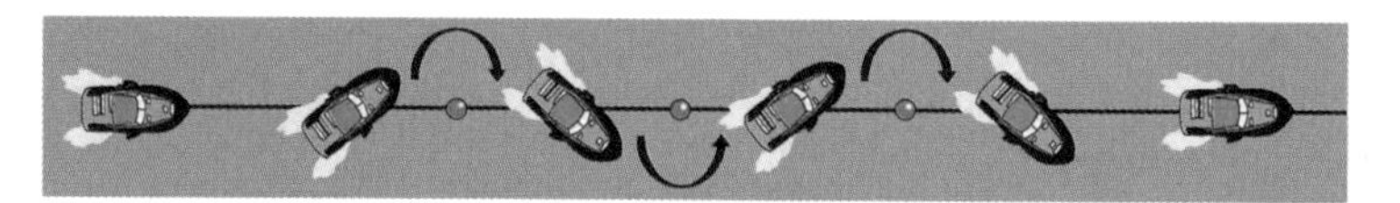

09 급정지

- 지시 명령 : 급정지 하세요.
- 확인 사항 : 기어 레버를 중립에 위치시킨다.
  - 사행 후 침로 유지는 급정지 시 ①, ②, ③번 부위와 직선상에 정지되어야 한다.

10 후진

- 지시 명령 : 후진하십시오.
- 확인 사항 : 후진 방향 이상무(확인).
  - 후진 방향을 고개를 돌려 확인을 하며 말로서 표현한다.
  - 기어 전환 레버를 후진으로 변환하고 후진한다.
  - 후진을 하는 동안 지속적으로 후방을 바라보며 경계한다.

- 지시 명령 : 정지하세요.
- 확인 사항 : 기어를 중립 위치로 변환한다.

11 인명구조

- 지시 명령 : ○○○방향으로 출발하세요. → 증속하여 활주상태 유지하세요. → 우(좌)현 익수자 발생.
- 확인 사항 : 전·후·좌·우 이상무 → 우(좌)현 익수자 발생!
  - 출발하기 전에 전·후·좌·우를 살피며 이상 유무를 말로서 표현하고 기어를 넣는다. 이어 증속 활주 명령에 응한다.
  - 익수자 발생 명령이 고지되면 고개를 익수자 방향으로 돌려 익수자를 확인하며 말로서 표현한다. 동시에 속도를 감속하며 익수자 방향으로 선수가 향하도록 한다.
  - 익수자에게 접근 시 속도와 방향성에 유념하고 타력을 이용하여 접근한다.
  - 익수자로부터 15m이내에서 3노트 속도를 유지하며 익수자를 조종석 1m이내의 거리에 접근시킨다(익수자 접근 시 기어 레버는 반드시 중립에 위치시킨다).

12 접안

- 지시 명령 : ○번 계류장으로 접안하세요.
- 확인 사항 : 전·후·좌·우 이상무.
  - 지시한 계류장을 확인한다.
  - 전·후·좌·우를 확인하고 기어 레버를 전진으로 변환시킨다.
  - 적당한 속도로 가속하여 계류장으로 접근한다.
  - 접안 위치로부터 30미터 전방의 거리에서 속도를 서서히 낮추어 접근하며 접안 위치에 도착하기 이전 기어 레버를 중립에 위치시키고 타력으로 계류장과 1m 이내로 평행으로 접안한다.

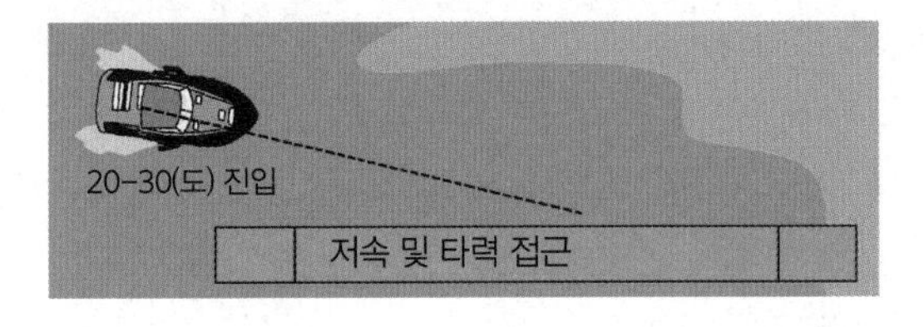

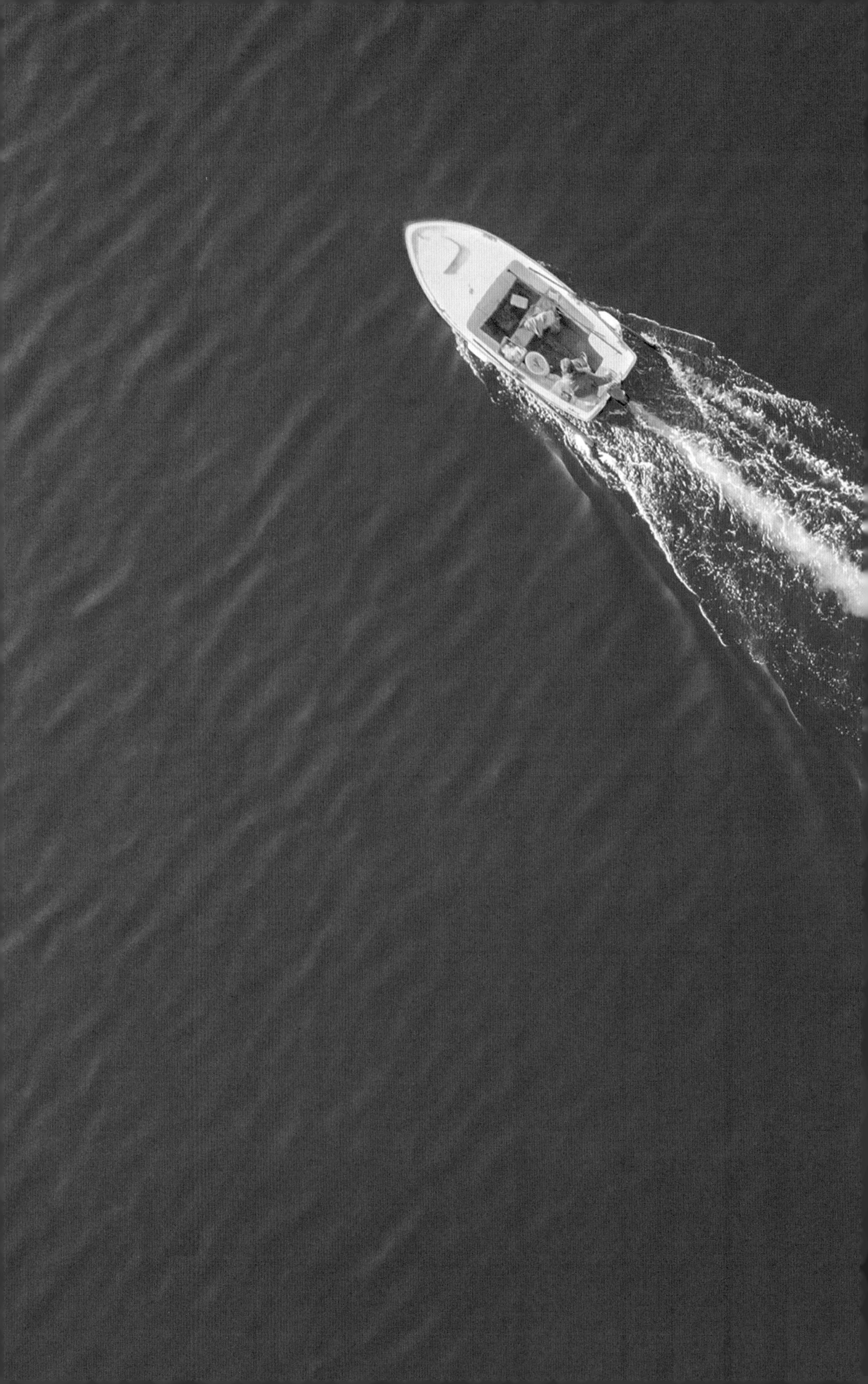

동력수상레저기구
조종면허시험

한걸음 더!
그림으로 쉽게 이해하기

한걸음 더! 그림으로 쉽게 이해하기

003 안전수역표지, 고립장해표지

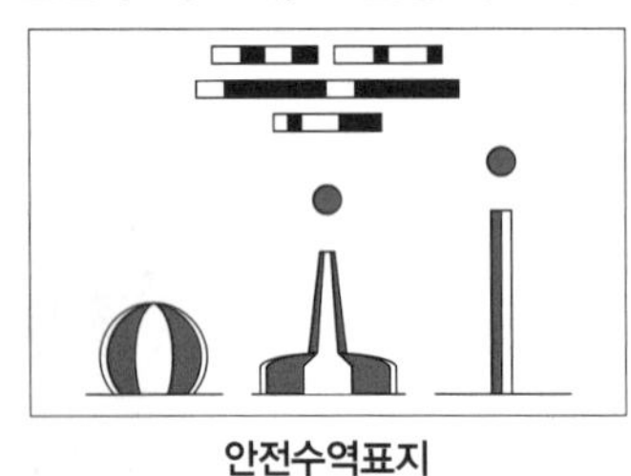

안전수역표지

고립장해표지

※ 항내 입항 시 좌현에 녹색표지, 우현에 적색표지, 중앙 갈림길에 안전수역표지를 볼 수 있도록 한 그림

154 IALA 해상부표식 B지역

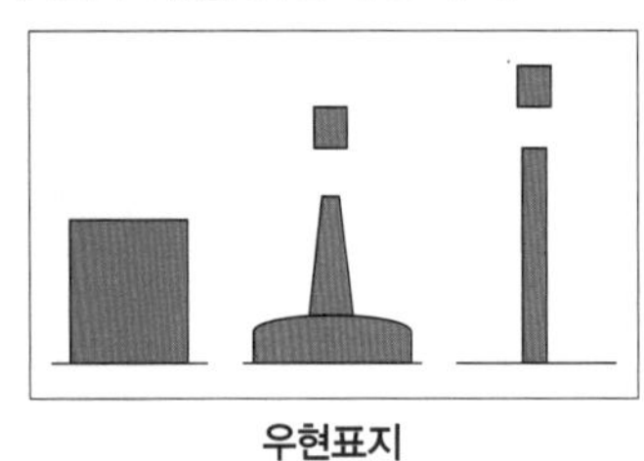

우현표지

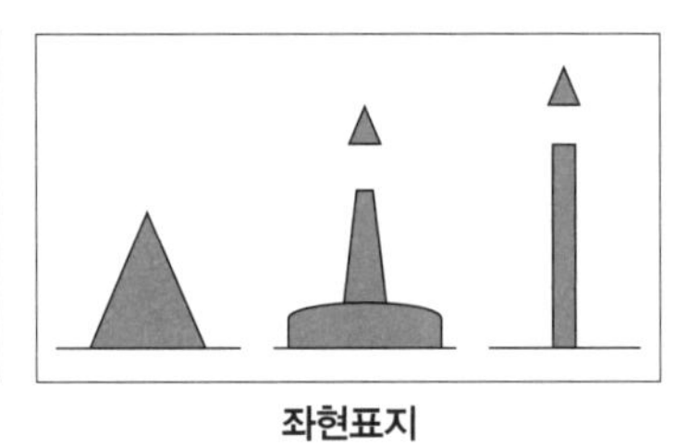

좌현표지

157 방위표지

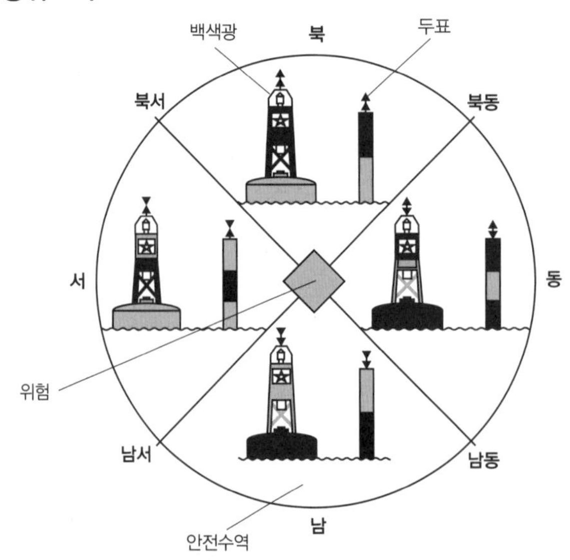

190 국제신호서 문자기

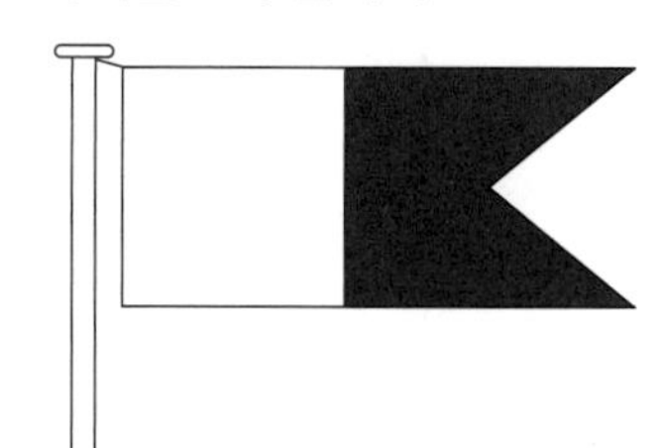

A : 본선에서 잠수부가 활동중이다. 천천히 통과하라.

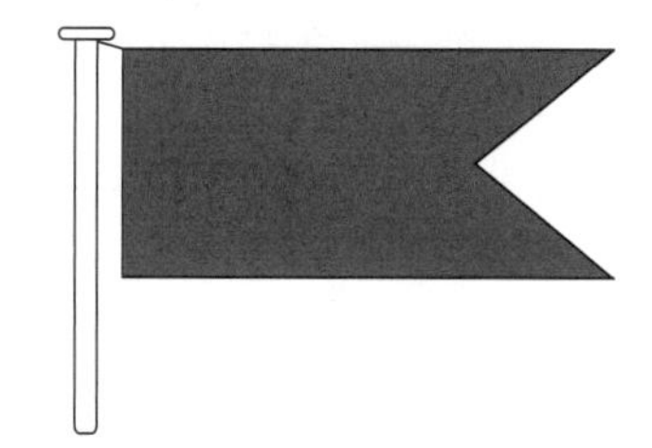

B : 위험물의 운반 · 하역중이다.

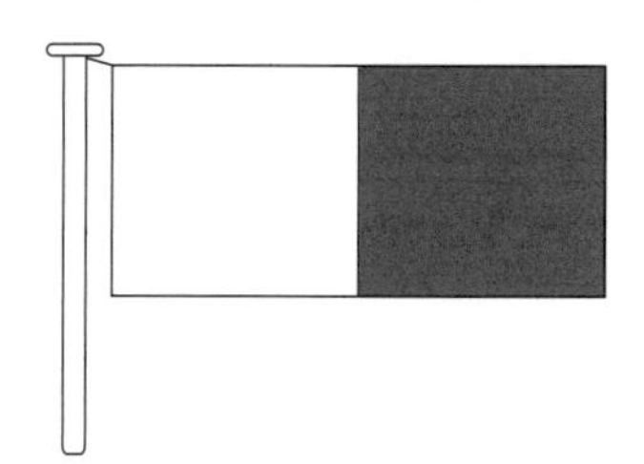

H : 수로 안내인이 승선하고 있다.

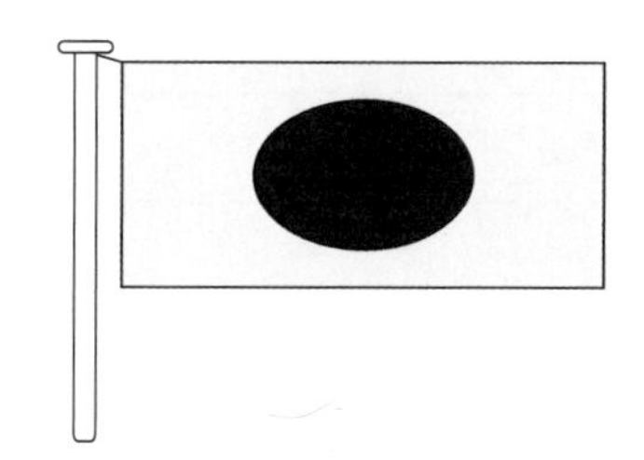

I : 왼쪽으로 진로 변경 중이다.

J : 화재가 발생했으며, 위험물을 적재하고 있다. 본선을 회피하라.

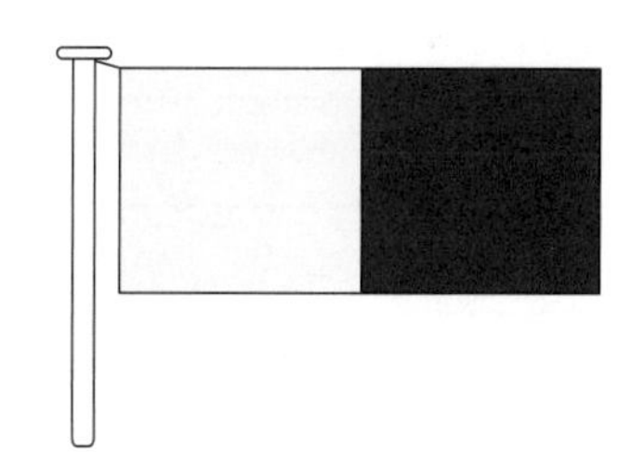

K : 귀함과의 통신을 요구한다.

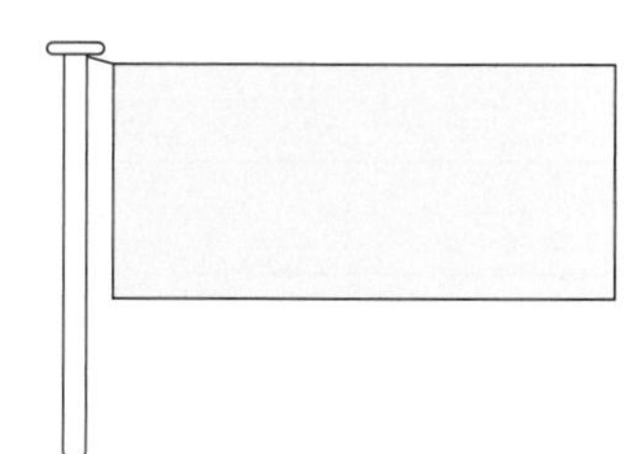

Q : 본함 승무원의 건강에 문제가 없으며, 검역 필증을 요구한다.

R : 신호 확인

MEMO